本书为教育部人文社会科学研究项目《中国公众食品包装安全风险认知、行为特征与政府规制研究》（批准号：11YJCZH013）和山东省社会科学基金服务决策咨询项目《新时代山东省社会力量参与食品安全治理机制、路径与引导政策研究》（批准号：19BJCJ11）的结题成果

我国食品安全认证政策改革路径研究：

消费者偏好的视角

Research on the Reformation Path of China's Food Safety Certification Policy: From the Perspective of Consumer Preference

陈　默　王一琴　尹世久◎著

图书在版编目（CIP）数据

我国食品安全认证政策改革路径研究：消费者偏好的视角/陈默，王一琴，尹世久著．—北京：经济管理出版社，2019.8
ISBN 978-7-5096-6760-6

Ⅰ.①我… Ⅱ.①陈…②王…③尹… Ⅲ.①食品安全—质量管理体系—研究—中国 Ⅳ.①TS201.6

中国版本图书馆CIP数据核字（2019）第149121号

组稿编辑：胡　茜
责任编辑：许　艳
责任印制：黄章平
责任校对：赵天宇

出版发行：经济管理出版社
（北京市海淀区北蜂窝8号中雅大厦A座11层　100038）
网　　址：www.E-mp.com.cn
电　　话：（010）51915602
印　　刷：北京晨旭印刷厂
经　　销：新华书店
开　　本：720mm×1000mm/16
印　　张：14.75
字　　数：273千字
版　　次：2019年10月第1版　2019年10月第1次印刷
书　　号：ISBN 978-7-5096-6760-6
定　　价：69.00元

前　言

食品安全事关人民群众切身利益，是坚持共享发展、持续改善民生的重要着力点，是全面建成小康社会决胜阶段的重大任务。由于正处于社会转型期的特殊国情，现阶段我国食品安全问题尤为严峻。近年来，频发的食品安全事件给人类的生命财产安全造成了严重损失。随着国民素质与居民生活水平的逐步提高，消费者对于食品安全的关注度不断提升，食品安全事件成为社会各界普遍关注的焦点，人们甚至发出了“到底还能吃什么”的呐喊。食品安全已成为关系国计民生和社会稳定的全局性重大问题。因此，探索能够有效提升食品安全水平、恢复消费者信心的食品政策，成为政界、学界乃至社会各界普遍关注的重大问题。

从经济学角度来看，引发食品安全风险的根源在于信息不对称引发的市场失灵。供应商往往利用其与消费者之间的信息不对称做出欺骗等机会行为。相对于供应商，消费者对独立的第三方认证机构往往更加信任。因此，食品安全认证如能取得消费者信任，可以在一定程度上减轻信息不对称。从国际经验来看，建立食品安全认证制度，在食品上加贴认证标签成为厂商向消费者证明食品品质的有效手段，也是诸多欧美国家提升食品安全水平的重要政策工具之一。基于缓解食品安全风险、保护生态环境、增加农民收入以及促进农业可持续发展等多重目标，20 世纪末期以来，我国逐步建立起以无公害认证、绿色认证与有机认证为主要组成部分的多层次食品安全认证体系，有机食品、绿色食品以及无公害食品的认证食品市场取得了较快发展。但近年来不断曝出的认证造假与市场发展缓慢等现实，显示出用于解决市场失灵的食品安全认证政策效果有待考量。科学、客观地评估我国有机认证政策实施效果，对于保障安全认证食品市场的发展，恢复消费者食品安全信心，乃至构建和谐诚信社会，皆具有积极的现实意义。

消费者认可与偏好是市场发展的基础性问题，评估公共消费政策的有效性应立足于消费者的不同偏好，只有满足多数消费者需求、获得消费者普遍认可的公共消费政策才是最有效的。因此，消费者的偏好也必然成为检验我国食品安全认证政策效果的重要标准。但消费者对安全认证食品的低水平认知、信任的普遍缺失以及支付意愿总体不足，显示出我国为解决市场失灵而制定的有机认证政策可能存在“失效”，即“政府失灵”的问题。

在此背景下，本书以基于消费者偏好视角评估我国食品安全认证政策的有效性为研究目标，沿着“理论与文献分析—消费者认知—消费者信任—消费者支付意愿—消费者现实购买决策—政策设计”的研究主线，运用理论分析与实证研究相结合的方法，系统研究消费者对安全认证食品的偏好。

全书共包括十三章内容。第一章为“导论”；第二章为“理论基础与文献回顾”；第三章为“食品安全认证运行机制的理论解释”；第四章为“消费者对食品安全认证标签的认知及其影响因素”；第五章为“消费者信任形成机制研究：认证与品牌的交互影响”；第六章为“食品安全信息属性消费者偏好的选择实验研究”；第七章为“基于真实选择实验的认证标签消费者偏好研究”；第八章为“消费者对不同层次认证标签的拍卖出价差异及其影响因素研究”；第九章为“认证标签是否存在来源国效应：来自 BDM 机制拍卖实验的证据”；第十章为“认证、品牌与产地效应：消费者偏好的联合分析”；第十一章为“事前保证还是事后追溯：认证标签与可追溯信息的消费者偏好”；第十二章为“消费者自述偏好与现实选择比较研究”；第十三章为“食品安全认证监管的基本思路与政策改革路径研究”。

本书的主要贡献在于，提出了基于消费者偏好的判断食品安全认证政策的评估标准，在理论分析的基础上，运用大量国际前沿的研究方法和计量模型，较为系统、全面地研究了我国安全认证食品市场上的消费者偏好。尤其值得一提的是，本书基于 Lancaster 的效用理论，采用选择实验和混合 Logit 模型，研究了消费者对食品安全信息属性的偏好，为混合 Logit 模型在我国食品安全研究领域的应用进行了大胆探索。

安全认证食品市场是一个新兴市场，尤其是我国这一市场起步晚，相关研究及统计资料相对匮乏，这既给本书带来了机遇，也带来了困难和挑战。本书尚存在较多的不足之处，如调研范围相对有限，难以避免会影响样本的覆盖性与代表性；权威宏观统计资料相对匮乏，导致个别结论难以令人有效信服等问题。尤其是由于自身学术能力所限，笔者对相关理论的研究还不够深入，理解不够透彻，导致假说的解释能力不够强。同时笔者虽然多次深入生产一线进行调研，但毕竟未能真正拥有来自生产实践的经历与经验，对有机食品产业发展的大量经验事实所知甚少，认识上的不足使假说中的缺陷在所难免。不当之处，还恳请各位学术同人批评指正！

本书既是可供学界同人交流与探讨的学术资料，也可望能为生产经营者、消费者与认证机构提供理论指导，同时希望对我国食品安全职能部门政府决策具有参考价值。愿本书能够为我国食品安全认证政策改革与安全认证食品市场发展尽绵薄之力！

陈 默 王一琴 尹世久

2019 年 5 月于曲园

缩略语表

A

ACA：Adaptive Conjoint Analysis，适应性联合分析

AE：Auction Experiment，拍卖实验

AMA：American Marketing Association，美国市场营销学会

B

BG：Bidding Game，投标博弈

BNL：Binary Logit，二项（元）Logit

BVP：Bivariate Probit，双变量 Probit

C

CA：Conjoint Analysis，联合分析

CAC：Codex Alimentarius Commission，国际食品法典委员会

CBC：Choice-based Conjoint，基于选择的联合分析

CE：Choice Experiment，选择实验

CGFDC：China Green Food Development Center，中国绿色食品发展中心

CM：Causal Model，因果模型

CNCA：Certification and Accreditation Administration of the People's Republic of China，国家认证认可监督管理委员会

CTA：Cluster Analysis，聚类分析

CVM：Contingent Valuation Method，条件价值评估法

D

DC：Dichotomous Choice，两分式选择

DCM：Discrete Choice Model，离散选择模型

E

EA：Experimental Auctions，拍卖实验

EFA：Exploratory Factor Analysis，探索性因子分析

EM：Experiment Method，实验法

F

FA：Factor Analysis，因子分析

FAO：Food and Agriculture Organization，联合国粮农组织

FE：Field Experiments，现场实验

FFD：Fractional Factorial Design，部分因子设计

FGD：Focus Group Discussions，焦点小组访谈

FPA：Full Profile Approach，全轮廓法

I

IFOAM：International Federal of Organic Agriculture Movement，国际有机农业联盟

IIA：Independence from Irrelevant Alternatives，不相关独立选择

IMF：Infant Milk Formula，婴幼儿配方奶粉

L

LCM：Latent Class Model，潜类别模型

LE：Laboratory Experiments，实验室试验

M

MD：Market Data，市场数据法

MGSEM：Multiple Group Structural Equation Model，多群组结构方程模型

ML：Mixed Logit，混合 Logit

MNL：Multiomial Logit，多项 Logit

MVP：Multivariate Probit，多变量 Probit

O

OCIA：Organic Crop Improvement Association，美国国际有机作物改良协会

OCL：Organic Certification Label，有机认证标签

OE：Open-ended，开放式

OFCC：China Organic Food Certification Center，中绿华夏有机食品认证中心

OFDC：Organic Food Development and Certification Center of China，南京国环有机产品认证中心

P

PA：Path Analysis，路径分析

PBT：Parametric Bootstrapping Technique，参数自展技术

PC：Payment Card，支付卡

PCA：Principal Component Analysis，主成分分析

PII：Personal Involvement Inventory，个人卷入量表

R

RPL：Random Parameters Logit，随机参数 Logit

RPM：Revealed Preference Method，显示性偏好法

S

SA：Self-explicated Approach，自我阐释方法

SEM：Structural Equation Model，结构模型方程

SPM：Stated Preference Method，陈述性偏好法

U

UNCTAD：United Nations Conference on Trade and Development，联合国贸易与发展会议

USDA：United States Department of Agriculture，美国农业部

W

WHO：World Health Organization，世界卫生组织

WTA：Willingness to Accept，最小接受补偿意愿

WTP：Willingness to Pay，支付意愿

目 录

第一章　导论

本章将在说明研究背景、界定概念的基础上，重点介绍研究基本思路、主要内容、主要研究方法以及可能的创新之处与研究局限性等，力图轮廓性、全景式地描述本书的整体概况。

一、研究背景

食品安全风险是世界各国普遍面临的共同难题，全世界范围内的消费者普遍面临着不同程度的食品安全风险问题[①]，包括发达国家在内，全球每年因食品和饮用水不卫生导致约有1800万人死亡[②]。1999年以前美国每年约有5000人死于食源性疾病[③]。我国作为一个发展中的人口大国，正处于经济体制深刻变革、利益格局深度调整的特殊历史时期，食品安全风险更为严峻，食品安全事件高频率地发生。尽管我国食品安全呈现"稳中有升，趋势向好"的基本态势[④]，但不可否认的是，食品安全风险与由此引发的安全事件已成为我国当前最大的社会风险之一[⑤]。

（一）我国食品安全问题及其诱发因素

1. 我国食品安全问题的时代背景

食品安全历来是世界各国普遍关注的重大问题。作为世界上人口最多的发展

① Krom de M. P. M. M. Understanding Consumer Rationalities：Consumer Involvement in European Food Safety Governance of Avian Influenza ［J］. *Sociologia Ruralis*, 2009, 49 (1)：1－19.

② 魏益民，欧阳韶辉，刘为军，等．食品安全管理与科技研究进展［J］．中国农业科技导报，2005，7（5）：55－58.

③ Mead P S, Slutsker L, Dietz V, et al. Food-Related Illness and Death in the United States ［J］. *Emerging Infectious Diseases*, 1999, 5 (5)：607.

④ 张勇谈当前中国食品安全形势：总体稳定正在向好［EB/OL］．新华网，2011－03－01［2014－06－06］. http：//news. xinhuanet. com/food/2011－03/01/c_ 121133467. htm.

⑤ 英国RSA保险集团．中国人最担忧地震风险［N］．国际金融报，2010－10－19.

中国家，食品安全一直是关系我国社会稳定和经济发展的基础性、战略性的重大问题。尽管学术界对食品安全概念的界定尚不一致，但一般认为，食品安全的内涵主要分为两个层次：一是食品供给安全（Food Security），关注的是食品供给的数量，以满足人们最基本的生存需求①②；二是食品质量安全（Food Safety），强调的是食品质量的保证，以避免食品可能含有有害物质对人体造成危害③。

限于人多地少、农业生产力相对落后等现实国情，饱受贫困与饥饿的中国长期以来更加关注食品的供给安全④。在推进工业化、城市化进程中，随着耕地持续减少、人口刚性增加的背景，增加化肥、农药等农用化学品投入就成为我国保障食品需求重要而无奈的选择，农业生产形成了对化学品投入的惯性依赖⑤。“石油农业”在消除农业贫困、增加食品供应等方面取得了巨大成效，但同时也带来了日益严重的负面效应。其在带来一系列环境问题的同时，也给食品品质和质量安全带来了日趋明显而又严重的不利影响。农用化学品的过量使用，使食品品质受到严峻挑战，直接威胁人类的健康⑥⑦。例如，化肥的过度投入与低效利用，致使土壤、地下水含氮量升高，并造成农产品中硝酸盐、亚硝酸盐、重金属等多种有害物质残留量严重超标。滥用农药导致农药在农产品中大量残留，由此造成的食物中毒事件时有发生。以北京市蔬菜质量为例，消费者每日通过蔬菜摄入的硝酸盐量为328.12mg，比世界卫生组织（World Health Organization，WHO）和联合国粮农组织（Food and Agriculture Organization，FAO）规定的ADI值⑧（300mg/d）高9.4%；P_{95}值为2 938.58mg，超过ADI值近10倍，较北京市1979~1981年与2003年的检测结果均有不同程度的升高，主要根源在于菜农大量施用化肥特别是氮肥⑨。

改革开放以来，我国粮食生产得到了快速发展，粮食供求实现了由短缺向总

---

① 罗孝玲，张好．中国粮食安全界定与评估新视角［J］．求索，2006（11）：12－14.

② 公茂刚，王学真．发展中国家粮食安全状况分析［J］．中国农村经济，2009（6）：90－96.

③ 周洁红．消费者对蔬菜安全的态度、认知和购买行为分析［J］．中国农村经济，2004（11）：44－52.

④ 李萌．中国粮食安全问题研究［D］．华中农业大学博士学位论文，2005.

⑤ 林毅夫．制度、技术与中国农业发展［M］．上海：上海人民出版社，2005.

⑥ 张中一，施正香，周清．农用化学品对生态环境和人类健康的影响及其对策［J］．中国农业大学学报，2003，8（2）：73－77，89.

⑦ Jolankai P.，Toth Z.，Kismanyoky T. Combined Effect of N Fertilization and Pesticide Treatments in Winter Wheat［J］. *Cereal Research Communications*，2008（36）：467－470.

⑧ ADI（Acceptable Daily Intake）值是指，不伴随被认可的健康上的风险、人类一生中可每日摄取的每1千克体重的量。一日摄取容许量（ADI）即无毒性量/安全系数。

⑨ 封锦芳，施致雄，吴永宁．北京市春季蔬菜硝酸盐含量测定及居民暴露量评估［J］．中国食品卫生杂志，2006，18（6）：514－517.

量平衡、丰年有余的历史性跨越，国家粮食储备量达到历史最高水平[①]。在食品的供给安全得到基本保障之后，食品的质量安全逐步引起我国社会各界的广泛关注与日益重视。随着经济的快速增长，消费者生活水平不断提高，消费结构不断改善，对食品质量提出了更高的要求[②]。尤其是"多宝鱼""三聚氰胺"等频发的食品安全事件，沉重打击了消费者对食品安全的信心，也使消费者对食品安全问题的关注度居高不下，很多经验研究皆得出了类似的结论[③]。如吴林海和钱和在全国范围内的调研表明，关注食品安全的受访者比例为60.34%，而不关注的比例不足10%（见图1－1）[④]。因此，"食品安全"一词在学术研究中开始逐步专指食品的质量安全，本书写作中也将沿用这一观点。

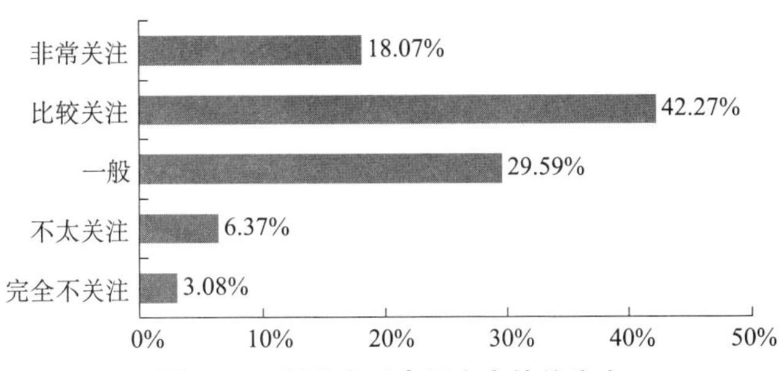

图1－1 受访者对食品安全的关注度

2. 我国引发食品安全问题的主要因素

目前，我国造成食品安全问题的因素大致来自以下几个方面：农业生产环境恶化，工业化带来的"三废"导致耕地被污染，重金属残留情况较为严重；农药、化肥、农膜等投入品的不当甚至违规违法使用更是使我国耕地肥力下降，有害物质富集，农产品质量难以达标[⑤]；在生产与流通过程中，化学添加剂的滥用屡禁不止，微生物污染未引起高度重视；社会公信力下降，食品安全谣言甚嚣尘上，在信息严重不对称的背景下，公众对食品安全担忧产生"放大效应"甚至是"恐慌效应"（见图1－2）。

（1）农业生产环节的主要威胁。我国农业生产环境总体形势严峻，土壤污染、水污染较为严重，直接从源头环节给食品质量安全带来危害，主要表现在两个方面：一是尚未得到有效处理的工业生产和居民生活废水、废气、废渣及其他

---

① 李岳云，蒋乃华，郭忠兴．中国粮食波动论［M］．北京：中国农业出版社，2001.

② 尹世久，高杨，吴林海．构建中国特色食品安全社会共治体系［M］．北京：人民出版社，2017.

③ 尹世久，李锐，吴林海，等．中国食品安全发展报告（2018）［M］．北京：北京大学出版社，2018.

④ 吴林海，钱和．中国食品安全发展报告（2012）［M］．北京：北京大学出版社，2012.

⑤ 李凯，周洁红，陈潇．集体行动困境下的合作社农产品质量安全控制［J］．南京农业大学学报（社会科学版），2015（4）：70－77.

废弃物急剧增加，给农业生产环境带来严重后果；二是农业生产本身的投入品如化肥、农药等滥用使不少有害物质源源不断地渗透到土壤中并不断积累，造成农用耕地和水体污染。

（2）加工流通环节的食品安全风险。食品安全风险不仅来自种植环节，加工、流通等环节的风险同样不容忽视，尤其是食品添加剂甚至非食品用添加剂的非法使用给我国食品安全带来了巨大影响①。近年来，化学添加剂的违规使用之风愈演愈烈。目前，我国批准使用的食品添加剂有 23 大类 2000 余种，含添加剂的食品达 10000 种以上。虽然国家对食品添加剂的使用范围和使用量都有明确规定，但是一些唯利是图、生产自律性较差的生产企业，为谋求更高的经济利益，在生产、加工、包装、流通过程中违规非法超量使用化学添加剂，从而严重降低了食品质量安全水平②。此外，微生物污染已成为威胁食品安全的重要方面，但长期未得到足够重视。中国疾病预防控制中心的监控数据显示，2011 年微生物性病原导致的食源性疾病占比达到 30% ~40% 。

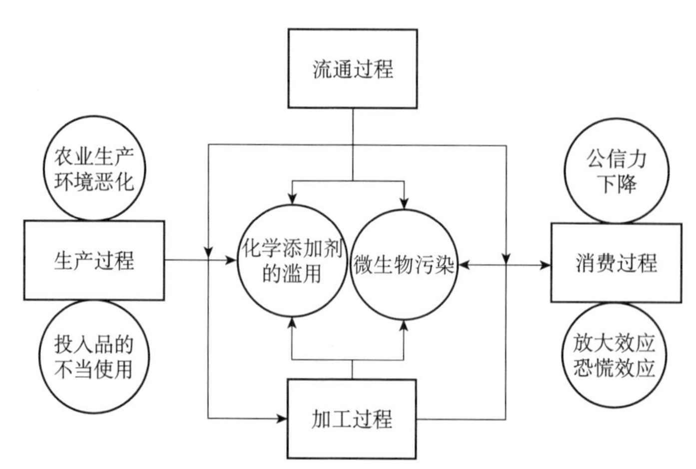

图 1－2　我国食品安全问题的主要诱发因素

（3）消费环节的信任危机。由于缺乏及时、有效的信息沟通渠道，食品安全谣言四起③。随着生活水平的提高，消费者对食品质量安全的要求越来越高，但由于未能建立有效的信息传递与交流机制，食品质量的相关权威信息发布平台

① 尹世久，高杨，吴林海．构建中国品安全社会共治体系［M］．北京：人民出版社，2017.

② 侯博．可追溯食品消费偏好与公共政策研究［M］．北京：社会科学文献出版社，2018.

③ 尹世久，吴林海，王晓莉，等．中国食品安全发展报告（2016）［M］．北京：北京大学出版社，2016.

缺失或滞后，甚至公信力严重不足①，消费者极易对食品安全风险信息产生恐慌心理，乃至因谣言而形成“晕轮效应”，给供应商带来了严重经济损失，也加重了消费者对食品质量安全的焦虑，使公众食品安全信心长期难以恢复与重建②③。食品质量谣言泛滥，在某种意义上说是“信息不对称”导致市场失灵，而规则不完善或得不到有效执行导致的政府失灵也同时存在，由此引发食品安全危机放大产生社会信任危机，从而造成社会性恐慌行为。因此，要想禁绝食品谣言泛滥，必须通过建立食品安全认证制度、打造权威信息发布平台等多种途径，促进食品安全信息的有效沟通与交流，重塑消费者对于市场和监管者的信任。

（二）食品安全认证发展的主要驱动因素

在食品安全风险与生态环境问题备受关注的现实背景下，通过食品安全认证改善食品品质与农业生态环境、防范风险隐患以及提高生产者收入等，成为食品行业发展的新趋势。

（1）提高食品安全水平。虽然安全认证食品与常规食品的营养质量与安全的对比研究目前还主要停留在化学分析和动物实验上，对人体健康的影响到底差别多大，目前还存在一些争议④⑤。但由于安全认证食品在生产环节更少施用化学肥料和农药，显然能减少消费者食用时摄入的有害化学物质，如过量化肥使用导致的较高的硝酸盐、重金属以及各类农药残留等⑥。

（2）改善生态环境。化肥和农药的过度使用、农业废弃物的不当处置是造成农业面源污染的主要原因，不用或少用化肥和农药必然成为解决农业面源污染问题的根本途径。安全认证食品在农产品源头生产环节更多地强调生产系统内部物质的循环利用，少用甚至禁用化学肥料和农药，尽量利用各类农业废弃物，为控制农业面源污染提供了有力的技术支撑。通过作物轮作、秸秆还田、施用绿肥和有机肥等措施来培肥土壤，有效地提高和转化了土壤养分，对改良土壤、提高

---

① Yin S. J., Li Y., Chen Y. S., et al. Public Reporting on Food Safety Incidents in China: Intention and Its Determinants [J]. *British Food Journal*, 2018 (11): 2615-2630.

② Chen M., Yin S. J., Wang Z. W. Consumers' Willingness to Pay for Tomatoes Carrying different Organic Certification Labels: Evidence from Auction Experiments [J]. *British Food Journal*, 2015, 117 (11): 2814-2830.

③ Yin S. J., Chen M., Chen Y. S., et al. Consumer Trust in Organic Milk of different Brands: The Role of Chinese Organic Label [J]. *British Food Journal*, 2016 (7): 1769-1782.

④ Yin S. J., Chen M., Xu Y. J., et al. Chinese Consumers' Willingness to Pay for Safety Label on Tomato: Evidence from Choice Experiments [J]. *China Agricultural Economic Review*, 2017 (1): 141-155.

⑤ Yin S. J., Hu W. Y., Chen Y. S., et al. Chinese Consumer Preferences for Fresh Produce: Interaction between Food Safety Labels and Brands [J]. *Agribusiness: an International Journal*, 2019 (1): 53-68.

⑥ 温明振．有机农业发展研究［D］．天津大学博士学位论文，2006.

土壤肥力具有积极作用，实现了土壤肥力的持续供应和永续利用，在避免环境污染的同时促进了农业可持续发展[①]。

（3）增加生产者收入。增加农民等生产者的收入成为包括中国在内的一些发展中国家发展有机（及绿色、无公害等）认证食品生产的重要动因[②]。尹世久、吴林海就有机农业对农民收入的影响进行了文献综述，绝大多数的经验研究表明，有机农业有利于增加农民收入，缓解农村劳动力过剩问题[③④]。如包宗顺在皖、赣、苏、鲁、沪等省（市）的 8 个有机农业生产基地选取 12 个样本单位（有机农场、公司、生产合作社等）进行典型调查，调查结果显示，有机农业生产方式将对农户收入增长有益，并且有机种植用工比常规种植要多[⑤]。

二、相关概念界定

食品与农产品、食品安全认证与安全认证食品等是本书中最重要、最基本的概念。本书在借鉴相关研究的基础上，进一步作出科学的界定，以确保研究的科学性。

（一）食品、农产品及其相互关系

1. 食品的定义

食品，最简单的定义是人类可食用的物品，包括天然食品和加工食品[⑥]。《中华人民共和国食品安全法》对食品的定义是：“指各种供人食用或者饮用的成品和原料以及按照传统既是食品又是药品的物品，但不包括以治疗为目的的药品。”国家标准 GB/T 15091—1994《食品工业基本术语》第 2.1 条将“一般食品”定义为“可供人类食用或者饮用的物质，包括加工食品、半成品和未加工

---

① Moen D. The Japanese Organic Farming Movement: Consumers and Farmers［J］. *United Bulletin of Concerned Asian Scholars*, 1997（29）: 14 – 22.

② Azadi H., Peter H. Genetically Modified and Organic Crops in Developing Countries: A Review of Options for Foods Ecurity［J］. *Biotechnology Advances*, 2010（28）: 160 – 168.

③ 尹世久，吴林海．全球有机农业发展对生产者收入的影响研究［J］．南京农业大学学报（社会科学版），2008（3）：8 – 14.

④ Kerselaers E., Cock L. D., Ludwig L., et al. Modelling Farm-level Economic Potential for Conversion to Organic Farming［J］. *Agricultural Systems*, 2007（94）: 671 – 682.

⑤ 包宗顺．中国有机农业发展对农村劳动力利用和农户收入的影响［J］．中国农村经济，2002（7）：38 – 43，80.

⑥ 吴林海，徐立青．食品国际贸易［M］．北京：中国轻工业出版社，2009.

食品，不包括烟草或只作药品用的物质”[1]。而国际食品法典委员会（Codex Alimentarius Commission，CAC）对“一般食品”的定义是：“供人类食用的，无论是加工的、半加工的或未加工的任何物质，包括饮料、胶姆糖，以及在食品制造、调制或处理过程中使用的任何物质；但不包括化妆品、烟草或只作药物用的物质。”[2]

2. 农产品的定义

农产品是一个与食品密切相关的概念。《中华人民共和国农产品质量安全法》将农产品定义为“来源于农业的初级产品，即在农业活动中获得的植物、动物、微生物及其产品”。世界贸易组织（World Trade Organization，WTO）、联合国贸易与发展会议（United Nations Conference on Trade and Development，UNCTAD）以及世界各国的统计机构都对农产品进行了定义与分类，定义的农产品范围虽然有所差异，但由于农产品是食品的主要来源，也是工业原料的重要来源，因此将农产品分为食用农产品（包括直接食用农产品和食品原料）和非食用农产品（包括棉、麻、烟草、饲料和工业原料等）是一种通行的分类方法[3]。

3. 农产品与食品间的关系

从以上食品与农产品的定义可以看出，食品与农产品既有密切联系，也有一定的区别。一方面，直接食用农产品是食品的重要组成部分；另一方面，农产品又是某些加工或合成食品的原料来源。两者之间存在相互交叉、相互区别的关系（见图 1－3）[4]。

（二）认证、认可与认证标签

1. 认证与认可

根据国务院发布的《中华人民共和国认证认可条例》，认证（Certification）是指由认证机构证明产品、服务、管理体系符合相关技术规范、相关技术规范的强制性要求或者标准的合格评定活动。认可（Accreditation）是指由认可机构对认证机构、检查机构、实验室以及从事评审、审核等认证活动人员能力和执业资格，予以承认的合格评定活动。

国家质量监督检验检疫总局颁布的《有机产品认证管理办法》认为：有机

---

① 尹世久，李锐，吴林海，等．中国食品安全发展报告（2018）［M］．北京：北京大学出版社，2018.

② 尹世久，高杨，吴林海．构建中国特色食品安全社会共治体系［M］．北京：人民出版社，2017.

③ 吴林海，徐立青．食品国际贸易［M］．北京：中国轻工业出版社，2009.

④ 尹世久，李锐，吴林海，等．中国食品安全发展报告（2018）［M］．北京：北京大学出版社，2018.

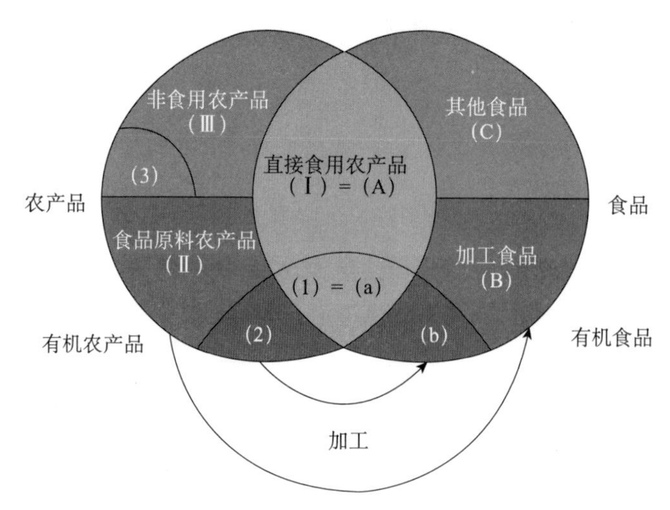

图1-3　食品与农产品、有机食品与有机农产品之间关系

注：①（1）=（a）指直接食用有机农产品；②（2）指作为食品原料的有机农产品，其加工后形成（b）；③（3）指非食用有机农产品。

认证是指认证机构按照有机产品国家标准和本办法的规定对有机产品生产和加工过程进行评价的活动。而有机认可则是中国国家认证认可管理委员会批准、审核并监督有机认证机构的行为。

2. 认证标签

认证标签（也被称为标识或标志，本书统一称为标签）是指在销售的产品上、产品的包装上、产品的标签上或者随同产品提供的说明性材料上，以书写的、印刷的文字或者图形的形式对产品所作的标示[①②]。通过相应认证的产品即可在包装上加贴或印制相应的标签（标识或标志）。根据我国食品安全认证行业发展与食品市场实际，我国主要的认证标签主要包括有机标签、绿色食品标签和无公害农产品标签等。

与无公害标签和绿色标签不同，我国市场上有机产品的标签种类较多。根据有机产品国家标准（GB/T 19630），有机产品应当按照国家有关法律法规、标准的要求进行标识[③]。在有机产品上按规定使用的标识就叫作有机标签（Oganic La-

① Yin S. J., Hu W. Y., Chen Y. S., et al. Chinese Consumer Preferences for Fresh Produce: Interaction between Food Safety Labels and Brands [J]. *Agribusiness*, 2019 (1): 53-68.

② Yin S. J., Lv S. S., Xu Y. Y., et al. Consumer Preference for Infant Formula with Select Food Safety Information Attributes: Evidence from a Choice Experiment in China [J]. *Canadian Journal of Agricultural Economics*, 2018 (4), 66 (4): 557-569.

③ Yin S. J., Chen M., Xu Y. J., et al. Chinese Consumers' Willingness to Pay for Safety Label on Tomato: Evidence from Choice Experiments [J]. *China Agricultural Economic Review*, 2017 (1): 141-155.

bel)，是用来证明产品生产或者加工过程符合有机标准并通过认证的专有符号、图案或者符号、图案以及文字的组合，包括有机产品认证标签和有机转换产品认证标签（见图1－4）。根据有机产品国家标准（GB/T 19630），按有机产品国家标准生产并获得有机产品认证的产品，方可在产品名称前标识“有机”，在产品或者包装上加贴中国有机产品认证标签并标注认证机构的标识或者认证机构的名称。认证机构可以拥有自己的认证标签，图1－5分别为南京国环有机产品认证中心（Organic Food Development and Certification Center of China，OFDC）和中绿华夏有机食品认证中心（China Organic Food Certification Center，OFCC）的认证标签。

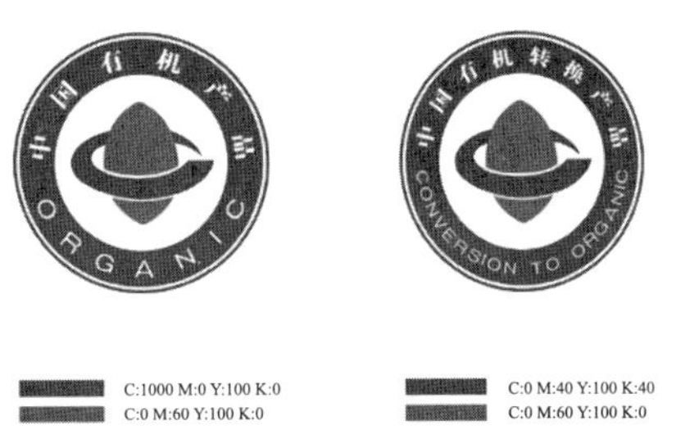

图1－4　中国有机产品认证标签和有机转换产品认证标签

图1－5　OFDC认证标签（左）和OFCC认证标签（右）

美国、欧盟、日本等许多国家或地区通过立法等各种形式，也规定了不同的有机标签（见图1－6），但由于本书主要研究我国国内市场，且根据《有机产品国家标准（GB/T 19630）》，在我国国内市场销售的有机产品，必须获得中国国家认证认可管理委员会认可的认证机构认证，并按照要求加贴中国有机产品认证标签，故此处不再详尽介绍其他国家的产品认证标签。

（1）欧盟　（2）美国　（3）日本

图1－6　欧盟、美国与日本的有机认证标签

（三）无公害食品、绿色食品与有机食品的定义与比较

随着购买力的不断提高与对食品安全及生态环境问题的日益关注，我国越来越多的消费者愿意为安全的食品支付溢价。我国自20世纪末开始构建食品安全认证体系，主要包括无公害农产品认证、绿色食品认证与有机食品认证，相应地，本书将经过上述认证的食品分别称为无公害食品、绿色食品和有机食品（统称为安全认证食品）。三类食品像一个阶梯，底部是无公害食品，中间是绿色食品，顶部是有机食品，越往上要求越严格（见图1－7）。

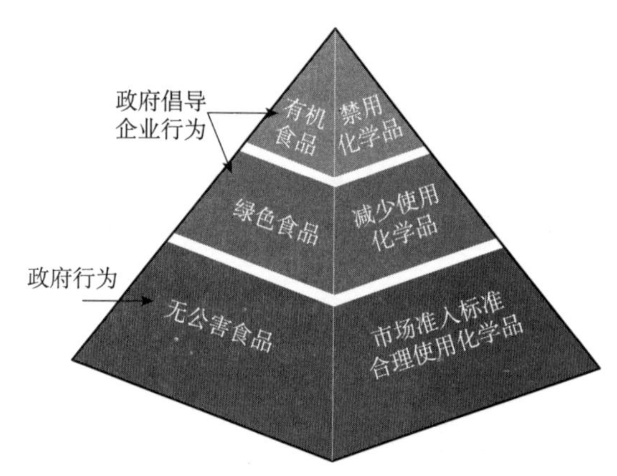

图1－7　我国安全认证食品层级结构

1. 无公害食品（农产品）

无公害食品（农产品）是指经农业行政主管部门认证，允许使用无公害食品（农产品）标志，农药和重金属均不超标、无污染、安全的食品（农产品）及其加工产品的总称。无公害食品是在农产品质量安全问题不断凸显和环境污染日趋严峻的背景下提出的，其首要目的在于保障农产品最基本的食用安全。

2. 绿色食品（农产品）

一般而言，绿色食品是遵循可持续发展原则，按照特定生产方式生产，经专门机构认定，许可使用绿色食品认证标志的安全、优质、营养类食品。根据中国绿色食品研究中心的定义，绿色食品是指产自优良生态环境、按照绿色食品标准生产、实行全程质量控制并获得绿色食品标志使用权的安全、优质食用农产品及相关产品①。

绿色食品（农产品）必须遵循我国农业部制定的绿色产品标准。我国制定

① 中国绿色食品发展中心，http：//www. greenfood. org. cn/ztzl/tjnb/lssp/。

绿色食品标准的依据是，以我国国家标准、法规、条例为基础，参照国际标准和国外先进标准，如FAO/WHO的食品法典委员会（CAC）等标准，在绿色食品生产的四个关键环节上，综合技术水平优于国内执行标准并能被绿色食品生产企业普遍接受。农业部先后颁布或调整了一系列绿色食品标准，2018年版的《绿色食品产品适用标准目录》，涵盖了种植业产品、畜禽产品、渔业产品、加工产品和其他产品5大类共126项。

3. 有机食品（农产品）

"有机食品"一词是从英语"Organic Food"直译过来的，在其他语言中也有叫生态或生物食品的，如德国使用"Bio-Food"。国际有机农业联盟（International Federal of Organic Agriculture Movement，IFOAM）① 将有机食品定义为：根据有机食品种植标准和生产加工技术规范而生产的、经过有机食品颁证组织认证并颁发证书的一切食品。在其种植和加工过程中不允许使用化学合成的农药、化肥、除草剂、合成色素和生长激素等。参照IFOAM的定义与有机农业的有关概念，本书将有机食品定义为：来自有机农业生产体系，根据有机标准生产、加工和销售，并通过合法有机认证机构认证的食品，包括粮食、蔬菜、水果、奶制品、禽畜产品、蜂蜜、水产品、调料等。有机食品是一种自然、没有污染、不含各类可能有害的添加剂的食品，其与常规食品相比一般会含有更多的主要养分（如维生素C、矿物质等）和次要养分（如植物营养素等）②。

有机食品要符合四个条件：①原料必须来自有机农业生产体系或采用有机方式采集的野生天然产品；②产品在整个生产过程中必须严格遵循有机食品的生产、加工、包装、储藏、运输等标准要求；③在有机食品生产、加工和流通过程中，有完善的质量跟踪审查体系和完整的生产及销售记录档案；④必须经过独立的有机认证机构进行全过程的质量控制和审查，符合有机食品生产标准并颁发证书的产品。有机食品的主要特点就是来自有机生产系统，在生产加工过程中不使用化学合成的农药、化肥、食品添加剂、防腐剂等化学物质。

与有机食品密切相关的概念是有机农产品，有机农产品是指来自有机农业生产体系，根据有机标准生产，并通过合法有机认证机构认证的一切农产品。有机食品与有机农产品之间的关系和食品与农产品的关系类似（见图1－3）。有机产

---

① IFOAM是一个非营利的世界性组织，1972年成立于法国，目前该组织在瑞士注册，但行政总部设在德国。IFOAM是一个全球最重要的有机农业组织，是由分布于100多个国家中的500多个与有机农业有关之组织所组成，这些组织包括由农民、消费者、加工业者、贸易商等组成的协会，以及研究、推广、训练等机构。IFOAM另有许多个人会员，但没有投票权。

② Sheng J. P., Shen L., Qiao Y. H., et al. Market Trends and Accreditation System for Organic Food in China [J]. *Trends in Food Science and Technology*, 2009 (20): 396－401.

品是一个范畴更为广泛的概念，指所有以有机方式生产、符合各自有机标准的所有产品，包括有机食品、有机化妆品、有机纺织品、有机林产品、生物农药、有机肥料等。中国有机产品国家标准（GB/T 19630）将有机产品定义为：生产、加工、销售过程符合本部分[①]的供人类消费、动物食用的产品。从范畴来看，有机产品既包括有机食品，也包括有机农产品。

4. 三种认证食品（农产品）的异同

有机食品与绿色、无公害等食品的区别主要有三个方面：①有机食品在生产加工过程中绝对禁止使用农药、化肥、激素等人工合成物质，且不允许使用基因工程技术；无公害食品与绿色食品则允许有限使用这些物质，并且不禁止使用基因工程技术。②有机食品在土地生产转型方面有严格规定。考虑到某些物质在环境中会残留相当一段时间，土地从生产其他食品到生产有机食品需要2～3年的转换期，而生产绿色食品和无公害食品则没有转换期的要求。③有机食品在数量上进行严格控制，要求定地块、定产量，生产其他食品没有如此严格的要求。可以用图表进一步概括其区别与联系（见表1－1）。

表1－1　我国有机食品、绿色食品与无公害食品主要区别与联系

项目	有机食品	绿色食品	无公害食品
英文	Organic Food	Green Food	Health Food
侧重点	更侧重环保与农民增收	环保与食品安全并重	更侧重食品的基本安全
主管部门	国家认监委	农业部	农业部
行为主体	政府倡导、企业行为	政府倡导、企业行为	政府行为
认证机构	南京国环有机产品认证中心等28家获批的认证企业	中国绿色食品发展中心	农产品质量安全中心
法规	有机产品认证管理办法；有机产品认证实施规则	绿色食品标志管理办法	无公害农产品管理办法；无公害农产品标志管理办法
生产标准	国标《有机产品》（GB/T 19630）	NY/T391—2000等108项绿色食品标准	NY 5171—2002等系列无公害食品标准
转换期	1～3年	无要求	无要求
生产技术	禁用化学品及转基因技术，使用农业、生物、物理技术	使用农业、生物、物理技术，辅以化学技术	现代农业综合技术
数量控制	控制	无要求	无要求
认证标志			

① 本部分指有机产品国家标准（GB/T 19630）第一部分：生产。

由于国外并无绿色食品与无公害食品的概念，所以本书在使用有关概念时进行如下规定：在分析国外市场时则将食品分为有机食品与常规食品；在研究国内市场时将有机食品、绿色食品与无公害食品通称为安全食品（或安全认证食品），该范畴之外的食品界定为常规食品。

（四）三种认证食品的发展概况

1. 无公害食品（农产品）

20 世纪 80 年代初期，北京市率先提出“无公害蔬菜”的概念，逐步被有关各界认可并产生了广泛影响。2001 年 4 月，我国农业部正式启动了“无公害食品行动计划”，并分阶段提出行动目标：一是在“十五”期间力争基本解决我国蔬菜、水果和茶叶的污染物超标问题；二是用 8～10 年时间，建立起无公害食品安全生产体系，实现农产品的无公害化生产。该项行动计划率先在北京、天津、上海和深圳四个城市进行试点。在试点成功的基础上，于 2002 年 7 月开始在全国范围内全面推行、实施。2002 年 12 月，农业部农产品质量安全中心成立，2003 年 4 月开始正式运行，负责我国无公害农产品认证工作。

无公害食品尽管起步较晚，但由于政府推进力度大，所以生产规模迅速扩大、影响范围非常广泛。自 2002 年正式启动以来，认证产品和公司数目呈指数增长。到 2016 年，全国共有 34223 个企业获得无公害认证，合格产品数达到 72769个，产地面积达到 1960. 96 万公顷，总产量达到 21125. 08 万吨，总销售额达到 27677. 11 万元①。

2. 绿色食品（农产品）

我国绿色食品产业创始于 20 世纪 90 年代初。1992 年 11 月，中国绿色食品发展中心（China Green Food Development Center，CGFDC）正式成立。1996 年，中国绿色食品发展中心在中国国家工商行政管理局商标局完成了绿标图形、中英文及图形、文字组合 4 种形式在 9 大类商品上共 33 件证明商标的注册工作；农业部制定并颁布了《绿色食品标志管理办法》，标志着绿色食品作为一项拥有自主知识产权的产业在中国的形成，同时也表明中国绿色食品开发和管理步入了法制化、规范化的轨道。

绿色食品得到了农业部的积极倡导和推动，总体发展势头强劲。到 2017 年底，获得绿色食品（农产品）认证的监测面积为 1. 52 亿亩，获证产品总数达 25746种，年销售额达到 4034 亿元，而 1997 年底分别为 0. 32 亿亩、892 种、240 亿元（见表 1－2）。

---

① 中国绿色食品发展中心，http：//www. greenfood. org. cn/ztzl/tjnb/lssp/。

表 1－2　1997～2017 年我国绿色食品发展情况

年度	企业总数（个）	产品总数（个）	年销售额（亿元）	出口额（万美元）	监测面积（万亩）
1997	544	892	240	7050	3213
1998	619	1018	285	8800	3385
1999	742	1353	302	13000	3563
2000	964	1831	400	20000	5000
2001	1217	2400	500	40000	5800
2002	1756	3046	597	84000	6670
2003	2047	4030	723	108000	7710
2004	2836	6496	860	125000	8940
2005	3695	9728	1030	162000	9800
2006	4615	12868	1500	196000	15000
2007	5740	15238	1929	214000	23000
2008	6176	17512	2597	232000	25000
2009	6003	15707	3162	216000	24800
2010	6391	16748	2824	231000	24000
2011	6622	16825	3135	230000	24000
2012	6862	17125	3178	284000	24000
2013	7696	19076	3635. 2	260386. 4	25642. 7
2014	8700	21153	5480. 5	248000	34000
2015	9579	23386	4383. 2	228000	26000
2016	10116	24027	3866	251100	19900
2017	10895	25746	4034	254500	15200

资料来源：中国绿色食品发展中心，http：//www. greenfood. org. cn/ztzl/tjnb/lssp/。

3. 有机食品（农产品）

20 世纪末期以来，作为一个农业生产大国，得益于经济高速增长带来的巨大市场需求与宽松外贸政策创造的出口机遇，我国的有机食品产业也得到了长足发展。有机食品的概念于 20 世纪 90 年代进入我国后，其发展大致经历了三个阶段①。

（1）探索阶段（1990～1994 年）。20 世纪 90 年代初，一些国外认证机构开

① 吴志冲，季学明．经济全球化中的有机农业与经济发达地区农业生产方式的选择［J］．中国农村经济，2001（4）：33－36.

始陆续进入我国，我国有机农业与有机食品市场开始启动。1989 年，国家环境保护局南京环境科学研究所农村生态研究室加入了国际有机农业运动联合会（IFOAM），成为我国第一个 IFOAM 成员。在这一时期，与有机农业相关的理论研究工作也在诸如中国农业大学有机农业技术研究中心、南京农业大学有机农业与有机食品研究所等科研机构展开。

（2）起步阶段（1995～2002 年）。这一时期，我国陆续成立了自己的认证机构，着手开展认证工作，参考 IFOAM 的基本标准制定了机构或部门的推荐性行业标准。1992 年，中国农业部批准组建了“中国绿色食品发展中心”，负责开展中国绿色食品认证和开发管理工作。1994 年，经国家环境保护局批准，国家环境保护局南京环境科学研究所的农村生态研究室改组成为“国家环境保护总局有机食品发展中心”，2003 年改称为“南京国环有机产品认证中心”。

（3）规范与快速发展阶段（2003 年至今）。本阶段以 2002 年 11 月 1 日开始实施的《中华人民共和国认证认可条例》的正式颁布实施为起点，有机食品认证工作开始由国家认证认可监督管理委员会（Certification and Accreditation Administration of the People's Republic of China，CNCA）统一管理，标志着有机食品行业发展进入规范化阶段。2002 年 10 月，中国绿色食品发展中心组建了“中绿华夏有机食品认证中心（OFCC）”，并成为在国家认证认可监督管理委员会登记的第一家有机食品认证机构。其后又有诸如杭州万泰认证中心等多家国内认证机构成立，并有多个国际认证机构进入我国成立办事机构或设立合资公司，如美国国际有机作物改良协会（Organic Crop Improvement Association，OCIA）中国分会等。这些认证机构在我国国内展开认证工作，大大地促进了有机食品行业的发展。到 2016 年，中国有机食品市场销售额达到 447.5622 亿元，成为世界第四大有机食品市场，有机食品占食品消费总额的比重也从 2007 年的 0.36% 增长到 1.01%；而有机农地达到 230 万公顷，居世界第三位。

三、主要内容与研究方法

食品与农产品、食品安全与食品安全风险等是本书中最重要、最基本的概念。本书在借鉴相关研究的基础上，进一步作出科学的界定，以确保研究的科学性。

（一）研究思路

本书以基于消费者偏好视角提出我国食品安全认证政策改革路径为研究目标，沿着“理论与文献分析—消费者认知—消费者信任—消费者偏好与支付意愿—消费者现实购买决策—政策设计”的研究主线，运用理论分析与实证研究相结合的方法，系统研究消费者对安全认证食品的偏好。本书基本研究思路如图 1－8 所示。

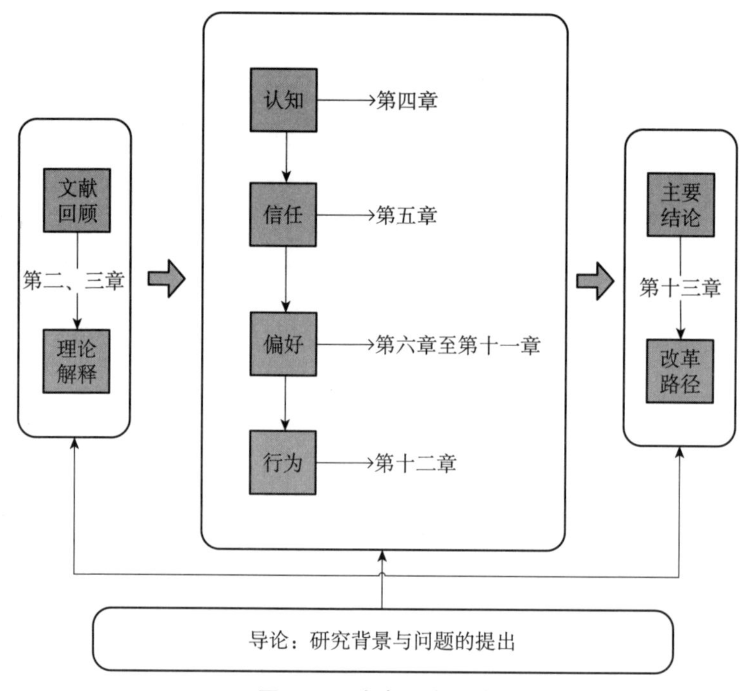

图 1－8　本书研究思路

（二）主要内容

沿着如图 1－8 所示的研究思路，全书共包括十三章内容，各章主要研究内容如下：

第一章为导论。本章主要分析本书的研究背景和意义、研究框架与内容、研究方法、概念的界定及困难与不足，这是全书研究的基础与起点。

第二章为理论基础与文献回顾。本章从消费行为理论以及认证食品消费行为特征等方面进行多层次、多维度的理论与文献综述，目的在于拓宽本书的理论视野，为本书奠定理论基础。

第三章为食品安全认证运行机制的理论解释。本章着重以经济学的有关原理为基础，分析了认证食品市场均衡价格的形成与波动，对认证食品市场失灵的形成机制进行分析，旨在为全书的研究提供理论支撑。

第四章为食品安全认证标签的消费者多层面认知研究。本章着重研究消费者对食品安全认证标签的认知行为及其影响因素。将消费者认知行为设置为知晓层面（是否听说过）、识别层面（能否正确识别标签）与使用层面（购买时是否关注标签）三个层面，分别代表逐步递进的认知程度，进而显示认知影响因素显著性的变化，判断在认知提高过程中起主要作用的因素。

第五章为消费者信任形成机制研究：认证与品牌的交互影响。本章以中国和欧盟的比较为切入点，基于山东省570个消费者样本数据，探究消费者对不同品牌或认证的有机牛奶的信任倾向，并运用结构方程模型分析消费者信任的形成机制，考察认证与信任之间的交互影响。

第六章为食品安全信息属性消费者偏好的选择实验研究。消费者偏好是判断食品安全认证标签能否有效缓解信息不对称的重要依据。本章以番茄为例，设置食品安全认证标签、可追溯标签、品牌与价格属性进行选择实验，并借助随机参数 Logit 模型研究消费者对相关信息标签属性的偏好及标签之间的交叉效应。

第七章为基于真实选择实验的食品安全认证标签的消费者偏好研究。本章以苹果为例，采用真实选择实验收集了山东省青岛市等565个消费者样本数据，引入随机参数 Logit 模型估计了“三品一标”四种认证标签与两种类型的农产品品牌（企业品牌和专业合作社品牌）的消费者偏好及它们之间的交叉效应，进而考察了消费者食品安全意识与环境意识对消费者偏好的影响。

第八章为消费者对不同层次认证标签的拍卖出价差异及其影响因素研究。拍卖实验在模拟的市场环境中实现参与者的真实支付，通常被视作非假设性的现实性偏好，可以更好地揭示参与者的真实支付意愿。在上述两章采用选择实验研究消费者陈述性偏好的基础上，本章采用随机 n 价拍卖实验研究消费者对不同认证标签（无公害标签、绿色标签和有机标签）的支付意愿，进而运用多变量 Probit（Multivariate Probit，MVP）模型分析了消费者食品安全风险感知与环境意识等对消费者支付意愿的影响。

第九章为认证标签是否存在来源国效应：来自 BDM 机制拍卖实验的证据。与无公害标签和绿色标签不同，我国有机认证体系是多元化认证并存，呈现认证主体多元、认证来源多样的特征。本章延续第八章的研究，继续采用拍卖实验研究消费者对认证标签的支付意愿。本章以中国有机认证标签、中国香港有机标签、日本有机标签、巴西有机标签和欧盟有机标签为例，采用 BDM 机制拍卖，研究消费者对不同来源国有机标签的支付意愿，并引入多项 Logit（Multiomial Logit，MNL）模型研究消费者对不同有机标签的偏好选择。

第十章为认证、品牌与产地效应：消费者偏好的联合分析。本章以婴幼儿配方奶粉为例，运用联合分析方法研究有机认证标签、品牌和产地等质量信息属性对消费者偏好的影响，基于比较的视角来探究认证标签能否削弱产地和品牌来源国效应。

第十一章为事前保证还是事后追溯：认证标签与可追溯信息的消费者偏好。食品安全认证体系和可追溯系统是缓解食品市场信息不对称、激励供应商自律进而提升食品安全水平的两种重要市场工具。本章融合随机 n 价拍卖实验和菜单选择实验各自优势，以番茄为例，研究了消费者对认证标签（有机标签、绿色标签和无公害标签）和可追溯标签两类食品质量信息标签的支付意愿及标签间的交叉效应。

第十二章为消费者自述偏好与现实选择比较研究。消费者偏好更多地反映了消费者的意愿，并不必然意味着消费者会发生现实购买行为。本章以有机牛奶为例，对消费者自述偏好和现实选择进行了比较，进而构建有序 Logistics 实证分析了相应影响因素。

第十三章为食品安全认证监管的基本思路与政策改革路径研究。在上述研究的基础上，提炼、归纳主要研究结论，据此提出我国食品安全认证监管的基本思路，并在剖析我国食品安全认证政策问题的基础上，借鉴国际经验，提出食品安全认证政策改革与完善的基本路径。

（三）主要研究方法

本书在研究中注重宏观分析与微观分析相结合、理论分析与实证分析相结合、文献研究与实地调研相结合、定性研究与定量研究相结合。具体采用的主要研究方法如下：

1. 理论分析

在文献研究的基础上，对食品市场中信息不对称的形成与解决方案进行理论分析，揭示食品安全认证政策的理论依据。在此基础上，分析企业在信息不对称背景下进行认证的动机与相关行为，进而剖析认证机构之间的竞争表现。通过对关联主体行为的研究解释认证市场的运行机制。从经济学原理的角度探讨食品安全认证运行机制，探究在信息不对称的条件下，企业、认证机构等多方主体博弈行为与复杂市场环境的形成，从而对消费者偏好选择与相关行为进行经济学解释。

2. 数据采集方法

在数据采集方面，宏观数据主要采用文献研究等方式获取，微观数据主要运用实地调查的方式获取。在微观调研的各个阶段，首先采用访谈调研方法，获取细节性的、描述性的、通常是主观性的数据资料，通过对该类定性数据的分析，深入认识消费行为的本质特征，在此基础上形成假说；其次采用结构化问卷调研方法，获取客观性的定量数据，构建一系列的计量模型，进行定量分析，验证、修订有关假说。

3. 计量模型

在数据的挖掘与分析方面，重点采用一系列国际前沿、科学严谨的计量模型。较有代表性的前沿研究方法有：①在消费者对有机食品的认知行为研究中，采用MVP模型研究消费者对有机食品的不同层面的认知行为，克服二项Logit模型（Binary Logit，BNL）等离散选择模型不能同时研究多个因变量的缺陷；②在消费者支付意愿的研究中，采用选择实验（Choice Experiment，CE）等较为前沿的支付意愿测量方法，从而更为准确、客观地获取消费者支付意愿（Willingness to Pay，WTP）数据；③在消费者偏好分析中，采用基于消费者偏好异质性假设从而更符合实际的混合Logit（Mixed Logit，ML）模型测量消费者对食品不同属性的WTP；④在消费者的信任研究中，采用可为难以直接观测的潜变量提供一个可以观测和处理，并可将难以避免的误差纳入模型的分析工具SEM，以有效测量消费者信任等潜变量。

四、研究价值与主要不足

食品与农产品、食品安全与食品安全风险等是本书中最重要、最基本的概念。本书在借鉴相关研究的基础上，进一步做出科学的界定，以确保研究的科学性。

（一）主要贡献与可能的创新

简单来说，食品是人类食用的物品。准确、科学地定义食品并对其分类并不是非常简单的事情，需要综合各种观点与中国实际，并结合本书展开的背景进行全面考量。

1. 主要贡献之处

虽然越来越多的学者开始关注我国国内安全认证食品市场的发展，并取得了丰硕的研究成果，但总体来看，关于我国国内安全认证食品市场中消费者行为的研究，与欧美等发达国家尚存在很大的差距。一方面，由于国情等差异，国外的研究成果难以为我国安全认证食品市场发展提供有效的支撑与理论指导，尤其是未能体现我国消费者当前食品安全风险感知居高不下与安全认证食品低水平认知的实际；另一方面，我国国内研究尚缺乏对安全认证食品市场中消费者偏好与行为系统、全面的研究，在研究方法与分析工具方面，也与国际前沿研究存在较大差距。本书的主要贡献在于，较为系统、深入地研究了我国安全认证食品市场中的消费者偏好问题，并据此对食品安全认证的有效性进行检验，提出了我国安全认证食品市场发展与政策改革完善的基本思路。

2. 可能的创新

基于本书的研究视角与主要特点，主要创新之处在于以下三点：

（1）消费者对食品安全认证标签等信息属性支付意愿的比较研究。根据 Lancaster 的效用理论①，商品并不是效用的直接客体，消费者的效用实际上来源于商品的具体属性。基于这一思路，本书在研究消费者对安全认证食品的支付意愿时，将安全认证食品的价值属性划分为认证、可追溯、品牌及产地等信息属性，对消费者偏好的共性特征与异质性表现进行了较为全面的研究。

（2）认证标签的消费者信任形成机制研究。在信息不对称的安全认证食品市场中，基于第三方认证机构而形成的消费者信任成为有机食品发展的关键。虽然有学者开始关注信任在消费者偏好或购买决策中的重要作用，但现有研究大都将消费者作为外生变量简单引入，而未能对消费者信任的形成机理与影响因素展开分析。本书基于不同区域的实地调研数据，研究了消费者对安全认证食品的信任形成机理，并比较了消费者对不同认证标签的信任倾向，探究了其影响因素，为提升消费者对有机食品的信任水平提供了科学依据。

（3）选择实验与混合 Logit 模型等工具在食品安全研究领域的尝试与应用。国内学者对消费者的安全认证食品偏好的研究，早期以二项（元）Logit 等离散选择模型为主，近年来多项 Logit（Multiomial Logit，MNL）模型等多项离散选择模型开始成为主流研究工具。本书在对消费者支付意愿获取方法进行比较分析的基础上，引入国际前沿的选择实验（Choice Experiment，CE）等方法获取调研数据，运用基于消费者偏好异质性假设更符合实际的混合 Logit（Mixed Logit，ML）模型研究消费者对安全认证食品不同信息属性的支付意愿。此外，在消费者对安全认证食品的认知行为研究中，采用多变量 Probit（Multivariate Probit，MVP）模型研究消费者对认证标签的不同层面的认知行为，克服二项 Logit（Binary Logit，BNL）模型等离散选择模型不能同时研究多个因变量的缺陷。本书引入的 ML 模型、MVP 模型、多群组结构方程模型（Multiple Group Structural Equation Model，MGSEM）等工具关注不同角度的消费者认知与偏好，为这些方法在安全认证食品的消费者行为研究领域的应用提供了崭新思路，具有一定的学术创新价值。

（二）研究困难与不足

从世界范围来看，有机食品市场还是一个新兴市场，对我国而言，我国国内

---

① Lancaster K. J. A New Approach to Consumer Theory ［J］. *The Journal of Political Economy*, 1966, 74 (2): 132 - 157.

安全认证食品市场尤其是有机食品市场更是尚处于起步阶段，该领域的相关研究与文献相对少见，可供利用的统计资料非常匮乏，这既给本书带来了机遇，也带来了困难和挑战，主要表现为以下方面：

1. 样本的代表性问题

限于人力、物力及时间上的客观困难，笔者主要调研了山东省东西部的济南、青岛等城市消费者，虽然能够基本涵盖不同的经济发展水平，大致反映南北方不同的文化与环境差异，但相对于地域辽阔、文化多元的我国市场而言，调研范围仍相对有限，尤其是由于人力、物力限制，未能在北京、上海等大城市展开调研，导致样本对全国市场可能缺乏足够的代表性。

2. 研究角度与调研对象的选取问题

本书的研究主题是基于消费者偏好角度检验我国食品安全认证政策的有效性，以提出促进市场发展的政策选择与改革思路。展开的一系列调研主要是面向消费者，缺少对生产者、中间商与认证机构等关联企业及政府主管部门的实地调研，可能难以全面反映安全认证食品市场的供求变化与发展规律以及各方主体间的相互响应机制。

3. 数据的权威性与时效性问题

由于我国安全认证食品行业发展尚处于初级阶段，一方面涵盖该领域数据的统计体系尚未有效建立，另一方面安全认证食品行业的快速发展给数据统计带来极大困难。因此，行业现有统计资料非常欠缺，尤其是宏观层面研究采用的统计资料存在不足。既表现为统计数据缺乏权威性与规范性，也表现为数据相对陈旧，难以获取最新信息。这可能会在一定程度上影响本书宏观层面实证分析的严谨性。

另外，由于自身学术能力所限，笔者对理论研究还不够深入，理解还不够透彻，导致假说的解释能力不够强。同时由于缺乏深入生产一线的足够经历，对安全认证食品产业发展的大量经验事实所知有限，认识上的不足使假说中的缺陷在所难免，恳请读者给予批评指正。

（三）研究意义与学术价值

当前，我国消费者正处于一个消费观念改变、消费结构升级与消费模式转型的重要关头，引导公众确立符合可持续发展原则的消费理念，建立合理、适度的绿色消费模式，成为进一步促进我国国民经济健康发展、构建和谐社会的紧迫要求。基于消费者支付意愿、信任倾向与效用评价等多重角度，系统研究消费者对安全认证食品的偏好，尤其是分析消费者对不同认证标签的支付意愿与信任倾向，有助于从消费者偏好角度检验我国食品安全认证政策的有效性，为构建有效获得消费者认可的食品安全认证政策框架提供科学参考。对于重建消费者信任、培育与扩大安全认证食品市场需求以及促进食品行业健康发展、提升食品安全水平具有积极的现实意义，对于丰富具有我国特色的消费经济学理论也具有一定的学术价值。具体表现在：

1. 为政府决策提供科学依据

基于当前国情，消费者的认可与评价是政府制定公共消费政策的重要依据，准确把握消费者行为基本特征，方能保障政策的前瞻性、针对性与可操作性。本书基于消费者偏好的视角，深入研究消费者安全认证食品消费行为特征与内在规律，据此提出相应政策建议，既为政府制定相关政策奠定科学基础，也为促进政府决策方式转变做出有益探索。

2. 为企业经营决策提供指导与参考

借鉴国际经验，从我国实际出发，透视阻碍安全认证食品消费需求发展的深层次原因，揭示市场运行的内在机理，有助于食品相关企业制定正确的经营决策与营销战略，提升消费者偏好，建立公众消费信心，进而扩大消费需求、培育国内市场。

3. 丰富食品安全领域的消费者行为研究

消费者行为研究一直是管理学研究领域中永恒的话题。本书融合多学科的理论与方法，围绕消费者偏好等问题展开系统研究，为结构方程模型、选择实验、ML 等离散选择模型及相关研究工具在食品安全研究领域的应用提供了崭新思路，对消费者行为学研究的深化、发展具有一定理论与学术意义。

第二章　理论基础与文献回顾

基于消费者偏好的视角，以经济学理论方法和应用数学模型为基本工具，研究我国安全认证食品市场的消费者偏好问题，据此评估我国食品安全认证政策的效果，检验食品安全认证政策的有效性，是本书区别于其他研究的主要特征。基于对研究主题的深刻把握，本章在对消费者偏好概念进行简要辨析的基础上，重点就安全认证食品的消费者偏好与购买决策行为的相关文献展开回顾与评述。

一、消费者偏好及其测量研究

（一）消费者偏好与消费者行为

1. 消费者行为的内涵

关于消费者行为，学者们对其所做的定义与解释并不完全相同，这体现了研究的不同角度与侧重点，所识别和考虑的影响消费者行为的关键因素以及基于此而提出的消费者行为分析模型、分析原则和方法也会有所不同。

Solomon 认为，“消费者行为是人们在购买、使用产品或服务时，所涉及的行为决策”[①]。希夫曼将其定义为“消费者购买与使用产品的决策及行动”[②]。Engel 的定义是“消费者在获取、使用、处置产品与服务时所采取的各种行动，并且包括这些行动之前与之后所发生的决策行为”[③]。科特勒认为消费者行为是具有目标导向性的，在满足其需要与欲望时，个人、群体与组织如何选择、购买，使用及处置商品、服务的理念或经验[④]。美国市场营销学会（American Marketing Association，AMA）的定义是：消费者行为是指“感知、认知、行为以及环境因素

---

① Solomon M. R. 消费者行为学［M］. 北京：中国人民大学出版社，2009.

② 希夫曼·卡纽克. 消费者行为学［M］. 江林，译. 北京：中国人民大学出版社，2007.

③ Engel J. F. , Blackwell R. D. , Miniard P. W. Consumer Behavior: Intemational Edition［M］. Orlando: Dryden Press, 1995: 125 - 132.

④ 科特勒. 营销管理［M］. 卢泰宏，高辉，译. 北京：中国人民大学出版社，2009.

之间的动态互动过程，是人类履行生活中交换职能的行为基础”①。

综上所述，消费者行为是个体满足其需求的决策过程，是消费者认知、收集某一产品信息，仔细评价其各种属性，用合适的成本换取认为收益大于成本，并能满足某些特定需要的主观衡量和决策过程。该过程涉及消费者购买前、购买时和购买后影响消费者的一切问题，包括认知需求、收集信息、评价与选择、购买决策和购后评价五个阶段。消费者行为受诸多因素的影响，主要包括个体内在因素（生理、心理因素等）和外部环境因素（文化、社会阶层、社会群体、家庭等），对这些因素的研究构成了消费者行为研究的重要内容（见图2－1）。

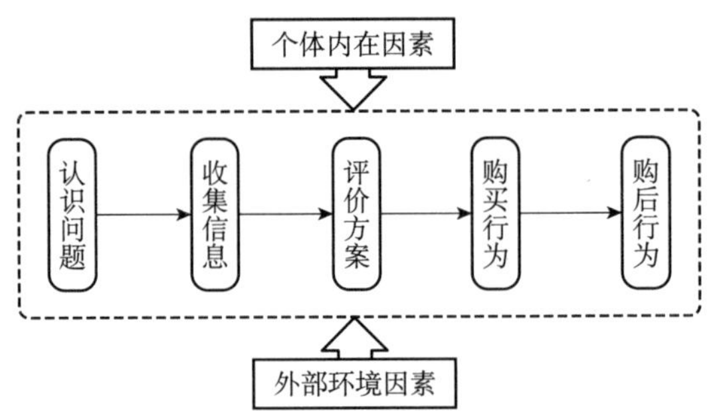

图2－1　消费者行为过程

2. 消费者偏好

“偏好”有特定的爱好或喜好之意。消费者偏好是一种消费者的心理效果，反映了消费者对某产品或服务的一种嗜好或喜爱程度。经济学中的“消费者偏好”往往是指消费者对同类产品表现出的品牌或款式等属性的偏好与选择。消费者偏好是消费者个人对商品表现出的喜爱和偏好之情，这种喜好并没有单纯的对错之分，只是消费者对于某些同类产品中具有不同个性的那些产品的特殊喜好。

消费者偏好是市场中重要的信息，对于企业的决策有着重要的参考价值。Yang针对内在的消费者偏好特点，利用模型分析消费者的内在偏好变化②。Lancaster提出了关于产品差异的框架，假设消费者所需的并不是产品本身而是包含在商品中的性能和质量等因素③。McFadden和Curim都借助了经济学中效用最大化的理论，指出消费者会通过对产品信息的综合，评价出产品的效用，比较其大小，选择效用最大的产品④。

---

① 杨树青．消费者行为学［M］．广州：中山大学出版社，2009.

② Yang S., Mallenby G. Modeling Interdependent Customer Preferences［J］. *Journal of Marking Research*, 2003, 40 (3): 282－294.

③ Lancaster K. J. A new Approach to Consumer Theory［J］. *The Journal of Political Economy*, 1966, 74 (2): 132－157.

④ 孙曰瑶，刘建华．品牌经济学原理［M］．北京：经济科学出版社，2006.

3. 消费者偏好、需求与消费者行为的关系

在市场营销决策过程中，了解和把握某一消费群体的消费行为特征是必要的，而消费者行为特征中最具特色的要素就是消费者偏好。现代市场营销的核心是满足消费者的需求，而消费者偏好在很大程度上又决定和影响了消费者的需求。在新产品开发、市场细分与定位、分销方式的选择、广告策略的制定等众多市场营销活动中，都要视消费者偏好为一项重要的市场决策信息。所以，如果测度到了某一市场的消费者对某种品牌（或其他属性）产品或劳务的消费偏好模式，那么在很大程度上表明已了解了消费者的消费特征及相应的需求特征，从而会为制定市场营销策略提供极为有价值的决策依据。然而，消费者偏好作为一种心理因素是最活跃、最复杂多变的一项市场变量。它因人而异、因时间空间而异，受众多主观与客观因素的影响。加之又难以量化，从而给认识、把握消费者偏好的发展变化规律增加了一定的难度。

消费者根据需求细化产品各种性能因素，对这些因素的评价形成消费者偏好，购买后将实际使用效果与预期相比较得出效用，如果满意的话就会修正、调整对产品形成的偏好。因此，消费者偏好是消费者行为的重要体现和组成部分，会影响消费者决策行为，而消费者购买行为又会修正消费者偏好，消费者偏好成为市场需求变化的直接反应。三者之间的关系可以用图 2－2 表示。

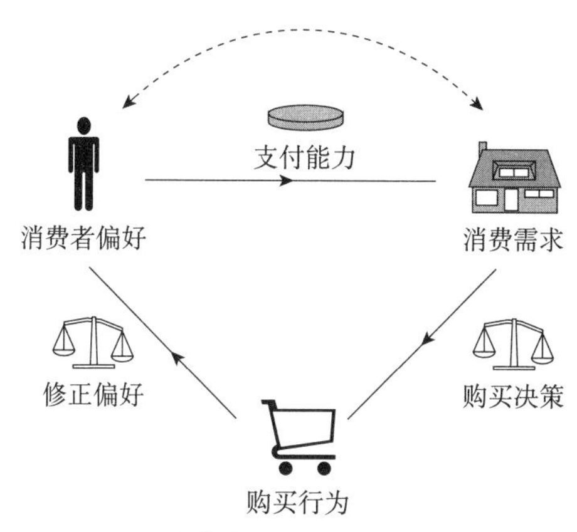

图 2－2　消费者偏好、需求与行为关系

（二）消费者偏好的测量及其影响因素

1. 消费者偏好的测量与评判

消费者偏好、消费者需求与消费者行为等概念之间错综复杂的关系，且消费者偏好具有很强的主观性，因此很难准确地断定如何测量消费者偏好。有效地开发利用消费者偏好这一市场信息资源，在理论和实务上均极具挑战性。然而消费

者在消费行为中选择什么物品，不选择什么物品，内心却有一定的价值判断标准。正是这种判断标准，可以使消费者在其消费行为中显示出一种共有的特征，借此可揭示出市场的某些规律，作为市场营销决策的参考依据。

虽然学者们对消费者偏好的测量或评判提出了多种方法①，如朱开明提出了测量消费者偏好的模糊综合评价模型②，尹世久认为可以从消费者购买意愿、信任倾向等态度来描述消费者偏好③。但总体来看，绝大多数学者支持将消费者支付意愿作为消费者偏好的量化衡量指标，这也引发了消费者支付意愿的测量与影响因素考察方法的发展。本书所关注的消费者偏好，是在消费者认知的基础上，着重以支付意愿与信任倾向为中心，系统研究消费者不同形式的支付意愿及相关态度与行为，进而分析影响消费者偏好的主要因素。

2. 消费者偏好的影响因素

经验研究表明，消费者偏好既受到个人需要、认知、学习、态度等心理因素和年龄、生活习惯、自我形象、个性等个人因素的影响，也会受到家庭、参照群体、社会阶层和文化因素等影响，一些专家学者对这些影响因素进行了分析和总结④⑤，主要结论如表 2－1 所示。

表 2－1　消费者偏好总结

	迈克尔·R. 所罗门	罗格·J. 贝斯特	肯尼斯·A. 科尼
个人因素	感官直觉	参与程度与感知	心理和个性
	学习和记忆	个性和心理满足度	知识
	独特性与生活方式	动机	动机
	自我实现	态度	情绪，信仰
	动机	—	态度
	态度	—	—
	组织决策和家庭因素	—	—
	群体意见和领袖导向	—	—

① 杨春，刘小芳．基于模糊偏序关系的消费者偏好测评［J］．价值工程，2006（5）：100－102.

② 朱开明．市场营销消费者偏好的模糊评判分析［J］．西北工业大学学报（社会科学版），2002，22（4）：27－29，43.

③ 尹世久．基于消费者行为视角的中国有机食品市场实证研究［D］．江南大学博士学位论文，2010.

④ 迈克尔·R. 所罗门．消费者行为——购买、拥有与存在［M］．北京：经济科学出版社，2003.

⑤ ［美］德尔·I. 霍金斯、罗格·J. 贝斯特、肯尼斯·A. 科尼．消费者行为学［M］．北京：机械工业出版社，2002.

续表

	迈克尔·R. 所罗门	罗格·J. 贝斯特	肯尼斯·A. 科尼
客观因素	年龄层	环境影响	种族和社会阶层
	文化环境	文化和流行趋势	文化
	区域文化	国际消费者	群体和个体
	社会阶层和收入层	消费行为的不足面	家庭
	—	人口因素	—

二、有机食品消费者偏好的测量方法

(一) 支付意愿测量方法及其分类归纳

支付意愿（WTP）是指消费者接受一定数量的消费物品或服务所愿意支付的金额，以此衡量消费者对物品或服务的评价，是最常用的衡量消费者偏好的指标。用于测量消费者 WTP 的方法可以概括为两大类：显示性偏好法（Revealed Preference Method，RPM）和陈述性偏好法（Stated Preference Method，SPM）。RPM 根据获取数据的途径可以进一步分为市场数据法（Market Data，MD）和实验法（Experiment Method，EM）。MD 采用的数据主要包括面板数据（Panel Data）和商店扫描数据（Store Scanner Data）。EM 根据实验环境可以分为实验室试验（Laboratory Experiments，LE）和现场实验（Field Experiments，FE）。此外，拍卖实验（Experimental Auctions，EA）既可用于 LE 也可用于 FE 中，且由于 EA 在学术研究中最为常用，学界普遍把 EA 作为一种独立的实验法。SPM 包括直接调查和间接调查两类方法，直接调查法包括专家判断法和消费者调查法，而间接调查法包括条件价值评估法（Contingent Valuation Method，CVM）和选择实验法（Choice Experiment，CE）①。各种测量 WTP 方法的具体关系如图 2-3 所示。

(二) 消费者支付意愿测量方法在有机食品消费者偏好中的应用与比较

在上述 WTP 测量方法中，CVM、CE 和 EA 相对更适合用于新产品的市场预测研究从而更具实用价值，尤其是对于总体尚处于市场导入期的有机食品而言，

① Breidert C., Hahsler M., Reutterer T. A Review of Methods for Measuring Willingness-to-pay [J]. *Innovative Marketing*, 2006, 2 (4): 8-32.

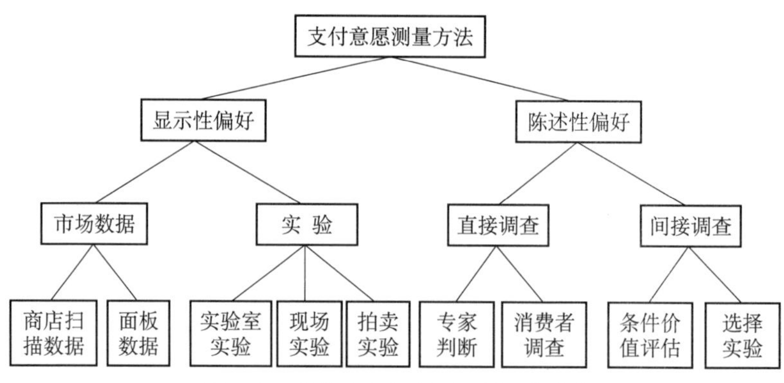

图 2-3　消费者支付意愿测量方法分类

更是最为适宜的方法。此外，也由于数据的可得性、可信性与可行性等原因，这三种方法成为学术研究与市场营销实务中最常使用的方法。

1. 条件价值评估法

CVM 是一种利用假想市场来评估某一物品或服务价值的方法，在非市场价值评估技术中应用最广、影响最大。CVM 最初由 Ciriacy-Wantrup（1947）提出，很快获得广泛的应用①。CVM 从消费者主观满意度出发，利用效用最大化原理，让被调查者在假想的市场环境中回答对某物品的最大 WTP，或者是最小接受补偿意愿（Willingness to Accept，WTA），并采用一定数学方法评估其价值。从 CVM 的发展历程看，主要有四种引导 WTP/WTA 的具体方法：投标博弈（Bidding Game，BG）、支付卡（Payment Card，PC）、开放式（Open-ended，OE）以及两分式选择（Dichotomous Choice，DC）。其中，开放式和两分式选择是最常采用的方法②。

CVM 最突出的优点是简单易行且便于消费者理解，故其成为早期学者们用于有机食品消费者 WTP 研究的最常用方法。基于 CVM，学者们采用不同的引导方法测量了消费者对有机食品的 WTP。Gil 等运用 DC 法测算出西班牙不同城市消费者对有机食品的 WTP，发现纳瓦拉消费者 WTP 在 14.89% ~23.77%，马德里消费者 WTP 在 11.33% ~25.29%③。Batte 等运用 PC 法研究表明美国消费者在

① Ciriacy-Wantrup S. V. Capital Returns from Soil Conservation Practices［J］. *Journal of Farm Economics*, 1947（29）：1181-1196.

② Breidert C.，Hahsler M.，Reutterer T. A Review of Methods for Measuring Willingness-to-pay［J］. *Innovative Marketing*, 2006, 2（4）：8-32.

③ Gil J. M.，Gracia A.，Sanchez M. Market Segmentation and Willingness to Pay for Organic Food Products in Spain［J］. *International Food and Agribusiness Management Review*, 2000（3）：207-226.

普通食品杂货店和专业食品杂货店对有机食品的平均 WTP 分别为 27.7% 和 52%[①]。Tranter 等运用单边界两分选择（Single Dichotomous Choice）研究了英国等五个欧洲国家消费者对有机食品的 WTP，发现大部分消费者 WTP 在 10% ~ 50%[②]。Gunduz 和 Bayramoglu 运用 PC 法研究了土耳其消费者对有机鸡肉的 WTP，发现 81% 的被调查者愿意为有机鸡肉支付溢价，有 24% 的被调查者愿意支付的溢价超过 10%[③]。

近年来，CVM 法的缺陷与局限性受到越来越多的批评[④]。主要有：①开放式方法非常容易操作，对于旨在进行保守估计的研究是有效的。但是被调查者面对不熟悉的事物时，参与其中会有一定的困难，这会使一部分被调查者放弃或拒绝回答[⑤]。而且在这种开放、自由的回答中，被调查者更容易产生策略行为（出于某些目的故意夸大或减少 WTP）。两分式引导方法克服了开放式方法的这一缺陷，但仍存在一些问题：一是需要比较多的观察样本和复杂的统计数据分析手段；二是会引起起点偏差[⑥]；三是对于离散的两分式数据，在建立模型处理数据的过程中，通常需要预先假定某种特定分布，这可能导致由模型误设而引起的偏差[⑦]；四是存在肯定性回答（Yes-saying）偏差[⑧]。②调查对象选取范围往往导致结果差异。在实际工作中，调查范围的大小不一样，会造成估值结果的巨大差异。③有效性（validity）和可靠性（reliability）存在争议。CVM 研究是以调查为基础，在假想的情形中，调查者“声称”自己会怎么做，而实际上并没有相应的真实行为，即产生不一致性问题。已有学者开始关注消费者对有机食品自述

---

① Batte M. T., Hooker N. H., Timothy C. H., et al., Putting Their Money Where Their Mouths Are: Consumer Willingness to Pay for Multi-ingredient, Processed Organic Food Products [J]. *Food Policy*, 2007, 32 (2): 145 - 159.

② Tranter R. B., Bennett R. M., Costa L., et al. Consumers' Willingness-to-pay for Organic Conversion-grade Food: Evidence from five EU Countries [J]. *Food Policy*, 2009, 34 (3): 287 - 294.

③ Gunduz O., Bayramoglu Z. Consumer's Willingness to Pay for Organic Chicken Meat in Samsun Province of Turkey [J]. *Journal of Animal and Veterinary Advances*, 2011, 10 (3): 334 - 340.

④ Venkatachalam L. The Contingent Valuation Method: A Review [J]. *Environment Impact Assessment Review*, 2004 (24): 89 - 124.

⑤ Carson R. T., Flores N. E., Martin K. M., et al. Contingent Valuation and Revealed Preference Methodologies: Comparing the Estimates for Quasi Public Goods [J]. *Land Economics*, 1996, 72: 80 - 99.

⑥ Ready R. C., Buzby J. C., Hu D. Differences between Continuous and Discrete Contingent Value Estimates [J]. *Land Economics*, 1996, 72 (3): 397 - 411.

⑦ Kristrom B. A Non-parametric Approach to the Estimation of Wellfare Mearsure in Discrete Response Valuation Studies [J]. *Land Economics*, 1990, 66 (2): 135 - 139.

⑧ Bateman I. J., Langford I. H., Kerry T., et al. Elicitation and Truncation Effects in Contingent Valuation Studies [J]. *Ecological Economics*, 1995 (12): 161 - 179.

偏好与现实选择行为不一致的问题①。

2. 选择实验

选择实验（CE）的理论基础来源于要素价值理论和随机效用理论。随机效用理论假设个体行为是理性的，将会选择使自身效用最大的商品，给消费者带来效用最高的商品被选择的概率也最大②。个人的效用之所以被假定为随机的，是因为个人所获得的信息是不完全的③。商品并不是效用的直接客体，消费者的效用实际上源于商品的具体属性，CE 被用来决定消费者对不同产品具体属性的 WTP④。在 CE 中，参与者被要求在一系列具有不同属性组合的产品中做出选择⑤。CE 的一般做法是，首先提供给被调查者一个假设情景，然后要求被调查者在假设情景下从一个选择集中选出他认为最优或最偏好的产品方案（该产品方案由不同属性组合而成），每个选择集由若干个产品方案和一个对照产品方案组成，而对照产品方案对应着研究者所关注的基准情景。每个方案都由若干属性以及这些属性的不同水平组成，其中必须有一个用货币度量的属性（一般为“价格”属性）用来评估不同的备选产品方案⑥。

CE 法的优点主要在于：①以卡片作为问卷形式，有效避免了传统问答式问卷的枯燥，可以提高被调查者参与的积极性；②以假设性的模型组合为中介，将抽象和具体相结合，通过被调查者的不断选择得出“正确”答案，比态度型的问题更具有量化的可能性，适度避免了因个人主观偏见和对问题理解的差异造成的答案失实与偏差；③更重要的是，基于 CE 设计的问卷能够考虑到不同特征值之间的交互作用，这也突破了 CVM 只能单独测度产品属性的局限性⑦，而且相较于 CVM，CE 更接近于真实购买环境⑧。因此，CE 成为当前欧美学者研究消费者

---

① 韩青．消费者对安全认证农产品自述偏好与现实选择的一致性及其影响因素——以生鲜认证猪肉为例［J］．中国农村观察，2011（4）．

② Lancaster K. J. A New Approach to Consumer Theory［J］. *The Journal of Political Economy*, 1966, 74（2）: 132 – 157.

③ 张振等：基于异质性的消费者食品安全属性偏好行为研究［J］．农业技术经济，2013（5）：95 – 104.

④ Gao Z. F., Schroeder T. C. Effects of Label Information on Consumer Willingness-to-pay for Food Attributes［J］. *American Journal of Agricultural Economics*, 2009, 91（3）: 795 – 809.

⑤ Lusk J. L., Schroeder T. C. Are Choice Experiments Incentive Compatible? A test with Quality Differentiated Beef Steaks［J］. *American Journal of Agricultural Economics*, 2004, 86（2）: 467 – 482.

⑥ 翟国梁，等．选择实验的理论和应用——以中国退耕还林为例［J］．北京大学学报（自然科学版），2007（2）：235 – 239.

⑦ 张振，等．基于异质性的消费者食品安全属性偏好行为研究［J］．农业技术经济，2013（5）：95 – 104.

⑧ Breidert C., Hahsler M., Reutterer T. A Review of Methods for Measuring Willingness-to-pay［J］. *Innovative Marketing*, 2006, 2（4）: 8 – 32.

WTP 的主流方法。例如，James 等运用 CE 评估美国消费者对价格、脂肪、营养、生产方式和产地等属性组合食品的 WTP①。Van Loo 等设计 CE 研究发现美国消费者对加贴美国农业部（United States Department of Agriculture，USDA）认证或一般认证有机标志的有机食品的 WTP 分别为 103.5% 和 34.8%②。Janssen 和 Hamm 运用 CE 分别研究了欧洲 6 个国家消费者对加贴不同有机认证标志的有机食品的 WTP，发现意大利消费者对欧盟认证的 WTP 最高，捷克和丹麦消费者对政府认证的 WTP 最高，瑞士和英国消费者对私人认证的 WTP 最高③。

但应该看到，选择实验法仍然存在若干不足：一是 CE 的问题格式比较复杂，从而增加了被调查者的感知负担，导致其有效问卷的比例要低于双边界二分式 CVM 法；二是 CE 虽然能揭示更多的消费者偏好信息，可以评估单个属性的价值，但其在问卷设计和模型分析上比 CVM 复杂，技术上要求高，操作的难度更大。

3. 拍卖实验

McAfee 和 McMillan 认为，拍卖是市场参与者根据报价按照一系列规则决定资源的分配和价格的一种市场机制④。经典的拍卖理论主要分为四种类型：英国式拍卖（升价拍卖）、荷兰式拍卖（降价拍卖）、第一价格密封拍卖和 Vickrey 拍卖（第二价格密封拍卖）。拍卖实验（EA）已成为一种检测信息供应如何影响消费者对食品的潜在 WTP 的有效方法⑤。不同的拍卖机制可能产生不同的结果，例如，Sattler 和 Nitschke 发现 Vickrey 拍卖和第一价格拍卖会高估消费者 WTP⑥。

作为 RPM 的 EA 具有以下优势⑦：①拍卖实验可以更真实地反映出参与者的偏好；②使用真实的物品和金钱，并且可以设计不断重复的实验过程，使实验环境更趋于真实市场且参与者能熟悉拍卖的物品以及更好地掌握实验流程；③某些

---

① James J. S., Rickard B. J., Rossman W. J. Product Differentiation and Market Segmentation in Applesauce: Using a Choice Experiment to Assess the Value of Organic, Local, and Nutrition Attributes [J]. *Agricultural and Resource Economics Review*, 2009, 38 (3): 357-370.

② Loo E. J. V., Caputo V., Nayga R. M., et al. Consumers' Willingness to Pay for Organic Chicken Breast: Evidence from Choice Experiment [J]. *Food Quality and Preference*, 2011, 22 (7): 603-613.

③ Janssen M., Hamm U. Product Labelling in the Market for Organic Food: Consumer Preferences and Willingness-to-pay for Different Organic Certification Logos [J]. *Food Quality and Preference*, 2012, 25 (1): 9-22.

④ McAfee R. P., McMillan J. Auctions and Bidding [J]. *Journal of Economic Literature*, 1987 (25): 699-738.

⑤ Hellyer N. E., Fraser I., Haddock-Fraser J. Food Choice, Health Information and Functional Ingredients: An Experimental Auction Employing Bread [J]. *Food Policy*, 2012, 37 (3): 232-245.

⑥ Sattler H., Nitschke T. Ein Empirischer Vergleich von Instrumenten zur Erhebung von Zah-lungsbereitschaften [J]. *Zeitschrift für betriebswirtschaftliche Forschung (ZfbF)*, 2003 (55): 364-381.

⑦ 刘玲玲. 消费者对转基因食品的消费意愿及其影响因素分析 [D]. 华中农业大学博士学位论文, 2011.

实验还可以要求赢标者必须吃（消费）掉赢得的食品，进一步保证了参与者提供数据的真实性；④避免了无应答偏差的问题，在招募参与者的时候并没有向他们透露任何信息，他们参与或者不参与的原因与实验商品无关。

基于 EA 的这些优势，很多学者开始采用 EA 研究消费者对有机食品的 WTP。例如，Soler 等运用第二价格密封拍卖考察西班牙消费者对有机食品的 WTP，发现虽然 70% 的被调查者愿意为有机橄榄油支付溢价，但仅有 5% 的消费者愿意按现在的市场价格支付[①]。Napolitano 和 Braghieri 运用 Vickrey 拍卖实验分别考察了意大利消费者对常规牛肉和有机牛肉的 WTP，发现个人喜好与 WTP 之间关系显著[②]。Akaichi 等采用复合 Vickrey 拍卖研究发现从第一轮到第六轮拍卖中美国消费者对有机牛奶的 WTP 分别为 62%、55%、50%、46%、42% 和 39%，呈现递减趋势[③]。

虽然 EA 存在上述优势，但同时也存在如下缺陷：①单一制拍卖在评价消费者单次 WTP 中是有效的，但消费者可能会多次购买此类食品。单一制拍卖由于无法提供超出第一轮购买产品的额外信息，导致其应用带有较大的局限性[④]。②EA通过模拟市场环境获取消费者 WTP，并不是严格意义上的显示性偏好方法，最终实验结果还需要消费者实际支付行为数据的验证[⑤]。③在实验中往往需要无偿预付参与者一定货币或价值商品，既会导致实验成本高昂，又会因馈赠行为而使参与者决策及行为有别于其真实市场表现。

三、安全认证食品的消费者偏好影响因素的考察与估计

（一）影响因素估计方法的研究进展

在有效测量消费者 WTP 之后，探究到底哪些因素会影响消费者对有机食品的 WTP，对供应商而言更有价值，也是学者们研究的重点。从估计消费者 WTP 影响因素的具体方法来看，除因子分析（Factor Analysis，FA）等传统统计方法外，离散选择模型（Discrete Choice Model，DCM）是最为重要的形式，且随着研

---

① Soler F., Gil J. M., Sánchez M. Consumers' Acceptability of Organic Food in Spain: Results from an Experimental Auction Market [J]. *British Food Journal*, 2002 (104): 670-687.

② Napolitano F., Braghieri A., Piasentier E., et al. Effect of Information about Organic Production on Beef liking and Consumer Willingness to Pay [J]. *Food Quality and Preference*, 2010, 21 (2): 207-212.

③④ Akaichi F., Nayga Jr, Rodolfo M., et al. Assessing Consumers' Willingness to Pay for Different Units of Organic Milk: Evidence from Multiunit Auctions [J]. *Canadian Journal of Agricultural Economics*, 2012, 60 (4): 469-494.

⑤ 朱淀，蔡杰. 实验拍卖理论在食品安全研究领域中的应用：一个文献综述 [J]. 江南大学学报（人文社会科学版），2012 (1): 126-131.

究不断深入，DCM 的具体形式也在不断发展从而使研究结论更具科学性和准确性。

采用 DCM 分析影响消费者有机食品 WTP 的因素，开始以 Binary Logit（BNL）、Bivariate Probit（BVP）（也称 Binary Probit，BNP）等二项选择模型为主，引入模型作为被解释变量的支付意愿也表现为消费者是否愿意购买有机食品的二项选择。Torjusen 等采用 BNL 对挪威消费者偏好影响因素的研究表明，是否当地生产、消费者收入与健康意识等对消费者 WTP 影响显著①。Batte 等运用 BNP 研究发现教育、健康、收入等因素是影响美国消费者 WTP 的重要因素②。Yin 等采用 BNL 模型考察我国消费者对有机食品的 WTP，研究发现消费者收入、对有机食品信任度和有机食品价格接受程度及对健康的担忧显著影响 WTP③。

BNL 等二项选择模型仅关注消费者是否愿意购买有机食品的 WTP，远不能有效揭示消费者 WTP 的高低。多项 Logit（MNL）等多项选择 DCM 模型逐步成为研究消费者 WTP 的主要形式④。例如，Loureiro 等运用 MNL 考察了美国消费者对有机、生态及常规苹果的消费偏好，发现食品安全意识、环保意识和孩子需求显著影响消费者 WTP⑤。James 等运用 MNL 研究发现，消费者更愿意为当地生产的有机食品支付更高的溢价⑥。Briz 和 Ward 运用 MNL 评估消费者有机食品认知和实际购买之间的关系发现，当认知水平达到一个点时，消费者 WTP 反而降低⑦。Van Loo 等以鸡胸肉为例，运用 MNL 比较了美国消费者对于加贴 USDA 认证标志和一般认证标志有机食品的 WTP，发现前者远高于后者⑧。

---

① Torjusen H., Lieblein G., Wandel M., et al. Food System Orientation and Quality Perception among Consumers' and Producers of Organic Food in Hedmark County, Norway [J]. *Food Quality and Preference*, 2001 (12): 207-216.

② Batte M. T., Hooker N. H., Timothy C. H., et al. Putting Their Money Where Their Mouths Are: Consumer Willingness to Pay for Multi-ingredient, Processed Organic food Products [J]. *Food Policy*, 2007, 32 (2): 145-159.

③ Yin S. J., Wu L. H., Du L. L., et al. Consumers' Purchase Intention of Organic Food in China [J]. *Journal of the Science of Food and Agriculture*, 2010, 90 (8): 1361-1367.

④ Loureiro M. L., McCluskey J. J., Mittelhammer R. C. Assessing Consumer's Preferences for Organic, Eco-labeled, and Regular Apples [J]. *Journal of Agricultural and Resource Economics*, 2001, 26 (2): 404-416.

⑤ Loureiro M. L., McCluskey J. J., Mittelhammer R. C. Assessing Consumer's Preferences for Organic, Eco-labeled, and Regular Apples [J]. *Journal of Agricultural and Resource Economics*, 2001, 26 (2): 404-416.

⑥ James J. S., Rickard B. J., Rossman W. J. Product Differentiation and Market Segmentation in Applesauce: Using a Choice Experiment to Assess the Value of Organic, Local, and Nutrition Attributes [J]. *Agricultural and Resource Economics Review*, 2009, 38 (3): 357-370.

⑦ Briz T., Ward R. W. Consumer Awareness of Organic Products in Spain: An Application of Multinominal Logit Models [J]. *Food Policy*, 2009, 34 (3): 295-304.

⑧ Loo E. J. V., Caputo V., Nayga R. M., et al. Consumers' Willingness to Pay for Organic Chicken Breast: Evidence from Choice Experiment [J]. *Food Quality and Preference*, 2011, 22 (7): 603-613.

MNL 模型假设误差项服从独立同分布的类型 I 的极值分布，且需满足 IIA 假设（Independence from Irrelevant Alternatives，IIA），但这些假设有时并不符合现实情况，因此导致诸多研究存在较大差异，这也在一定程度上限制了其在学术研究中的使用。混合 Logit（Mixed Logit，ML）模型，也称为随机参数 Logit（Random Parameters Logit，RPL）模型，放松了这些假设，在应用中取得了较好的效果。ML 模型中若假设消费者偏好呈离散型分布，则转化成潜类别模型（Latent Class Model，LCM）[①]。基于消费者偏好异质性假设更符合实际且 MNL 可能不满足 IIA，使 ML 和 LCM 逐步成为研究消费者 WTP 更为前沿的工具[②③]。学者们开始关注消费者对食品不同属性的 WTP，从食品价值属性层面揭示影响消费者 WTP 的因素。例如，Scarpa 和 Thiene 以有机胡萝卜为例，采用 LCM 研究意大利消费者偏好的异质性，主要关注了食品的生产方式、原产地、表皮破损程度、包装及价格等属性[④]。Øvrum 等运用排序 ML 模型对挪威消费者的考察发现，接触健康信息和不接触健康信息的消费者对有机奶酪的平均边际支付意愿分别为 7.01% 和 14.4%[⑤]。

除离散选择模型外，也有一些学者采用其他统计分析方法考察了影响消费者 WTP 的因素，得出了不尽相同的研究结论（见图 2 -4）。如 Fotopoulos 和 Krystallis 采用聚类分析（Cluster Analysis，CTA）研究影响希腊消费者 WTP 的主要因素[⑥]。Lockie 等运用路径分析（Path Analysis，PA）考察澳大利亚消费者选择有机食品的影响因素[⑦]。

（二）影响消费者对有机食品偏好的主要因素

国内外众多学者运用不同方法研究了消费者对有机食品的 WTP 及相应影响因素。由于不同文献选取的不同国家或地区消费者在消费观念、风俗习惯、文化

---

① Ortega D. L., Wang H. H., Wu L., et al. Modeling Heterogeneity in Consumer Preferences for Select Food Safety Attributes in China [J]. *Food Policy*, 2011 (36): 318 -324.

② Ouma E., Abdulai A., Drucker A. Measuring Heterogeneous Preferences for Cattle Traits Among Cattle-keeping Households in East Africa [J]. *American Journal of Agricultural Economics*, 2007, 89 (4): 1005 -1019.

③ Tempesta T., Vecchiato D. An Analysis of the Territorial Factors Affecting Milk Purchase in Italy [J]. *Food Quality and Preference*, 2013, 27 (1): 35 -43.

④ Scarpa R., Thiene M. Organic Food Choices and Protection Motivation Theory: Addressing the Psychological Sources of Heterogeneity [J]. *Food Quality and Preference*, 2011, 22 (6): 532 -541.

⑤ Øvrum A., Alfnes F., Almli V., et al. Health Information and Diet Choices: Results from a Cheese Experiment [J]. *Food Policy*, 2012, 37 (5): 520 -529.

⑥ Fotopoulos C., Krystallis A. Organic Product Avoidance: Reasons for Rejection and Potential Buyers' Identification in a Countrywide Survey [J]. *British Food Journal*, 2002 (104): 233 -260.

⑦ Lockie S., Lyons K., Lawrence G., et al. Choosing Organics: A Path Analysis of Factors Underlying the Selection of Organic Food among Australian Consumers [J]. *Appetite*, 2004 (43): 135 -146.

传统与经济社会发展水平等营销环境方面存在差别，也由于样本选取和采用的离散选择模型等具体研究方法存在难以避免的误差和缺陷，得出的研究结论不尽相同（见表2-2）。但总体来看，学者们关注的影响因素可以归纳为消费者个体特征、消费态度、经济因素、消费者知识和对有机食品属性的认知及社会文化因素等方面（见图2-4）。

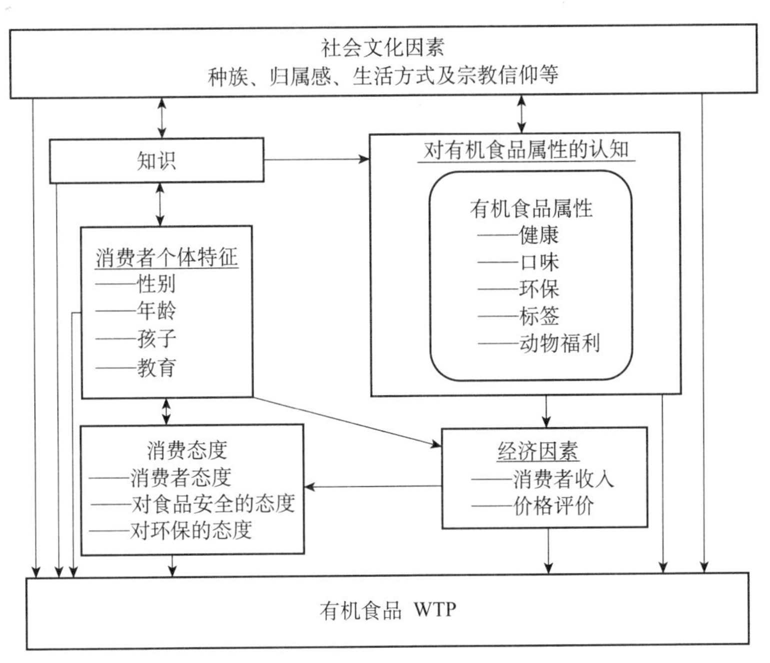

图2-4　消费者有机食品WTP的主要影响因素

表2-2　消费者有机食品支付（购买）意愿的影响因素及其估计方法

作者	国家	影响因素估计方法	影响因素
Schifferstein 和 Ophuis（1998）	荷兰	DA	健康；食品安全；环保；口味
Gil 等（2000）	西班牙	PCA；CA	健康；环保；态度；生活方式
Loureiro 等（2001）	美国	MNL	食品安全；环保；孩子需要
Magnusson 等（2001）	瑞典	—	口味；健康；新鲜
Torjusen 等（2001）	挪威	BVP	新鲜；口味；道德；环保；健康
Soler 等（2002）	西班牙	Probit Model	环保；健康；营养；替代品价格
Fotopoulos 和 Krystallis（2002）	希腊	CA	健康；质量；教育；收入；住地
Makatouni（2002）	英国	HVM	健康；环保；动物福利
Ara（2004）	菲律宾	MNL	价格；健康；环保；标签

续表

作者	国家	影响因素估计方法	影响因素
Lockie 等（2004）	澳大利亚	PA	食品安全；感官；教育；收入
Chryssohoidis 和 Krystallis（2005）	希腊	CFA	享受生活；健康；口味；归属感；环保
Tarkiainen 和 Sundqvist（2005）	芬兰	SEM	态度；动机；主观规范
戴迎春等（2006）	中国	BNL	年龄；教育；性别；家庭规模
Saher 等（2006）	芬兰	SEM	态度；性别；思维方式；价值观
Batte 等（2007）	美国	BNP	教育；健康；收入；孩子；性别
Chen（2007）	中国台湾	MRA	环保；动物福利；健康；政治价值观；家人和朋友
Onyango 等（2007）	美国	Discrete Choice Logit Model	食品安全；素食主义；性别；年轻；教育
Roitner-Schobesberger 等（2008）	泰国	PCA	健康；环保；收入；教育
尹世久等（2008）	中国	BNL	收入；信任；价格；健康；安全；口味
James 等（2009）	美国	MNL	性别；教育
Michaelidou 和 Hassan（2010）	英国	SEM	态度；食品安全；价格
Yin 等（2010）	中国	BNL	收入；信任度；价格；健康
Van Loo 等（2011）	美国	MNL；RPL	性别；年龄；孩子；收入
Cerda（2012）	智利	Logit Model	品种；生产方法；口味；价格
Probst 等（2012）	贝宁、加纳等	ML	新鲜；颜色；认证
Bravo 等（2013）	德国	CM；EFA；SEM	态度；性别；营养；阶层；利他
Gerrard 等（2013）	英国	MNL	女性；认证

注：PCA 表示主成分分析（Principal Component Analysis），EFA 表示探索性因子分析（Exploratory factor analysis），CM 表示因果模型（Causal Model）。

1. 社会文化因素

归属感、价值观、生活方式和宗教信仰等社会文化因素在消费者有机食品 WTP 中扮演着不可忽视的角色。例如，Gil 等认为生活方式影响着西班牙消费者有机食品 WTP①。Torjusen 等发现道德及“地方主义”倾向等因素对挪威消费者有机食品 WTP 有积极影响②。Chryssohoidis 和 Krystallis 认为，归属感和生活方式

① Gil J. M., Gracia A., Sanchez M. Market Segmentation and Willingness to Pay for Organic Food Products in Spain [J]. *International Food and Agribusiness Management Review*, 2000 (3): 207-226.

② Torjusen H., Lieblein G., Wandel M., et al. Food System Orientation and Quality Perception among Consumers' and Producers of Organic Food in Hedmark County, Norway [J]. *Food Quality and Preference*, 2001 (12): 207-216.

影响希腊消费者有机食品WTP[①]。Onyango 等指出天然性、素食主义生活方式及原产地等显著影响美国消费者对有机食品的 WTP[②]。Chen 发现宗教信仰和政治价值观等因素显著影响台湾消费者对有机食品的 WTP[③]。Steven-Garmon 等认为与西班牙裔等美国人相比，亚裔和非洲裔美国人对有机食品的 WTP 更高[④]。Hartman 也得出类似结论，认为亚裔和拉美裔美国人比白人更愿意购买有机食品，且拉美裔美国人可能是有机食品的重要消费群体，其次为非洲裔美国人，这可能跟拉丁美洲消费者接触有机食品较早及他们对家人更为关心有关[⑤]。

2. 消费者个体特征

经验研究表明，诸如年龄、性别、受教育程度等个体特征变量会不同程度地影响消费者的心理过程与购买决策[⑥]。在有机食品的消费者行为中，这一结论也得到证实，即 WTP 受消费者某些个体特征影响[⑦]。但由于消费者所处消费文化、地理区域以及习俗与法规等营销环境方面存在的差异，在不同研究中发挥作用的个体特征存在一定差异。总体来看，学者们关注的个体特征主要包括：

（1）性别。学者们普遍认为性别对有机食品 WTP 有着显著影响，但在影响程度与方式等方面存在差异。Yiridoe 等认为，性别是影响消费者对有机食品的 WTP 的重要因素[⑧]。Stobbelaar 等发现，荷兰的女性消费者比男性消费者对有机食品持更加积极的态度，其 WTP 也更高[⑨]。但是，Ureña 等研究发现，虽然与男性相比，西班牙女性消费者更愿意购买有机食品，但男性却倾向于比女性支付更

① Chryssohoidis G. M., Krystallis A. Organic Consumers' Personal Values Research: Testing and Validating the List of Values (LOV) Scale and Implementing a Value-based Segmentation Task [J]. *Food Quality and Preference*, 2005, 16 (4): 585-599.

② Onyango B. M., Hallman W. K., Bellows A. C. Purchasing Organic Food in U. S. Food Systems: A Study of Attitudes and Practice [J]. *British Food Journal*, 2007 (109): 399-411.

③ Chen M. F. Consumers Attitudes and Purchase Intention in Relation to Organic Food in Taiwan: Moderating Effects of Food-related Personality Traits [J]. *Food Quality and Preferences*, 2007 (18): 1008-1021.

④ Steve-Garmon J., Huang C. L., Biing-Hwan L. Organic Demand: A Profile of Consumers in the Fresh Produce Market [J]. *Choices*, 2007, 22 (2): 109-115.

⑤ Hartman H. Organic 2006: Consumer Attitudes & Behavior Five Years Later & Into The Future [R]. May, 2006.

⑥ Briz T., Ward R W. Consumer Awareness of Organic Products in Spain: An Application of Multinominal Logit Models [J]. *Food Policy*, 2009, 34 (3): 295-304.

⑦ Gracia A., de Magistris T. Organic Food Product Purchase Behavior: A Pilot Study for Urban Consumers in the South of Italy [J]. *Spanish Journal of Agricultural Research*, 2007, 5 (4): 439-451.

⑧ Yiridoe E. K., Bonti-Ankomah S., Martin R. C. Comparison of Consumer Perceptions and Preference toward Organic Versus Conventionally Produced Foods: A Review and Update of the Literature [J]. *Renewable Agriculture and Food Systems*, 2005, 20 (4): 193-205.

⑨ Stobbelaar D. J., Casimir G., Borghuis J., et al. Adolescents' Attitudes towards Organic Food: A Survey of 15-to 16-year Old School Children [J]. *International Journal of Consumer Studies*, 2007 (31): 56-349.

高的价格[①]。但 Van Loo 等以禽肉为例，研究了美国消费者对有机食品的 WTP 后，发现男性和女性消费者在购买频率上并无差别[②]。

（2）年龄。现有文献对年龄是否影响消费者对有机食品的 WTP 存在争议。Lea 和 Worsley 发现年龄对澳大利亚有机食品消费者 WTP 的影响并不显著[③]。戴迎春等发现我国年龄较大的消费者愿意为有机蔬菜给出更高的 WTP[④]。Bravo 等在德国的调研也发现，年龄更大的消费者对有机食品的 WTP 较高[⑤]。Lockie 等对澳大利亚消费者的研究却得出相反的结论，发现年龄大的消费者很少购买有机食品[⑥]。

（3）孩子。孩子的营养与健康往往备受消费者重视，家庭中是否有孩子往往是影响消费者有机食品 WTP 的重要因素[⑦]。Loureiro 等研究发现，家里有 18 岁以下孩子的美国消费者更愿意购买有机食品[⑧]。Hill 和 Lynchehaun 认为孩子是决定英国消费者对有机牛奶 WTP 的重要因素[⑨]。但 Wang 和 Sun 以及 Van Loo 等学者的研究却得出了相反的研究结论，某些拥有孩子的美国消费者购买有机食品的可能性反而更小[⑩⑪]。其原因可能在于，这些消费者对有机食品的安全和营养问题尚存在不同程度的担忧，认为其消费存在一定风险。

（4）受教育程度。消费者的受教育程度对其有机食品 WTP 的影响在现有研

---

① Ureña F., Bernabéu R., Olmeda M. Women, Men and Organic Food: Differences in Their Attitudes and Willingness to Pay: A Spanish Case Study [J]. *International Journal of Consumer Studies*, 2008, 32 (1): 18 - 26.

② Van Loo E. J., Caputo V., Nayga R. M., et al. The Effect of Organic Poultry Purchase Frequency on Consumer Attitudes toward Organic Poultry Meat [J]. *Journal of Food Science*, 2010, 75 (5): S384 - S397.

③ Lea E., Worsley T. Australians' Organic Food Beliefs, Demographics and Values [J]. *British Food Journal*, 2005, 107 (11): 855 - 869.

④ 戴迎春，朱彬，应瑞瑶．消费者对食品安全的选择意愿——以南京市有机蔬菜消费行为为例[J].南京农业大学学报（社会科学版），2006（1）：47 - 52.

⑤ Bravo C. P., Anette C., Birgit S., et al. Assessing Determinants of Organic Food Consumption using Data from the German National Nutrition Survey II [J]. *Food Quality and Preference*, 2013, 28 (1): 60 - 70.

⑥ Lockie S., Lyons K., Lawrence G., et al. Choosing Organics: A Path Analysis of Factors Underlying the Selection of Organic Food among Australian Consumers [J]. *Appetite*, 2004 (43): 135 - 146.

⑦ 尹世久，徐迎军，陈默．消费者有机食品购买决策行为与影响因素研究［J］．中国人口·资源与环境，2013，23（7）：136 - 141.

⑧ Loureiro M. L., McCluskey J. J., Mittelhammer R. C. Assessing Consumer's Preferences for Organic, Eco-labeled, and Regular Apples [J]. *Journal of Agricultural and Resource Economics*, 2001, 26 (2): 404 - 416.

⑨ Hill H., Lynchehaun F. Organic Milk: Attitudes and Consumption Patterns [J]. *British Food Journal*, 2002, 104 (7): 526 - 542.

⑩ Wang Q., Sun J. Consumer Preference and Demand for Organic Food: Evidence from a Vermont Survey [C]. Paper Prepared for American Agricultural Economics Association Annual Meeting, July 1 - 12, 2003.

⑪ Loo E. J. V., Caputo V., Nayga R. M., et al. Consumers' Willingness to Pay for Organic Chicken Breast: Evidence from Choice Experiment [J]. *Food Quality and Preference*, 2011, 22 (7): 603 - 613.

究中存在较大争议。很多学者认为受教育程度对有机食品消费偏好或 WTP 产生正面影响[1]。例如，Fotopoulos 和 Krystallis 在希腊的调研表明，受教育程度更高的希腊消费者更愿意接受有机食品[2]；Lockie 等在澳大利亚的研究也得出类似结论[3]。但也有研究发现两者之间并不存在相关关系，如 Lea 和 Worsley 发现受教育程度对澳大利亚消费者有机食品 WTP 的影响不显著[4]。

3. 消费态度

态度在塑造消费者购买行为上扮演重要角色，了解消费者对购买或使用某物品的态度，比仅知道消费者对物品本身的评价更加有效[5]。许多学者认为消费态度能有效地预测消费者 WTP 及购买行为[6][7][8]。这种消费态度主要包括消费者对有机食品本身的态度、对自身健康的态度以及消费者对食品安全与环境保护等有机食品属性相关的态度。

消费者对有机食品本身所持有的态度对有机食品 WTP 有重要影响。例如，Magnusson 等发现 46% ~67% 的瑞典消费者认为购买有机食品是很明智的选择，这种积极态度将使消费者做出购买有机食品的决定[9]，Hill 和 Lynchehaun 的研究也支持这一结论[10]。Saba 和 Messina 在意大利的研究发现，态度积极的消费者更愿意购买有机食品[11]。Tarkiainen 和 Sundqvist 在芬兰的研究发现，大多数被调查

---

① Denver S., Christensen T., Krarup S. How Vulnerable is Organic Consumption to Information? [C]. Paper presented at Nordic Consumer Policy Research Conference towards a New Consumer? Helsinki, 2007.

② Fotopoulos C., Krystallis A. Organic Product Avoidance: Reasons for Rejection and Potential Buyers' Identification in a Countrywide Survey [J]. *British Food Journal*, 2002 (104): 233 -260.

③ Lockie S., Lyons K., Lawrence G., et al. Choosing Organics: A Path Analysis of Factors Underlying the Selection of Organic Food among Australian Consumers [J]. *Appetite*, 2004 (43): 135 -146.

④ Lea E., Worsley T. Australians' Organic Food Beliefs, Demographics and Values [J]. *British Food Journal*, 2005, 107 (11): 855 -869.

⑤ Ajzen I., Fishbein M. Understanding Attitudes and Predicting Social Behaviour [M]. Englewood Hills: Prentice-Hall, 1990.

⑥ Saba A., Messina F. Attitudes towards Organic Foods and Risk/Benefit Perception Associated with Pesticides [J]. *Food Quality and Preference*, 2003 (14): 637 -645.

⑦ Tarkiainen A., Sundqvist S. Subjective Norms, Attitudes and Intentions of Finnish Consumers in Buying Organic Food [J]. *British Food Journal*, 2005 (107): 808 -822.

⑧ Michaelidou N., Hassan L. M. Modeling the Factors Affecting Rural Consumers' Purchase of Organic and Free-range Produce: A Case Study of Consumers' from the Island of Arran in Scotland, UK [J]. *Food Policy*, 2010 (35): 130 -139.

⑨ Magnusson M. K., Avrola A., Hursti K. U-K., et al. Choice of Organic Produce is Related to Perceived Consequences for Human Health and to Environmentally Friendly Behavior [J]. *Appetite*, 2003 (40): 109 -117.

⑩ Hill H., Lynchehaun F. Organic Milk: Attitudes and Consumption Patterns [J]. *British Food Journal*, 2002, 104 (7): 526 -542.

⑪ Saba A., Messina F. Attitudes towards Organic Foods and Risk/Benefit Perception Associated with Pesticides [J]. *Food Quality and Preference*, 2003 (14): 637 -645.

者对有机食品消费持正面态度，其 WTP 总体较高①。

消费者的食品安全意识是影响消费者对有机食品 WTP 的主要因素②。Saba 和 Messina 研究发现，意大利消费者对食品安全的态度显著影响其对有机食品的 WTP③。Saher 等则发现，大多数荷兰被调查者对食品安全等问题较为关注，从而更偏好有机食品④。Michaelidou 和 Hassan 认为减轻英国苏格兰农村消费者对食品安全的担忧，能有效地增加消费者对有机食品的 WTP⑤。

购买有机食品是拥有更强环境保护意识的消费者更愿意选择的生活方式。Gil 等认为，对健康饮食和环境保护持有积极态度的西班牙消费者对有机食品的 WTP 较高⑥。Magnusson 等的研究也表明，瑞典消费者对健康和环保的态度与其有机食品 WTP 之间呈正相关关系⑦。Chen 研究发现，中国台湾地区的很多消费者因非常关注环保问题而对有机食品购买持有积极态度和较高的 WTP⑧。

4. 经济因素

作为价格相对昂贵的有机食品，消费者收入（或家庭收入）必然会影响其购买行为，但对 WTP 的影响则可能存在不确定性⑨。影响消费者对有机食品的 WTP 的经济因素主要有：

（1）收入。作为价格相对昂贵的食品，消费者收入无疑将会对消费者有机食品购买决策或偏好产生不同程度的影响。Torjusen 研究了挪威消费者对有机食

---

① Tarkiainen A., Sundqvist S. Subjective Norms, Attitudes and Intentions of Finnish Consumers in Buying Organic Food [J]. *British Food Journal*, 2005 (107): 808 - 822.

② Carboni R., Vassallo M., Conforti P., et al. Indagine sulle attitudini di consumo, la disponibilita'a pagare e la certificazione dei prodotti biologici: spunti di riflessione e commento deirisultati scaturiti [J]. *La Rivista Italiana di Scienza Dell' Alimentazione*, 2009, 29 (3): 12 - 21.

③ Saba A, Messina F. Attitudes towards organic foods and risk/benefit perception associated with pesticides [J]. *Food Quality and Preference*, 2003 (14): 637 - 645.

④ Saher M., Lindeman M., Hursti U. K. Attitudes towards Genetically Modified and Organic Foods [J]. *Appetite*, 2006, 46 (3): 324 - 331.

⑤ Michaelidou N., Hassan L. M. Modeling the Factors Affecting Rural Consumers' Purchase of Organic and Free-range Produce: A Case Study of Consumers' from the Island of Arran in Scotland, UK [J]. *Food Policy*, 2010 (35): 130 - 139.

⑥ Gil J M., Gracia A., Sanchez M. Market Segmentation and Willingness to Pay for Organic Food Products in Spain [J]. *International Food and Agribusiness Management Review*, 2000 (3): 207 - 226.

⑦ Magnusson M. K., Avrola A., Hursti K. U-K., et al. Choice of Organic Produce is Related to Perceived Consequences for Human Health and to Environmentally Friendly Behavior [J]. *Appetite*, 2003 (40): 109 - 117.

⑧ Chen M. F. Consumers Attitudes and Purchase Intention in Relation to Organic Food in Taiwan: Moderating Effects of Food-related Personality Traits [J]. *Food Quality and Preferences*, 2007 (18): 1008 - 1021.

⑨ Torjusen H., Lieblein G., Wandel M., et al. Food System Orientation and Quality Perception among Consumers' and Producers of Organic Food in Hedmark County, Norway [J]. *Food Quality and Preference*, 2001 (12): 207 - 216.

品的 WTP 的主要影响因素，验证了家庭收入对 WTP 存在的显著影响[①]。Batte 等研究发现，收入会影响美国消费者对有机食品的 WTP[②]。Yin 等认为，收入是影响中国消费者对有机食品 WTP 的重要因素[③]。尽管大多数研究皆支持收入更高的家庭更有可能购买有机食品[④]，但也有研究发现收入和有机食品购买意愿间并不存在显著的相关性[⑤]。这些研究的结论之间存在矛盾且有些似乎是违反直觉的，其原因可能是，有机食品的消费者行为会随时间、地点及环境等不同而发生改变，如个别国家或地区消费者对有机食品缺乏基本的信任可能会导致收入与 WTP 无关。

（2）价格评价。对有机食品价格的评价是影响消费者支付意愿（主要是直接表现为购买意愿形态的 WTP）的重要经济因素[⑥]。Krystallis 等研究希腊消费者对有机食品的 WTP 后，认为消费者对有机食品价格并不敏感[⑦]。Ara 和 Smith 等分别研究菲律宾消费者对有机大米的 WTP 和美国消费者对有机新鲜农产品的 WTP，均发现价格评价在一定程度上会影响消费者对有机食品的 WTP[⑧⑨]。对于我国消费者，学者们则有不同的研究结论，如尹世久等认为消费者有机食品购买意愿受价格影响，而 Chen 和 Lobo 认为不能确定价格是否会影响消费者购买

---

① Torjusen H. , Lieblein G. , Wandel M. , et al. Food System Orientation and Quality Perception among Consumers' and Producers of Organic Food in Hedmark County, Norway ［J］. *Food Quality and Preference*, 2001 (12): 207 -216.

② Batte M. T. , Hooker N. H. , Timothy C. H. , et al. Putting Their Money Where Their Mouths Are: Consumer Willingness to Pay for Multi-ingredient, Processed Organic Food Products ［J］. *Food Policy*, 2007, 32 (2): 145 -159.

③ Yin S. J. , Wu L. H. , Du L. L. , et al. Consumers' Purchase Intention of Organic Food in China ［J］. *Journal of the Science of Food and Agriculture*, 2010, 90 (8): 1361 -1367.

④ Loo E. J. V. , Caputo V. , Nayga R. M. , et al. Consumers' Willingness to Pay for Organic Chicken Breast: Evidence from Choice Experiment ［J］. *Food Quality and Preference*, 2011, 22 (7): 603 -613.

⑤ Zepeda L. , Li J. Characteristics of Organic Food Shoppers ［J］. *Journal of Agricultural and Applied Economics*, 2007 (39): 17 -28.

⑥ Ara S. Consumer Willingness to Pay for Multiple Attributes of Organic Rice: A Case Study in the Philippines ［C］. The 25th International Conference on Agricultural Economics, Durban, 2004.

⑦ Krystallis A. , Fotopoulos C. , Zotos Y. Organic Consumers' Proile and Their Willingness to Pay (WTP) for Selected Organic Food Products in Greece ［J］. *Journal of International Consumer Marketing*, 2006, 19 (1): 81 -106.

⑧ Ara S. Consumer Willingness to Pay for Multiple Attributes of Organic Rice: A Case Study in the Philippines ［J］. The 25th International Conference on Agricultural Economics, Durban, 2004.

⑨ Smith T. A. , Huang C. L. , Lin B. H. Does Price or Income Affect Organic Choice? Analysis of US Fresh Produce Users ［J］. *Journal of Agricultural and Applied Economics*, 2009 (41): 731 -744.

意愿[①②]。

5. 产品与认证知识

消费者对有机食品的相关知识与信息的理解可能会影响消费者对有机食品的支付意愿[③]。Aarset 指出，21 世纪初期的欧洲消费者普遍缺乏有机食品知识，这会影响消费者的 WTP 进而阻碍有机食品市场发展[④]。Roitner-Schobesberger 等研究发现，制约泰国消费者购买有机食品的主要因素是消费者普遍缺乏对有机食品的了解和相关知识[⑤]。对有机生产基本知识的了解与掌握有助于增强消费者对有机食品的 WTP[⑥]，而消费者认为有机食品并不比常规食品更好是致使其 WTP 较低的直接原因。因此，提高消费者对有机食品尤其是有机认证的认知可以增加消费者对有机食品的 WTP 或购买可能性[⑦]。例如，Chen 认为对有机食品认知程度较高的中国台湾地区消费者更愿意购买有机食品[⑧]。Gracia 和 Magistris 研究了意大利有机食品市场中的消费者行为，指出拥有更多的有机食品知识会增加消费者对有机食品的 WTP[⑨]。同时，也有一些研究发现对有机食品更好地了解和认知也会帮助改善消费者对有机食品的态度[⑩]，从而增加消费者有机食品的 WTP[⑪]。

---

① 尹世久，吴林海，陈默．基于支付意愿的有机食品需求分析［J］．农业技术经济，2008（5）：81－88.

② Chen J，Lobo，Antonio. Organic food products in China：determinants of consumers' purchase intentions. *The International Review of Retail*，*Distribution and Consumer Research*，2012，22（3）：293－314.

③ 尹世久，徐迎军，陈默．消费者对安全认证食品的信任评价及影响因素：基于有序 Logistic 模型的实证分析［J］．公共管理学报，2013（3）：110－118.

④ Aarset B.，Beckmann S.，Bigne E.，et al. The European Consumers Understanding and Perceptions of the "Organic" Food Regime：The Case of Aquaculture［J］. *British Food Journal*，2004，106（2）：93－105.

⑤ Roitner-Schobesberger B.，Darnhofer I.，Somsook S.，et al. Consumer Perceptions of Organic Foods in Bangkok，Thailand［J］. *Food Policy*，2008（33）：112－121.

⑥ Yiridoe E. K.，Bonti-Ankomah S.，Martin R. C. Comparison of Consumer Perceptions and Preference toward Organic Versus Conventionally Produced Foods：A Review and Update of the Literature［J］. *Renewable Agriculture and Food Systems*，2005，20（4）：193－205.

⑦ Batte M. T.，Hooker N. H.，Timothy C. H.，et al. Putting Their Money Where Their Mouths Are：Consumer Willingness to Pay for Multi-ingredient，Processed Organic Food Products［J］. *Food Policy*，2007，32（2）：145－159.

⑧ Chen M. F. Consumers Attitudes and Purchase Intention in Relation to Organic Food in Taiwan：Moderating Effects of Food-related Personality Traits［J］. *Food Quality and Preferences*，2007（18）：1008－1021.

⑨ Gracia R. A.，Magistris T. D. Organic Food Product Purchase Behaviour：A Pilot Study for Urban Consumers in the South of Italy［J］. *Spanish Journal of Agricultural Research*，2013，5（4）：439－451.

⑩ Barnes A. P.，Vergunst P.，Topp K. Assessing the Consumer Perception of the Term 'Organic'：A Citizens' Jury Approach［J］. *British Food Journal*，2009，111（2）：64－155.

⑪ Stobbelaar D. J.，Casimir G.，Borghuis J.，et al. Adolescents' Attitudes towards Organic Food：A Survey of 15-to 16-year Old School Children［J］. *International Journal of Consumer Studies*，2007（31）：56－349.

6. 对认证食品特殊属性的认知

有机食品拥有优于常规食品的生态、安全等方面的价值属性，成为消费者愿意为有机食品支付更高溢价的直接原因。学者们在评估消费者对有机食品的WTP时，普遍重视考察有机食品的安全与健康、口味和环保等内在价值属性以及直接用于传递质量信号的有机认证标志等外显价值属性①。

（1）安全与健康。安全与健康属性往往是消费者最为重视的有机食品价值属性，对这一属性的认知与评价是影响消费者对有机食品支付意愿的重要因素②。Padel 和 Foster 分析英国消费者的有机果蔬购买行为发现，对有机食品健康属性的认知是最重要的购买动因③。Krystallis 等发现，希腊消费者更关心有机食品的质量安全属性，这提高了消费者对有机食品的支付意愿④。Aldanondo-Ochoa 和 Almansa-Saez 发现，西班牙消费者普遍愿意为具有健康属性的有机食品支付更高溢价⑤。

（2）口味。与常规食品相比，有机食品具有更好的口味，这也是影响消费者购买有机食品的因素⑥。例如，Schifferstein 和 Ophuis 认为口味更好是荷兰消费者愿意为有机食品付出更高价格的主要动机之一⑦。Chryssohoidis 和 Krystallis 考察了雅典消费者对有机食品 WTP 的主要影响因素，认为“口味更好”变量的影响较为显著⑧。Cerda 发现，智利消费者普遍认为有机苹果口味香甜从而更愿意购买⑨。

（3）环境保护。很多消费者购买有机食品的原因在于其认可有机食品的环保属性，有机食品购买者被证明大多是“绿色”消费者。Schifferstein 和 Ophuis

---

① Krystallis A., Fotopoulos C., Zotos Y. Organic Consumers' Proile and Their Willingness to Pay (WTP) for Selected Organic Food Products in Greece [J]. *Journal of International Consumer Marketing*, 2006, 19 (1): 81-106.

② Loureiro M. L., McCluskey J. J., Mittelhammer R. C. Assessing Consumer's Preferences for Organic, Eco-labeled, and Regular Apples [J]. *Journal of Agricultural and Resource Economics*, 2001, 26 (2): 404-416.

③ Padel S., Foster C. Exploring the Gap between Attitudes and Behaviour [J]. *British Food Journal*, 2005, 107 (8): 606-625.

④⑤ Aldanondo-Ochoa A. M., Almansa-Sáez C. The Private Provision of Public Environment: Consumer Preferences for Organic Production Systems [J]. *Land Use Policy*, 2009, 26 (3): 669-682.

⑥ Magnusson M. K., Arvola A., Hursti U-K K. Attitudes towards Organic Foods among Swedish Consumers [J]. *British Food Journal*, 2001 (103): 209-226.

⑦ Schifferstein H. N. J., Oude Ophuis P. A. M. Health-related Determinants of Organic Food Consumption in the Netherlands [J]. *Food Quality and Preference*, 1998, 9 (3): 119-133.

⑧ Chryssohoidis G. M., Krystallis A. Organic Consumers' Personal Values Research: Testing and Validating the List of Values (LOV) Scale and Implementing a Value-based Segmentation Task [J]. *Food Quality and Preference*, 2005, 16 (4): 585-599.

⑨ Cerda A. A., Garcia L. Y., Ortega-Farias S., et al. Consumer Preferences and Willingness to Pay for Organic Apples [J]. *Ciencia e Investigacion Agraria*, 2012, 39 (1): 47-59.

分析荷兰消费者有机食品购买行为后发现，环保是购买的主要原因①。Torjusen等和Soler等发现环保是影响挪威和西班牙消费者WTP的重要因素②③。Roitner-Schobesberger等发现泰国消费者认为有机食品是健康和环保的。因此，他们更愿意购买有机食品④。

除了以上因素外，也有一些学者关注消费者对有机食品其他属性的认知评价，例如，Soler等研究发现，西班牙消费者购买有机食品是因为其还具有更高的营养价值等属性⑤；Cerda等发现智利消费者对有机生产方法等属性较为关心⑥。

四、简要评述

基于上述对消费者有机食品偏好的文献分析，可以发现：①消费者偏好是市场中重要的信息，对于企业的决策有着重要的参考价值，已成为学术界长期关注的研究主题。消费者对有机食品的偏好，从20世纪中后期以来，学者们采用不同的研究方法，关注了不同国家或地区的消费者行为，得出了诸多富有创新性和重要应用价值的研究结论。②无论是测量消费者对有机食品WTP的方法还是估计WTP可能影响因素的工具都取得了较大进展。在WTP的测量方法上，EA和CE已逐步取代CVM成为更主流、更科学的方法。在WTP影响因素的估计方法上，离散选择模型仍为最基本的工具，但其模型形式已从BNL、MNL发展到当前的ML和LCM。③现有研究得出的消费者对有机食品的WTP及相关影响因素皆存在较大差异，主要体现在两个方面：一是不同国家甚至不同的消费者群体之间，文化背景、经济因素以及消费者个体特征、消费态度与知识等因素的不同，皆可能会导致消费者对有机食品的WTP存在较大差异；二是不同学者采用的研究方法（包括抽样方法、WTP测量方法和影响因素估计方法）的不同，也会给

---

① Schifferstein H. N. J., Oude Ophuis P. A. M. Health-related Determinants of Organic Food Consumption in the Netherlands [J]. *Food Quality and Preference*, 1998, 9 (3): 119-133.

② Torjusen H., Lieblein G., Wandel M., et al. Food System Orientation and Quality Perception among Consumers' and Producers of Organic Food in Hedmark County, Norway [J]. *Food Quality and Preference*, 2001 (12): 207-216.

③ Soler F., Gil J. M., Sánchez M. Consumers' Acceptability of Organic Food in Spain: Results from an Experimental Auction Market [J]. *British Food Journal*, 2002 (104): 670-687.

④ Roitner-Schobesberger B., Darnhofer I., Somsook S., et al. Consumer Perceptions of Organic Foods in Bangkok, Thailand [J]. *Food Policy*, 2008 (33): 112-121.

⑤ Soler F., Gil J. M., Sánchez M. Consumers' Acceptability of Organic Food in Spain: Results from an Experimental Auction Market [J]. *British Food Journal*, 2002 (104): 670-687.

⑥ Cerda A. A., Garcia L. Y., Ortega-Farias S., et al. Consumer Preferences and Willingness to Pay for Organic Apples [J]. *Ciencia e Investigacion Agraria*, 2012, 39 (1): 47-59.

研究结果带来较大影响。④我国国内学者在该领域的研究要滞后于国外尤其是欧美学者，这主要表现在研究方法上。目前国内学者主要运用 CVM 测量有机食品 WTP，运用 EA 和 CE 研究有机食品 WTP 的文献非常少见；在消费者 WTP 影响因素的估计方法上，BNL 和 MNL 等模型是当前国内学者们主要采用的模型形式，而 ML 和 LCM 等模型在消费者对有机食品支付意愿的相关研究中的应用在国内尚未见报道。

第三章　食品安全认证运行机制的理论解释

食品市场的信息不对称是食品安全认证政策存在的根本原因，也深刻影响乃至决定着企业、消费者、认证机构等市场主体的行为。本章首先对食品市场中信息不对称的形成与解决方案进行理论分析，揭示食品安全认证政策的理论依据。在此基础上，分析企业在信息不对称背景下进行认证的动机与相关行为，进而剖析认证机构之间的竞争表现。最后，通过对关联主体行为的研究解释认证市场的运行机制。从经济学原理角度探讨食品安全认证运行机制，探究信息不对称条件下，企业、认证机构等多方主体博弈行为与复杂市场环境的形成，以此为基础，对消费者偏好选择与相关行为进行经济学解释，为本书研究寻求理论支撑，构成本章的主要研究内容。

一、信息不对称与安全认证食品市场失灵的理论分析

（一）信息不对称的概念

信息不对称是指在市场经济活动中，交易双方对有关信息的掌握存在差异，从而对市场交易行为和运行效率所产生的一系列重要影响。掌握信息比较充分的一方，往往处于比较有利的地位，而信息贫乏的一方，则处于相对不利的地位[①]。信息不对称主要从两个角度进行划分：一是交易双方信息占有量的不对称性；二是交易双方信息占有时间的不对称性[②]。

在存在信息不对称的情况下，会出现所谓的“逆向选择”（Adverse Selection）问题，这将带来市场价格信号失灵，交易者之间相互“欺诈”和“寻租”，市场均衡难以达到帕累托最优，从而导致资源不能有效配置，严重降低市场运行

① 李功奎，应瑞瑶．柠檬市场与制度安排：一个关于农产品质量安全保障的分析框架［J］．农业技术经济，2004（3）：15－20.

② 黄小平，刘叶云．绿色农产品市场中的“柠檬效应”及应对策略［J］．农业现代化研究，2006（6）：467－469.

效率[①]。Akerlof以旧车市场为例说明了信息不对称导致逆向选择，进而导致市场交易的萎缩甚至消失的情况[②]。信息不对称理论同时指出：解决逆向选择的方法是建立信号显示机制，使信息能够充分披露[③]。

（二）安全认证食品市场中的信息不对称问题

消费者作为理性经济人，其购买行为应在效用最大化目标的驱动下，根据自身的预算约束，进行消费选择活动。消费者对安全认证食品的购买行为与其对安全认证食品的消费需求及安全认证食品的特性密切相关。产品特征必须被消费者感知和理解才能通过消费过程转化为效用。根据消费者掌握信息的难度不同，可将食品质量特征分为三类：一是观察型特征，指食品的外显质量特征，只要求消费者基于常识的判断，这类质量特征可以在购买之前被充分掌握，因而直接影响购买决策；二是体验型特征，指消费者通过消费体验才能掌握其信息的食品质量特征，信息可以掌握但相对于购买决策有一定的滞后性；三是信任型特征，食品所包含的一些质量信息，消费者即使在消费行为发生之后也无法确定地做出判断，则此时消费者的购买决策建立在信任的基础上[④]。安全认证食品的质量特征很多是隐性的，如安全、生态、健康等特质。根据上述分类，安全认证食品与常规食品相比，具有更明显的信任型特征。也就是说，消费者在购买安全认证食品之后，乃至在消费之后，也无法较为确切地知道其质量，必然会存在着十分严重的信息不对称问题。这就需要生产方和销售方构建完善的担保体系，克服信息不对称问题，从而消除消费者对安全认证食品的不信任[⑤]。

如果生产者都能严格地按照安全认证标准进行生产，则安全认证食品的质量差异不大。但现实中由于生产者的投机行为以及监管缺失，可能有大量达不到标准的安全认证食品充斥市场，导致安全认证食品质量差异巨大。假设某种安全认证食品质量θ在某一区间$[a,c]$上均匀分布，进一步假设该区间具体为$[6,10]$，则密度函数为：$f(\theta) = 1/(10-6) = 1/4$。假设买卖双方偏好相同，则买者预期的质量$E(\theta) = 8$，进一步假定消费者愿意为产品支付与质量相同单位的价格，即消费者愿意支付的价格也为8。在此假设下，因为均衡价格低于高质量产品的价格，使高质量的安全认证食品所获得的利润极低，甚至亏损。因此，卖者只愿意出售质量$\theta \leq 8$的安全认证食品，所有$\theta > 8$的安全认证食品将退出市场。市

① 邹薇．高级微观经济学［M］．武汉：武汉大学出版社，2004.

② Akerlof G. A. The Market for "Lemons": Quality Uncertainty and the Market Mechanism［J］. *The Quarterly Journal of Economics*, 1970, 84 (3): 488-500.

③ 张维迎．博弈论与信息经济学［M］．上海：上海人民出版社，1996.

④ 靳明，郑少锋．中国绿色农产品市场中的博弈行为分析［J］．财贸经济，2006 (6): 38-41.

⑤ 徐金海．农产品市场中的"柠檬问题"及其解决思路［J］．当代经济研究，2002 (8): 42-45.

场上安全认证食品的区间变为［6，8］，平均质量下降为7，消费者愿意支付的价格也同步下降为7。在此基础上，当价格为7时，市场上安全认证食品平均质量预期进一步下降为6.5……以上推理过程可以概括如下：

$$\bar{\theta} = 8 \Rightarrow P = 8\ ;\ \bar{\theta} = 7 \Rightarrow P = 7\ ;\ \bar{\theta} = 6.5 \Rightarrow P = 6.5\ ;\ \cdots\cdots \Rightarrow P = 6$$

最终市场的均衡价格变为6，只有最低质量的有机食品成交。因为θ是连续分布的，所以$\theta = 6$的概率为0，$\bar{\theta}$与P的恶性循环导致整个市场消失。

上述过程也可以用供求曲线来说明。需求曲线表示消费者愿意支付的最高价格与安全认证食品平均质量的关系，供给曲线表示市场上安全认证食品平均质量与价格的关系。由于在现实中，卖者与买者对产品的评价并不一致，根据Akerlof的理论，买者的评价应不低于卖者，否则交易不会发生①。此处假设买者对某种安全认证食品的评价是卖者的b倍（$b \geqslant 1$）。则该安全认证食品的需求曲线为：

$$P = b\theta \tag{3-1}$$

安全认证食品的供给曲线为：

$$\bar{\theta} = \frac{\frac{1}{c-a}\int_a^P \theta d\theta}{\frac{1}{c-a}\int_a^P d\theta} = \frac{P}{2} + \frac{b}{2}\ ,\ \theta \in [a,c] \tag{3-2}$$

联立式（3－1）与式（3－2）可得均衡价格与均衡质量：

$$P = \frac{ab}{2-b}\left(b \leqslant \frac{2c}{a+c},\ \text{否则}\ P \geqslant c\right);\ \bar{\theta} = \min\left\{\frac{a}{2-b}, c\right\}$$

（1）当$b = 1$时，买卖双方评价相等，则$\bar{\theta} = a = 6$，$P = 6$，市场不存在。

（2）当$1 < b < \frac{2c}{a+c}$，均衡质量为$\bar{\theta} = \min\left\{\frac{a}{2-b}, c\right\}$，市场上所有质量低于$\frac{a}{2-b}$的安全认证食品都将进入交易市场，市场部分存在。在信息不对称的情况下，逆向选择形成的柠檬市场上所有$\bar{\theta} > \frac{a}{2-b}$的安全认证食品无法出售。

（3）当$b \geqslant \frac{2c}{a+c}$时，所有有机食品都可以交易。

从以上分析可以看出，信息不对称对安全认证食品市场的影响可以概括为以下三点：①当高质量的产品生产成本较高，且购买者不能直接观测质量时，就会产生道德风险问题，安全认证食品生产者有降低质量追求更高利润的倾向；②信

① Akerlof G. A. The Market for "Lemons": Quality Uncertainty and the Market Mechanism. *The Quarterly Journal of Economics*, 1970, 84 (3): 488－500.

息不对称的存在会形成柠檬市场，逆向选择导致低质量的安全认证食品驱逐高质量安全认证食品；③信息不对称会抑制消费需求，导致市场规模缩小。

（三）解决信息不对称的政策方案

对于如何解决信息不对称形成的逆向选择问题，Spence 以劳动力市场为例，提出信号传递（Signaling）机制①。根据信号传递的基本思想，如果一个信号使购买者能够把不同质量的产品区分开来，该市场信号就是有效的。如果拥有信息优势的一方首先提供市场信号，就叫作信号传递；如果信息劣势的一方首先给出区分不同质量类型商品的信号，则叫作信息筛选。

因此，消除有机食品信息不对称问题有以下可能的方案：①消费者搜寻信息；②政府收集产品信息传递给消费者；③生产者在政府强制或某种激励下主动向消费者传递品质信息（见图 3－1）。

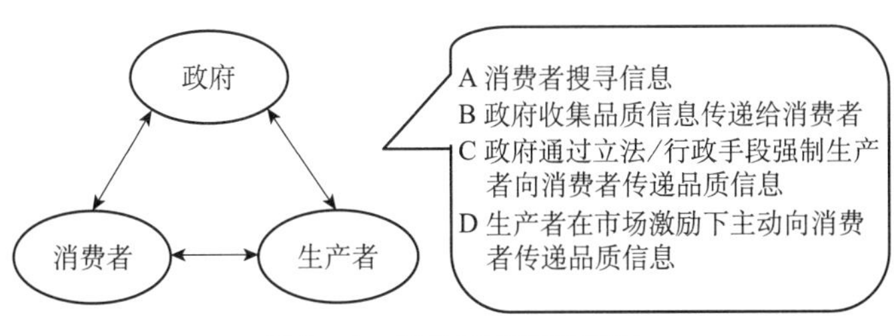

图 3－1　信息不对称的市场

由于有机食品安全、环保等品质特征隐性且难以检测，个体消费者获取所需信息必须付出极其高昂的成本。与此类似，由于我国人口众多、生产者数量庞大、公众环保意识较低，政府负责传递信息这一方式同样因成本高昂而缺乏现实可行性。让生产者在政府管制或某种激励下通过有机认证主动向消费者传递品质信息，成为最为可行的方案，也是在现实中采用的方案。这种方案的关键在于需要政府创造具有约束与激励效果的外部制度环境，加强对食品安全认证体系的监管②。因此，现实中可以通过以下可行的渠道来增强民众信心，缩小信息不对称问题带来的不利影响：①政府要通过制定严格的产品标准和法律法规、构建有效的食品安全认证体系、组织相关信息发布，对安全认证食品的真实性进行监管。②企业要通过品牌、商标、广告和其他形式的标识，塑造良好企业形象，建立起具有价值的信息资产，即商誉。培育市场品牌，可以减少消费者的信息搜寻成本；对于政府来说，可以采取相关政策鼓励企业培育品牌，对美誉度高的品牌给

① Spence A. M. Market Signaling［M］. Boston：Harvard University Press. 1974：156－193.

② 周洁红．生鲜蔬菜质量安全管理问题研究——以浙江省为例［M］．北京：中国农业出版社，2005.

予一定补贴等。③加强法制建设和执法力度，严厉查处和打击假冒安全认证食品，减少或基本消除安全认证食品市场中的“搭便车”现象①。

二、食品认证机构间价格竞争分析

（一）一级价格投标模型

在20世纪70年代以前，各国的注册会计师职业团体在其职业道德准则中均严令禁止事务所从事广告宣传和价格竞标。然而，由于对审计市场的高度集中以及由此导致的垄断行为深感担忧，政府开始鼓励事务所之间的竞争，允许其从事广告宣传和进行招揽性的价格投标。这种价格投标方式引发了会计师事务所之间激烈的价格竞争。

借用关于审计市场的一级价格投标模型，可以更好地帮助我们理解认证机构之间的价格竞争行为。在第一阶段，认证机构依据认证成本和对风险的评估成本进行认证收费的投标决策，并将价格密封交给客户；在第二阶段，客户根据机构的收费报价，对认证机构的类型进行选择。

假设有 n 个机构参加投标竞争，P_i 为第 i 个机构的投标报价。C_i 为第 i 个机构的认证总成本（包括认证成本和承担风险的成本）。假设 P_i 是其成本 C_i 的严格递增可微函数，且认证成本只有认证机构自身知道。定义 C_i 为独立地取自区间［0，1］上的均匀分布函数，则机构的净收益为：

$$u_i(p_i, p_j, c_i) = \begin{cases} p_i - c_i, \text{当 } p_i < p_j \\ 0, \text{当 } p_i > p_j \end{cases} \qquad (3-3)$$

意味着机构 i 的出价只有低于竞争者的出价时，才能获得 $p_i - c_i$ 的净收益，否则会失去客户，净收益为0。

在与 $n-1$ 个投标者竞争的过程中，第 i 个机构的期望净收益为：

$$E(u_i) = (p_i - c_i)\prod_{i \neq j} prob(p_i < p_j) = (p_i - c_i)[1 - \phi(p_i)]^{n-1} \qquad (3-4)$$

其中，$[1-\phi(p_i)]^{n-1}$ 为第 i 个机构赢得客户的概率，只有当其他 $n-1$ 个竞争者的出价低于机构 i 时，它才能赢得客户。

要使期望净收益最大化，式（3-4）对价格求一阶导，并令其等于零：

$$[1 - \phi(p_i)]^{p-1} - [p_i - c_i](n-1)[1 - \phi(p_i)]^{n-2}\phi'(p_i) = 0 \qquad (3-5)$$

由于在均衡条件下 $p = c = \phi(p)$，

$$prob(p > p_j) = prob\{p > p(c_i)\} = prob\{c_i < \phi(p_i)\} = \phi(p_i) \qquad (3-6)$$

① 张惠才．中国食品安全管理体系认证制度研究［D］．天津大学博士学位论文，2006.

代入得：

$$[1-\phi(p_i)]-[p_i-\phi(p_i)](n-1)\phi'(p_i)=0 \tag{3-7}$$

求解得到：

$$p\times(c_i)=\frac{n-1}{n}c_i+\frac{1}{n}\left(1+\frac{1}{(1-c_i)^{n-1}}\right) \tag{3-8}$$

从式（3-8）中可以看出最优投标策略与成本的关系。随着参与竞争的机构不断增多（n 不断增大），最优的投标价格将不断逼近认证总成本。因此，一级价格投标有利于客户了解各个认证机构的真实成本。

对于客户来说，选择不同的认证机构（如国际认证机构与国内认证机构）带来的收益不同，假设选择声誉高的认证机构比声誉低的机构带来的收益高出 a，不同认证机构的类型对客户而言是公共知识，因此客户对机构的选择除了基于最低价格外，还会在 $p_g>pb+a$ 时选择声誉高的认证机构，否则选择声誉低的机构。

这种反向一级价格密封拍卖的修改模型解释了声誉高的认证机构可以获得一个不大于 a 的收费溢价的事实。但无论如何，为了赢得投标，机构必须致力于降低认证成本，将成本的降低与客户分享，因而从长期看，认证收费呈不断下降的趋势。认证收费长期下降的趋势反映了这种竞争环境的变化。认证市场的竞争特性迫使每一个认证机构面对激烈的价格竞争，并关注于降低成本，从而使认证更有效率。

这种一级价格竞争中是否会出现合谋呢？在参与投标的机构较少的情况下，合谋可能会达成，但如果参与者越多，则合谋越不容易达成。假定所有的机构之间在事前有合谋协议，如果有一个成员违反协议，它将赢得投标，而其他成员对背叛没有报复的机会。因此，在投标人很多的情况下，每个投标者都必须机会主义地行事而不能实现合谋。

“在认证机构服务基本同质化的情况下，企业对认证价格极其敏感，对于那些穷企业而言尤其敏感”①。为了夺标，认证机构之间展开了激烈的竞争，竞相降价。如果一个认证机构从行业整体利益出发，不降低投标价格，就会在竞争中处于不利地位，就会失去客户，业务收入就会减少，甚至破产倒闭。因此，降低价格似乎是认证机构的一种合理选择。

（二）低价揽客模型

上述模型的假设前提为交易是单时期的，但是认证机构与客户之间有时并非一锤子买卖，他们的业务关系是一个长期的隐含契约。多时期的预期存在，会改

① 刘宗德．基于微观主体行为的认证有效性研究［D］．华中农业大学博士学位论文，2007.

变投标价格策略，其典型的表现是低价揽客行为。理性的经济人在做决策时总会最大化自身的利润，如果利润为负，则最优的选择是退出，然而低价揽客者却将价格降低到成本以下，是什么因素激励认证机构采取这种价格竞争策略?

完全竞争理论预测，两个边际成本相等的机构提供完全同质的产品或服务，如果一个机构的价格高于另一个机构，那么它将失去所有的客户，因此竞争将促使机构按边际成本定价，经济利润为零，但是完全竞争模型无法解释“低价揽客”现象，因为此时的定价低于边际成本。

低价揽客模型基于两个假设前提：①市场是完全竞争的；②机构与客户之间存在签约成本。与一些产品市场不同，客户与认证机构在首期业务中都需要承担一个“启动成本”（可称为“准租金”）。对于认证机构而言，对一个新的客户进行审核需要了解客户的内部情况、企业的组织运作及业务特点，这便需要承担一个类似于学习成本的启动成本以获得基于该客户的专用知识，从而在未来时期可以降低审核成本，并在与将来的进入者竞争时获得基于成本的竞争优势。而对于客户而言，与新的机构签约意味着需要重新进行沟通，这将花费更多的时间，导致效率的降低。

因此，客户在与新的审计师签约时也会承担“转换成本”。双方的这种启动（转换）成本产生了一种“锁定”效应，激励签约双方去维护这种已建立起来的特定认证关系。这意味着认证业务是一种长期合约，而不是单时期的合约。在位认证公司可以在未来多个时期的认证业务中提高认证收费，获得“准租金”，以弥补第一时期由于“低价揽客”带来的利润损失。

可以进一步发展“低价揽客”模型，仍然在完全竞争的对称信息下，即假设每个认证机构具有相同的声誉，且具有相同的审计成本结构，令每个认证机构的认证边际成本为 c，进入者相对在位者需要承担一个学习成本 1，而客户如请新的认证机构则需要承担转换成本 s，假设客户在每一时期购买认证服务，T 代表客户的生命周期，根据逆向推理，令 t 代表客户还剩下的生命时期。令 P_{it} 为在位认证机构在时期 t 时的认证投标价，P_{et} 为新进入认证机构（竞争者）在时期 t 时的投标价。V_t 为在位机构在剩下的 t 时获得总的净价值，即“准租金”，根据定义：$V_t = t$ 时期的认证投标价 $-\ t$ 时期的认证成本 $+\ \mathrm{d}V_{t-1}$。

在每一时期，认证机构间的价格竞争在符合以下两个条件时会出现均衡，即①至少一个认证机构的投标被压低到在获得和失去投标无差异的那一点；②另一个认证机构的投标价为客户在聘用两个认证机构间无差异时获得投标。采用逆向归纳法，在最后一个时期，$V_T = 0$。

条件①意味着在位认证机构在 $P_{it} = c$ 或进入认证机构在 $P_{et} = c + l$ 进行投标。

当在位者在盈利无差异点投标时 $P_{it} = c$，根据条件②，进入者必须在客户聘用无差异点投标，因此进入者的投标价为 $P_{et}=c-s$；而这个投标价将导致进入者的利润为负，因此，这是不可能达到均衡的。而当进入者在无差异点投标时 $P_{et}=c+1$，根据条件②，在位者的投标价为 $P_{it}=c+l+s$，此时客户在聘用在位者和进入者之间无差异，在位者将赢得投标。由此可以得到最后一个时期的均衡报价：

$$P_{et}=c+1;\ P_{it}=c+l+s$$

依据上述推理，投标的均衡路径为：在每一个时期，进入者在自身的盈利无差异点进行投标，而在位者在客户无差异点进行投标。因此，当 $T>t>0$ 时，均衡条件必须满足以下条件：

$$P_{et}-(c+1)+dV_{t-1}=0;\ P_{it}=P_{et}+s;\ V_t=P_{it}-+dV_{t-1}$$

解上述方程组，可得：

$$P_{et}=c+l-d(l+s);\ P_{it}=c+l+s-d(l+s);\ V_t=l+s$$

在客户的生命周期开始时，不存在在位认证机构，所有的认证机构都是外部竞争者，此时所有认证机构的认证成本都为 $c+l$，而所有竞争者的定价都为 $P_{et}=c+l-d(1+s)<c+l$，由于认证机构的报价低于成本，便发生了“低价揽客”现象。

正是客户和认证机构在启动业务关系中存在的转换成本，导致了在位者相对于进入者具有成本优势，因此，在位者能够在未来提高投标价，从而产生了预期的准租金 $l+s$。而在首期业务投标中，参与竞争的认证机构都具有这种预期收益，因此均采取了低于成本的价格投标。由此可见，即使存在多时期的业务预期，认证市场仍然是高度价格竞争的。

三、食品安全认证市场竞争模型

“低价揽客”的竞争行为会导致认证机构对客户的经济依赖加重，使客户处于强势地位。一旦认证机构与客户发生分歧时，客户将会以更换认证机构进行威胁，为了弥补首期业务的折扣损失，认证机构必须维持与客户的关系，以获得期望的准租金。认证机构不得不屈服于客户的压力，最终导致认证的独立性受到伤害。

（一）基于古诺模型的认证市场竞争模型

假设1：在认证市场上，信息是完全的，即认证机构与认证企业均了解企业的质量管理情况；

假设2：认证质量的成本函数是凸的，并且认证质量成本是沉没成本（固定成本），即认证质量的成本独立于产出（认证质量取决于认证人员的业务素质，与认证企业的数量无关）；

假设3：市场中有 n 个认证机构，他们选择认证价格和认证质量最大化自己的利润函数；

假设4：每个认证机构的认证质量决策不会受到其他认证机构决策的影响；

假设5：认证机构之间在价格方面合作，以达到联合利润最大化；

假设6：认证机构是同质的。

由 Scherer 的静态古诺模型 n，设第 i 个认证机构面临的需求函数为 N_i，

$$N_i = N_i(P_1, \cdots, P_n, Q_1, \cdots, Q_n) \quad (\text{其中}, i = 1, 2, \cdots, n) \tag{3-9}$$

设第 i 个认证机构的利润函数为 E^i（P，Q），其中 Q 为整个市场的认证质量。

$$E^i(P, Q) = (P_i - C_i) Q^i(P, Q) \tag{3-10}$$

由联合利润最大化假设（假设3），可以得到：

$$\sum_j E_i^j(P, Q) = 0 \quad (\text{其中}, E_i^j = \partial E^j / \partial P_i) \tag{3-11}$$

设整个市场的需求函数为 $N(P, Q)$，设第 i 个认证机构的市场份额为 $S^i(P, Q)$，则：

$$N^i = S^i(P, Q) N(P, Q) \tag{3-12}$$

假设市场需求函数是对数线性形式，需求价格弹性的绝对值为常数 a，需求的质量弹性为常数 b，则需求函数为：

$$N = k_0 P^{-a} Q^b \tag{3-13}$$

每个认证机构的利润函数为：

$$E^i(P, Q) = (P_i - C_i) N^i(P, Q) - B(Q) \tag{3-14}$$

将需求函数和成本函数的表达式代入，得到：

$$E^i(P, Q) = (P_i - c) S^i k_0 P^{-a} Q^b - \beta Q = (P_i - c) \frac{1}{n} k_0 P^{-a} Q^b - \beta Q \tag{3-15}$$

认证机构的联合利润函数为：

$$E(P, Q) = (P - c) k_0 P^{-a} Q^b - n\beta Q \tag{3-16}$$

假设利润函数是质量的凹函数，从而得到：$0 < b < 1$。

（二）认证机构的数量对认证质量的影响

对上述模型进行求解。首先，所有认证机构以联合利润最大化为目标，求解得到最优价格水平 P^*，最优价格应该满足下面的条件：

$$P^* \frac{(a - 1)}{a} = c \tag{3-17}$$

每个认证机构以自己的利润函数最大化为目标选择认证质量水平，即：

$$\max E^i(P,Q) = (P-c)\frac{1}{n}k_0P^{-a}Q^b - \beta Q \tag{3-18}$$

$$\frac{\partial E}{\partial P} = \frac{1}{n}k_0P^{-a}Q^b - a(P-c)\frac{1}{n}k_0P^{-a-1}Q^b = 0 \tag{3-19}$$

$$\frac{\partial E}{\partial P} = \frac{1}{n}bk_0(P-c)P^{-a}Q^{b-1} - \beta = 0 \tag{3-20}$$

从式（3-19）可以得到：

$$P = \frac{ac}{a-1} \tag{3-21}$$

从式（3-20）可以得到：

$$Q^{1-b} = \frac{bk_0}{\beta n}\frac{P-c}{P^a} \tag{3-22}$$

对式（3-22）进行比较静态分析，可以得到：

认证机构数量对认证质量的影响。假设价格保持不变，式（3-22）两边分别对 Q 和 n 微分，得到：

$$\frac{\partial Q}{\partial n} = -\frac{1}{1-b}\frac{bk_0}{\beta n}\frac{P-c}{P^a}\frac{1}{n^2}Q^b < 0$$

说明认证机构数目与认证质量负相关，认证机构数目越少，认证质量越高。认证机构数目弹性为：

$$e = \frac{dQ}{dn}\frac{n}{Q} - \frac{1}{1-b} > 0$$

说明在给定的对数线性需求函数条件下，随着行业中认证机构数目的不断增加，认证质量会以更大幅度下降。

（三）价格变化对认证质量的影响

假设认证机构数目保持不变，式（3-22）两边分别对 Q 和 P 微分，得到：

$$\frac{\partial Q}{\partial P} = -\frac{1}{1-b}\frac{bk_0}{\beta n}P^{-a}Q^b(1-a+aP^{-1}c)$$

当市场处于均衡时：

$$P^* = \frac{dQ}{dP}\frac{ac}{a-1} = 0$$

也就是认证价格的变动不会影响认证质量的选择。如果市场价格未达到均衡水平，当 $p>q$ 时：

$$P > \frac{ac}{a-1}aP^{-1}c < a-1, \frac{dQ}{dP} < 0$$

也就是当认证价格高于均衡价格时，认证价格与认证质量反方向变动，价格降低，认证质量提高；当 $p < q$ 时：

$$P < \frac{ac}{a-1}aP^{-1}c > a-1, \frac{dQ}{dP} > 0$$

也就是当认证价格低于均衡价格时认证价格与认证质量同方向变动，价格升高，认证质量提高。

上述对认证机构市场运行的分析说明，提高认证质量的关键是建立有限的认证市场竞争机制。认证市场应该是一个竞争的市场，应通过市场化的手段建立认证机制，绝不能搞行政垄断；但是也绝不能完全依靠竞争，需要政府干预实行有限度的竞争，限制竞争对于提高认证机构收益更为关键。另外，在竞争的市场中，认证价格具有市场自我均衡调节的机制，对认证质量并没有直接的影响。只要是建立起市场机制，认证就会形成合理的市场价格。

由于认证服务是一种信任品，消费者即使在消费后也很难判断其质量。因此，很多人认为价格竞争将使认证机构通过削减审核成本来降低成本，导致认证质量的下降，然而，这一观点的成立是有条件的，需要更细致的分析。从成本的角度来看，认证机构的总成本主要包括认证生产成本以及预期的诉讼和处罚成本。前者由不同级别审核师的小时工资率和工作时间决定，后者由认证机构的风险偏好、预期的因承担法律和行政处罚责任导致的损失构成。如果给定监管的严厉程度和认证机构的风险厌恶水平，认证机构降低成本的机会主义行为会使预期的诉讼成本和受处罚成本上升，并不会达到降低总成本的目的。当然，如果法律追究的概率小、行政处罚力度不够或者能够逃避处罚，那么价格竞争必然会导致质量的下降。

四、本章小结

认证食品市场供需双方的信息不对称问题会抑制消费需求，可行的解决方案是利用认证向消费者传递品质信息。因此，消费者对认证的肯定度与信任度将成为影响购买行为的重要因素，能否构建有效的认证体系就成为关系认证食品市场发展的关键所在，也成为本书研究的重点问题之一。在竞争条件下，为了赢得投标，机构必须致力于降低认证成本，将成本的降低与客户分享，因而从长期看，认证收费呈不断下降的趋势，激烈的价格竞争迫使认证机构关注于降低成本，从而使认证更有效率。然而，最近认证领域出现了过度竞争的“低价揽客”行为，本章的理论模型分析表明，正是客户和认证机构在启动业务关系中存在的转换成本，导致了在位者相对于进入者具有成本优势，从而产生了预期的准租金。在首期业务投标中，参与竞争的认证机构都具有这种预期收益，便采取低于成本的价格投标，以期赢得业务。基于古诺模型的认证市场竞争模型分析表明，认证机构数目越少，认证质量越高，随着行业中认证机构数目的增加，认证质量会以更大幅度蜕变。当市场处于均衡时，认证价格的变动不会影响认证质量的选择；如果市场价格未达到均衡水平，当认证价格高于均衡价格时，价格降低，认证质量提高；当认证价格低于均衡价格时，价格升高，认证质量提高。这意味着提高认证有效性的关键是建立有效的认证市场竞争机制。

第四章　消费者对食品安全认证标签的认知及其影响因素

消费者的认知是市场需求的基础，也是消费者偏好研究的逻辑起点。本章将消费者认知行为设置为知晓层面（是否听说过）、识别层面（能否正确识别标签）与使用层面（购买时是否关注标签），分别代表逐步递进的认知程度，进而检视认知影响因素显著性的变化，判断在认知提高过程中起主要作用的因素。

一、研究背景

从现实市场来看，消费者对食品质量认证标签的认知存在很大差异。相对而言，绿色食品最为公众熟知。这与绿色食品进入市场时间较早并得到政府大力推广有很大关系。由于公众对绿色食品相对更为熟悉，降低了受访者参与调研的难度，有助于样本选取进而提高调研质量，因此，本书以绿色食品为例，研究消费者对食品质量认证标签的认知行为。

由于对食品选择往往具有显著影响，消费者认知成为学界关注的重要问题①，但现有文献在对认知进行实证描述后很少对其相应影响因素展开进一步分析。在为数不多的研究中，学者们普遍采用二元 Logit（或 Probit）等模型②③和简单线性回归模型④⑤来探究影响认知的可能因素。前者将认知简单设置为“了

① Briz T., Ward R. W. Consumer Awareness of Organic Products in Spain: An Application of Multinominal Logit Models [J]. *Food Policy*, 2009, 34 (3): 295 - 304.

② 周洁红. 消费者对蔬菜安全的态度、认知和购买行为分析——基于浙江省城市和城镇消费者的调查统计 [J]. 中国农村经济, 2004 (11): 44 - 52.

③ 曾寅初，夏薇，黄波. 消费者对绿色食品的购买与认知水平及其影响因素——基于北京市消费者调查的分析 [J]. 消费经济, 2007, 23 (1): 38 - 42.

④ 马骥，秦富. 消费者对安全农产品的认知能力及其影响因素——基于北京市城镇消费者有机农产品消费行为的实证分析 [J]. 中国农村经济, 2009 (5).

⑤ 刘增金，乔娟. 消费者对认证食品的认知水平及影响因素分析——基于大连市的实地调研 [J]. 消费经济, 2011 (4): 11 - 14.

解与否”的二项变量过于粗略，无法反映认知的层次性；后者将认知设置为近似连续变量的有序选择，虽然可以揭示出认知的更多信息，但却放大了因变量更多依赖受访者主观表述的缺陷。

鉴于此，本书将消费者认知行为设置为知晓层面（是否听说过）、识别层面（能否正确识别标签）与使用层面（购买时是否关注标签），分别代表逐步递进的认知程度，引入多变量 Probit（Multivariate Probit，MVP）模型，克服二元 Logit 等传统回归模型无法解释多个因变量的缺陷，检视认知影响因素显著性的变化，判断在认知提高过程中起主要作用的因素，以期有助于探讨如何促使潜在需求向现实需求转化。

二、研究假设与变量设置

（一）研究假设

消费者认知行为不仅受到文化、社会、经济及环境等外部因素的影响，也受到诸如知识、态度及信念等个体心理因素的影响[①]。由于消费者偏好的差异性以及产品本身的多样性，影响消费者认证食品认知的因素可能是多层面的。同时，诸如认证食品因采用生态生产技术（如禁用或限制使用化肥等），往往兼具生态与安全等多重属性，更导致了消费者认知动机与行为的复杂性。本章在文献研究的基础上，将消费者认证食品认知行为的影响因素概括为 5 个方面（见图 4－1）。

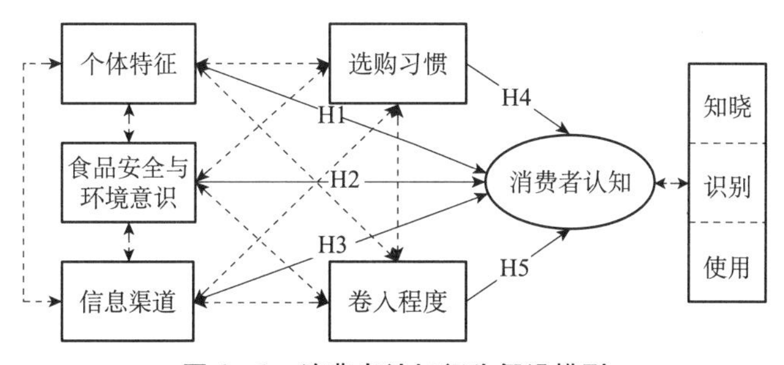

图 4－1　消费者认知行为假设模型

1. 个体特征

主要包括消费者性别、年龄、学历、收入以及未成年子女状况等。个体特征

① 何坪华，凌远云，焦金芝．武汉市消费者对食品市场准入标识 QS 的认知及其影响因素的实证分析［J］．中国农村经济，2009（3）：57－66.

各异的消费者，对食品安全与生态环保等信息有不同的认知和需求，因而对认证食品的认知也会表现出差异[①②]。女性消费者花在食品购买与食品处理上的时间往往更多，有可能会更关注认证标签等质量信号；年长消费者对自身健康普遍更关注，对认证标签可能会有更强的认知动机；学历关系到消费者对信息的获取、理解与接受程度，学历越高的消费者对认证标签的认知应越强；收入水平高的消费者更看重生活品质与环境质量，对认证标签可能会有更高的认知程度；家庭中有未成年子女的消费者，往往出于对子女健康的考虑而更重视食品安全[③]，对认证标签的认知程度也应较高。

2. 食品安全和环境意识

消费者对生态问题越关注、环境意识越强，对认证食品的认知动机可能越强，认知程度也会相应提高[④]。消费者对食品安全问题越担忧，就会越关注食品质量安全，从而影响对具有安全属性的认证食品的认知[⑤]。

3. 信息渠道

获取相关信息的能力是消费者认知形成的前提条件。特别是在当今这个社会各类信息的数量日益增加、传播速度日益加快的信息时代，信息环境越好，信息渠道越多，消费者就越容易得到相关信息，对认证食品的认知程度也就越高[⑥]。

4. 选购习惯

消费者通常会按照自己对包装信息的使用习惯来做出消费决策。不同消费者关注的质量特性和质量信息内容有所侧重，从而形成关注标签信息的不同习惯[⑦]。如果消费者平时习惯于购买生态产品，或者购买食品时更为关注认证标签而不是保质期、生产日期、品牌、价格、生产厂家等信息，那么，他们对认证食品的认知程度就会相应较高。

---

① 曾寅初，夏薇，黄波．消费者对绿色食品的购买与认知水平及其影响因素——基于北京市消费者调查的分析［J］．消费经济，2007，23（1）：38-42.

② 马骥，秦富．消费者对安全农产品的认知能力及其影响因素——基于北京市城镇消费者有机农产品消费行为的实证分析［J］．中国农村经济，2009（5）.

③ Yin S. J., Wu L. H., Du L. L., et al. Consumers' Purchase Intention of Organic Food in China［J］. *Journal of the Science of Food and Agriculture*, 2010, 90（8）: 1361-1367.

④ 刘增金，乔娟．消费者对认证食品的认知水平及影响因素分析——基于大连市的实地调研［J］．消费经济，2011（4）：11-14.

⑤ 周洁红．消费者对蔬菜安全的态度、认知和购买行为分析——基于浙江省城市和城镇消费者的调查统计［J］．中国农村经济，2004（11）：44-52.

⑥⑦ 何坪华，凌远云，焦金芝．武汉市消费者对食品市场准入标识QS的认知及其影响因素的实证分析［J］．中国农村经济，2009（3）：57-66.

5. 卷入程度

消费者卷入可以被定义为某产品在消费者生活中的重要性水平，卷入程度在一定的情境下与消费者在个体需求、价值、兴趣、自我和动机等方面如何理解产品有关。消费者卷入已经被证明会影响品牌忠诚度、产品信息和广告的反馈等，进而影响到消费者偏好和选择行为①。本书采用 Zaichkowsky② 开发的个人卷入量表（Personal Involvement Inventory，PII）来测量消费者卷入。

（二）变量设置

为反映消费者绿色食品认知上的差别，本书分别从知晓层面、识别层面和使用层面设置3个被解释变量，并在数据处理时，分别将听说过（知晓）绿色食品、能正确识别绿色食品标签以及购买食品时关注绿色食品标签的样本变量赋值为1；否则，赋值为0。解释变量依据如图4－1所示假设模型设置，具体定义与描述如表4－1所示。

表4－1 变量定义与赋值

变量	定义	均值	标准差
被解释变量			
知晓（Y1）	虚拟变量，知晓绿色食品＝1，否＝0	0.7362	0.4007
识别（Y2）	虚拟变量，能识别绿色食品标签＝1，否＝0	0.4410	0.5082
使用（Y3）	虚拟变量，购买时关注标签＝1，否＝0	0.4201	0.4983
解释变量			
性别（GE）	虚拟变量，男＝1，女＝0	0.4504	0.4975
年龄（AG）	虚拟变量，40岁及以下＝1，否＝0	0.5725	0.4947
学历（EDU）	虚拟变量，大学及以上＝1，否＝0	0.2508	0.3930
个人月收入（INC）	虚拟变量，6000元及以上＝1，否＝0	0.1892	0.2990
是否有18岁以下小孩（KID）	虚拟变量，是＝1，否＝0	0.4567	0.4993
食品安全意识（CO）	虚拟变量，关注＝1，否＝0	0.8695	0.1721
环保意识（EN）	虚拟变量，关注＝1，否＝0	0.4458	0.2091
信息渠道（COI）*	虚拟变量，高＝1，否＝0	0.6405	0.4384

① Bell R., Marshall D. W. The Construct of Food Involvement in Behavioral Research: Scale Development and Validation [J]. *Appetite*, 2003, 40 (3): 235－244.

② Zaichkowsky J. L. Measuring the Involvement Construct [J]. *Journal of Consumer Research*, 1985, 12 (6): 341－352.

续表

变量	定义	均值	标准差
包装信息关注度（PIA）	虚拟变量，高 =1，否 =0	0.2901	0.4538
卷入程度（PII）	虚拟变量，PII 高 =1，否 =0	0.4351	0.4958

注：问卷中给出了亲友介绍、商店现场、电视广播、报纸杂志、网络、展览会及政府宣传等选项，要求回答知晓认证标签的被调查者做出了解认证标签信息渠道的多项选择。统计信息渠道的个数，渠道个数低于 3 的样本赋值为 0，超过 3 的样本赋值为 1，渠道数多者，表示信息环境更好。

三、调查基本情况

（一）数据来源

笔者分别在山东省东部、中部、西部地区各选择 3 个城市（东部：青岛、威海、日照；中部：淄博、泰安、莱芜；西部：德州、聊城、菏泽）展开调研。这些城市可以较好地反映我国不同的经济社会发展状况，所选样本可望具有较好的代表性和覆盖性。

2012 年 10 ~ 12 月，在上述城市的超市及附近商业区招募受访者先后进行预调研和正式调研。调研采用街头拦截访问抽样法。在随机抽样存在客观困难的情况下，该方法是学界研究中随机抽样的替代方法①。首先于 2012 年 10 月在山东省日照市选取 108 个消费者样本展开预调研，对问卷进行调整与完善。之后于 2012 年 11 ~ 12 月在上述城市展开正式调研，共发放问卷 725 份（每个城市约 80 份），回收有效问卷 693 份，有效回收率为 95.59%。在 693 个样本中，女性比例约为 56.13%，与我国家庭中食品购买者多为女性的现实相符。回收问卷的统计结果表明，从年龄、收入等人口学特征看，本次调查范围比较广泛，具有较好代表性，可以用于分析（样本统计特征参见表 4 - 1）。

（二）消费者认知行为描述

认证标签是消费者辨识认证食品真假的重要依据。调研结果表明，虽然有高达 79.1% 的受访者听说过绿色食品，但仅有 57.9% 的受访者能够准确识别绿色食品标签，而选购食品时会关注食品包装上是否加绿色食品标签的样本比例进一步下降为 35.8%，这可能与政府或生产者宣传往往偏重于“名称”而忽视“标识”有关（见图 4 - 2）。

---

① Wu L. H., Xu L. L., Zhu D., et al. Factors Affecting Consumer Willingness to Pay for Certified Traceable Food in Jiangsu Province of China [J]. *Canadian Journal of Agricultural Economics*, 2012, 60 (3): 317 - 333.

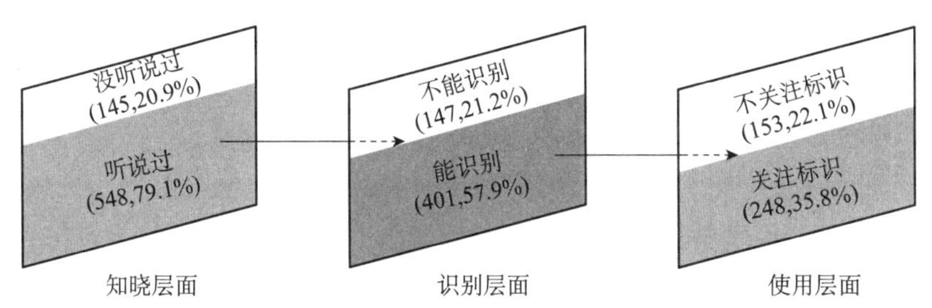

图 4-2　受访者不同层面认知行为描述（N=693）

四、模型选择与实证分析

（一）模型选择

根据前述分析，消费者认知可能受到以下因素的影响：①个体特征（C）；②食品安全意识与环境保护意识（S）；③面临的信息环境（I）；④选择食品习惯（H）；⑤消费者卷入程度（P）。计量模型可以用以下函数形式表示：

$$Y_i = f(C_i, S_i, I_i, H_i, P_i) + \varepsilon_i \quad (4-1)$$

本书从知晓层面、识别层面与使用层面研究消费者认知行为。针对采用简单的二项 Logit 和多项 Logit（Multinomial Logit，MNL）等回归模型都无法解释多个因变量的问题，我们借鉴朱淀等的做法①，引入 MVP 模型对不同层次的因变量进行分析，判断在消费者认知程度提高的过程中起主要作用的因素。MVP 模型基本形式为：

$$\text{Prob}(Y_i = 1) = F(\varepsilon_i \geqslant -X_i\beta) = 1 - F(-X_i\beta) \quad (4-2)$$

如果 ε_i 满足正态分布，即满足 MVP 模型的假设，则：

$$\text{Prob}(Y_i = 1) = 1 - \Phi(-X_i\beta) = \Phi(X_i\beta) \quad (4-3)$$

（二）MVP 模型估计结果

基于前文变量设置，相应的对数似然函数为：

$$\ln(L(\theta)) = \ln(\prod_{i=1}^{693}\varphi(Y_i \mid \beta, \sum)) = \sum_{i=1}^{693}\ln\{\varphi(Yi \mid \theta)\} \quad (4-4)$$

其中，$\theta = (\beta, \Sigma)$ 为参数空间。本书使用 MATLAB（R2010b）作为 MVP 模型分析的软件工具，在抽样 10000 次 \ 迭代 500 次后，满足 $\| \theta^{(t+1)} - \theta^{(t)} \| \leqslant$

---

① 朱淀，蔡杰，王红沙．消费者食品安全信息需求与支付意愿研究——基于可追溯猪肉不同层次安全信息的 BDM 机制研究［J］．公共管理学报，2013（3）：129-136.

0.0001，最终模型拟合结果如表 4-2 所示。

表 4-2 MVP 模型拟合结果

自变量	系数	标准误	T 统计量	P 值
GE1	0.2945 *	0.1836	1.6014	0.0600
AG1	0.3435 **	0.2341	1.4864	0.0314
EDU1	0.6520 **	0.1742	3.3578	0.0219
INC1	0.0653	0.4542	0.2596	0.4567
KID1	0.2947 *	0.2014	1.5245	0.0689
CO1	0.1902 *	0.2561	0.5525	0.0906
EN1	0.1010 *	0.3024	0.3864	0.0692
COI1	1.0283 **	0.1476	5.5681	0.0124
PIA1	0.2108	0.2135	0.4867	0.2099
PII1	1.6125	0.2105	7.8963	0.1241
GE2	-0.5355 **	0.1952	-2.4562	0.0163
AG2	-0.3953 *	0.1865	-2.7852	0.0789
EDU2	0.0947 *	0.2145	0.3985	0.0521
INC2	0.3023	0.1968	1.0289	0.1350
KID2	0.1078 *	0.4572	0.2250	0.0618
CO2	0.1240	0.2034	0.5684	0.2564
EN2	0.1549 *	0.2054	0.5568	0.0742
COI2	0.7754	0.3428	2.2486	0.0160
PIA2	0.0657 *	0.1847	0.3607	0.0604
PII2	1.1060 **	0.1832	5.9917	0.0302
GE3	-0.4832 **	0.2424	-1.9771	0.0249
AG3	-0.5170 ***	0.2109	-1.9727	0.0075
EDU3	0.1171 *	0.2714	0.3925	0.0665
INC3	0.0125 *	0.1852	0.1261	0.0581
KID3	0.1145 **	0.3657	0.3376	0.0290
CO3	0.3948	0.1759	2.1087	0.1217
EN3	0.0614 *	0.3598	0.1255	0.0641
COI3	1.0918	0.4567	4.4137	0.1027
PIA3	0.1142 **	0.1956	0.5655	0.0480

续表

自变量	系数	标准误	T统计量	P值
PII3	0.6057**	0.2324	2.6506	0.0170
σ_{12}	0.9461***	0.0052	180.9808	<0.0001
σ_{13}	0.8772***	0.0110	79.7455	<0.0001
σ_{23}	0.8756***	0.0117	74.7521	<0.0001
-2LL = 397.1546	Nagelkerke R^2 = 0.8541	Cox & Snell R^2 = 0.7325	p = 0.0000 < 0.0001	

注：* 表示在10%水平上显著；** 表示在5%水平上显著；*** 表示在1%水平上显著。

（三）结果与讨论

表4-2的模型拟合结果显示，-2LL为397.1546，Cox & Snell R^2以及Nagelkerke R^2分别为0.7325、0.8541，因此总体回归良好。σ_{12} = 0.9461、σ_{13} = 0.8772，σ_{23} = 0.8756，表明受访者不同层面认知行为间具有高度相关性，运用MVP模型是合理的选择。从模型拟合结果可以推断：

1. 性别变量的影响

性别变量对不同层面认知度的影响存在差异。男性受访者在知晓层面的认知显著高于女性，而在识别层面、使用层面的认知显著低于女性。可能的原因是，男性受访者的各种信息渠道（包括网络使用在内的）以及知识面较为宽泛，有更多机会了解绿色食品，因此知晓率更高①。多数家庭主要由女性购买食品，其对食品安全问题往往更为关注，在识别层面和使用层面的认知更高。

2. 年龄变量的影响

年龄对不同层面认知的影响显著。年龄（AG）在40岁以下的受访者在知晓层面的认知显著高于年龄在40岁以上的受访者，而在识别层面和使用层面则相反。同时，识别层面和使用层面的认知对应参数估计值分别为-0.3993、-0.5170，表明相对于识别层面，年龄差异对使用层面的认识影响更大。年轻人信息渠道丰富而有更多机会了解到绿色食品，而多数家庭中老年成员往往是购买食品的主要成员，在食品选购时富有时间与耐心，因而在更高层面的认知更强。这与朱淀等采用关于消费者可追溯信息支付意愿的研究结论类似②。

---

① Gao Y., Zhang X., Lu J., et al. Adoption Behavior of Green Control Techniques by Family Farms in China: Evidence from 676 Family Farms in Huang-huai-hai Plain [J]. *Crop Protection*, 2017, 99: 76-84.

② 朱淀，蔡杰，王红沙. 消费者食品安全信息需求与支付意愿研究——基于可追溯猪肉不同层次安全信息的BDM机制研究 [J]. 公共管理学报，2013 (3): 129-136.

3. 学历变量的影响

学历对各层面认知的影响皆显著。这与曾寅初等[①]、刘增金等[②]关于学历显著影响安全认证食品认知的研究结论一致。较高学历的消费者，拥有更丰富的知识和信息来源，接受和了解信息的能力也较强。此外，高学历者的收入水平往往较高，从而更关注生活质量，往往会更主动地搜寻食品安全和环境保护方面的信息。

4. 收入变量的影响

收入的影响在知晓与识别层面不显著，而在使用层面显著。在使用层面的影响显著，与认证食品购买者大多属于高收入阶层的实际吻合[③]。马骥等[④]研究发现，收入对消费者认证食品认知影响显著，而刘增金等[⑤]认为不能证明两者间显著相关。学者们从不同层面定义消费者认知可能是造成研究结论不一致的重要原因。

5. 未成年子女状况变量的影响

未成年子女状况的影响在各层面皆显著。是否有未成年子女（KID）的影响在各层面皆显著，且在使用层面无论是显著性还是相应的参数估计值皆高于其他层面。这可从关于消费者认证食品购买意愿的经验研究得到侧面验证，很多家庭主要为子女的需要而购买认证食品，因此对绿色食品的认知相对较高[⑥⑦]。

6. 食品安全意识变量的影响

食品安全意识的影响在知晓和识别层面显著，而在使用层面却不显著。一般而言，食品安全意识越强，就越会主动地搜寻食品安全和风险信息，从而对绿色

---

① 曾寅初，夏薇，黄波．消费者对绿色食品的购买与认知水平及其影响因素——基于北京市消费者调查的分析［J］．消费经济，2007，23（1）：38－42.

② 刘增金，乔娟．消费者对认证食品的认知水平及影响因素分析——基于大连市的实地调研［J］．消费经济，2011（4）：11－14.

③ 尹世久．信息不对称、认证有效性与消费者偏好：以有机食品为例［M］．北京：中国社会科学出版社，2013.

④ 马骥，秦富．消费者对安全农产品的认知能力及其影响因素——基于北京市城镇消费者有机农产品消费行为的实证分析［J］．中国农村经济，2009（5）．

⑤ 刘增金，乔娟．消费者对认证食品的认知水平及影响因素分析——基于大连市的实地调研［J］．消费经济，2011（4）：11－14.

⑥ 尹世久，徐迎军，徐玲玲，李清光．食品安全认证如何影响消费者偏好：基于山东省821个样本的选择实验［J］．中国农村经济，2015（11）．

⑦ 张利国，徐翔．消费者对绿色食品的认知及购买行为分析——基于南京市消费者的调查［J］．现代经济探讨，2006（4）：50－54.

食品有着更多的知识和更高的认知[①][②]。但在使用层面却未得到验证的原因可能在于，食品安全意识过高的受访者，食品安全信心已降至极低水平，影响了其对绿色食品的信任，对消费者偏好产生了负面影响。

7. 环境意识变量的影响

环境意识对各层面认知的影响皆显著。这与本书假设及现实生活逻辑相吻合。较为关注环境问题的消费者，倾向于搜寻环境保护方面的信息和知识，从而更关注绿色食品[③]。

8. 信息渠道与包装信息关注习惯变量的影响

信息渠道与包装信息关注习惯对认知影响的显著性在不同层面恰好相反。信息渠道（COI）的影响在知晓层面显著，而在识别与使用层面不显著。包装信息关注习惯（PIA）恰好相反，在知晓层面不显著，而在识别和使用层面显著。消费者信息渠道越多，越有机会了解绿色食品，但由于识别层面和使用层面更多地取决于消费者是否真正对绿色食品形成需求，只有那些对绿色食品具有购买意愿或兴趣的消费者才因“选择性注意”而进一步关注绿色食品标签。

9. 消费者卷入变量的影响

消费者卷入影响在知晓层面不显著，而在识别和使用层面显著。消费者卷入（PII）反映了认证食品在消费者生活中的重要性水平与消费者的关注程度。知晓层面的认知更多起到了一种类似门槛的作用[④]，消费者卷入的影响并不显著，而在识别和使用层面的显著影响与前文假设相吻合，说明消费者卷入程度越高，消费者往往越多购买绿色食品，认知水平越高。

五、本章小结

本章以山东省693个消费者样本为例，设定知晓、识别与使用三个层面的认知行为，借助MVP模型分析了影响消费者不同层面认知行为的主要因素。研究发现，受访者对绿色食品认知呈现显著异质性，主要表现为：①男性和年轻受访

---

① 马骥，秦富．消费者对安全农产品的认知能力及其影响因素——基于北京市城镇消费者有机农产品消费行为的实证分析［J］．中国农村经济，2009（5）．

② 刘增金，乔娟．消费者对认证食品的认知水平及影响因素分析——基于大连市的实地调研［J］．消费经济，2011（4）：11－14.

③ Chen M. F. Consumers Attitudes and Purchase Intention in Relation to Organic Food in Taiwan：Moderating Effects of Food-related Personality Traits［J］. *Food Quality and Preferences*, 2007, 18（7）: 1008－1021.

④ 尹世久，徐迎军，陈雨生．食品质量信息标签如何影响消费者偏好：基于山东省843个样本的选择实验［J］．中国农村观察，2015（1）．

者在知晓层面的认知较高，而女性、相对年长受访者在识别和使用层面的认知相对较高。②收入和消费者卷入程度在知晓层面不显著，而在较高层面的认知上显著。③学历、未成年子女状况与环境意识在各层面皆显著。④食品安全意识与信息渠道在较低层面显著，而在较高层面不显著。

本章主要研究结论对完善认证标签认证制度与制定行业发展政策具有明显的指导意义。第一，消费者的认知行为具有很大的异质性，因而针对不同群体应采取差异化营销战略，提升消费者的认知层次，促进潜在需求向现实需求转化。第二，政府相关机构及厂商等长期“重宣传，轻标识”，导致消费者的认知行为总体停留在较低层面。今后，应在提高认知率的同时，更注重提升消费者对认证标签的识别能力与使用能力。第三，当前，公众食品安全意识不断提升。在这一现实背景下，我们既要意识到它对认证食品知晓与识别层面认知行为的有利影响，也要注意防范公众过高的风险感知对认证食品使用层面认知可能带来的负面影响。

第五章　消费者信任形成机制研究：认证与品牌的交互影响

消费者对认证食品的认知，反映了认证食品的市场潜力，但能否进一步转化为市场需求，消费者的信任起到决定性作用。因此，本章基于山东省570个消费者样本数据，基于中欧比较视角，探究消费者对不同品牌或认证的有机牛奶的信任倾向，并运用结构方程模型分析消费者信任的前因，量化分析认证与品牌之间的交叉作用，为我国食品安全认证体系构建和有机认证政策发展提供实证支撑。

一、问题的提出

由于正处于经济体制深刻变革、利益格局深度调整的历史时期，现阶段我国食品安全风险尤为严峻。以“三聚氰胺事件”为开端，屡屡曝出的行业性丑闻，使乳品行业成为食品安全风险的重灾区[①][②]。我国消费者对“洋品牌”乳品开始表现出较为强烈乃至非理性的偏好，致使“洋品牌”逐步改变了我国国内乳品市场格局[③]。应该客观地指出，我国各级政府对国内乳品企业的监管与监测已非常严格，但信息不对称导致的市场失灵，在客观上极大地制约着消费者信任的重建[④]。与供应商相比，相对独立的第三方认证机构更容易取得消费者信任[⑤][⑥]。因

---

① Yin S. J., Chen M., Chen Y. S., et al. Consumer Trust in Organic Milk of Different Brands: The Role of Chinese Organic Label [J]. *British Food Journal*, 2016 (7): 1769 - 1782.

② 尹世久. 信息不对称、认证有效性与消费者偏好：以有机食品为例 [M]. 北京：中国社会科学出版社，2013.

③ 全世文，曾寅初，刘媛媛. 消费者对国内外品牌奶制品的感知风险与风险态度——基于三聚氰胺事件后的消费者调查 [J]. 中国农村观察，2011 (2).

④ 王常伟，顾海英. 基于委托代理理论的食品安全激励机制分析 [J]. 软科学，2013，27 (8): 65 - 68，74.

⑤ Yin S. J., Hu W. Y., Chen Y. S., et al. Chinese Consumer Preferences for Fresh Produce: Interaction between Food Safety Labels and Brands [J]. *Agribusiness*, 2019 (1): 53 - 68.

⑥ Albersmeier F., Schulze H., Spiller A. System Dynamics in Food Quality Certifications: Development of an Audit Integrity System [J]. *International Journal of Food System Dynamics*, 2010, 1 (1): 69 - 81.

此，有机认证在西方国家已成为减轻食品质量信息不对称、提升食品安全水平的政策工具之一，也是提升消费者食品质量安全信心的常见手段①。

20 世纪末期以来，对有机食品的消费者偏好研究引发国内外学者们的广泛兴趣②③④。Vittersø 和 Tangeland 以挪威消费者为例，对其有机食品购买行为展开研究，结果表明，与 2010 年相比，消费者信任对其购买意愿的影响在 2013 年变得更为显著⑤。Janssen 和 Hamm 以欧洲消费者为例的研究发现，消费者对有机认证的信任评价和支付意愿显著相关⑥。Akaichi 等运用拍卖实验验证了信息交流显著影响消费者信任，并进而影响其支付意愿⑦。Gracia 和 Magistris 基于离散选择模型的实证研究表明，意大利消费者有机食品购买行为的主要影响因素为自身对有机食品的认知与信任等⑧。Roitner-Schobesberger 以泰国曼谷消费者为例的研究结果表明，消费者的认知与信任对其有机蔬菜的购买意愿具有显著作用⑨。综上可知，在有机食品市场中，关于消费者偏好的研究，信任在购买决策或行为中的作用日益得到学者们的重视，且这些研究结果均认为消费者信任对其偏好或购买决策有显著影响。因此，有必要进一步探究消费者对有机食品的信任及其影响因素。

由于食品具有“信任品”特征，即食品的某些质量或安全属性，消费者在购买时乃至在食用后都无法判断，品牌、有机标签等质量信号由此成为消费者判断的重要依据⑩。针对这些质量信号的消费者信任及其影响因素展开系统研究，

---

① Janssen M., Hamm U. Product Labelling in the Market for Organic Food: Consumer Preferences and Willingness-to-pay for Different Organic Certification Logos [J]. *Food Quality and Preference*, 2012, 25 (1): 9-22.

② Yin S. J., Chen M., Xu Y. J., et al. Chinese Consumers' Willingness to Pay for Safety Label on Tomato: Evidence from Choice Experiments [J]. *China Agricultural Economic Review*, 2017 (1): 141-155.

③ 尹世久，王小楠，吕珊珊．品牌、认证与消费者信任倾向：以有机牛奶为例［J］．华中农业大学学报（社会科学版），2017（4）：45-54.

④ 尹世久，陈默，徐迎军．食品安全认证标识如何影响消费者偏好？以有机番茄为例［J］．华中农业大学学报（社会科学版），2015（2）：118-125.

⑤ Vittersø G., Tangeland T. The Role of Consumers in Transitions towards Sustainable Food Consumption: The case of organic food in Norway [J]. *Journal of Cleaner Production*, 2015, 92 (7): 91-99.

⑥ Janssen M., Hamm U. Product Labelling in the Market for Organic Food: Consumer Preferences and Willingness-to-pay for Different Organic Certification Logos [J]. *Food Quality and Preference*, 2012, 25 (1): 9-22.

⑦ Akaichi F., Nayga Jr, Rodolfo M., et al. Assessing Consumers' Willingness to Pay for Different Units of Organic Milk: Evidence from Multiunit Auctions [J]. *Canadian Journal of Agricultural Economics*, 2012 (60): 469-494.

⑧ Gracia A., Magistris T. D. The Demand for Organic Foods in the South of Italy: A Discrete Choice Model [J]. *Food Policy*, 2008, 33 (5): 386-396.

⑨ Roitener-Schobesberger B., Damhofer I., Somsook S., et al. Consumer Perceptions of Organic Foods in Bangkok, Thailand [J]. *Food Policy*, 2008, 33 (2): 1-12.

⑩ Ahmad W., Anders S. The Value of Brand and Convenience Attributes in Highly Processed Food Products [J]. *Canadian Journal of Agricultural Economics*, 2012, 60 (1): 113-133.

应成为消费者行为研究领域的重要内容。国外已有学者就消费者对食品品牌的信任问题进行了研究，例如，Lassoued 等以鸡肉为例的研究表明，消费者对食品品牌的信任，会提升消费信心，而风险厌恶等个体特征会影响消费者的信任倾向①；Lassoued 和 Hobbs 研究发现，消费者对食品品牌的信任与其对整个食品产业的信心有着密切关系②。目前关于有机标签的消费者信任的研究尚极为少见，最为接近的文献是尹世久等探究了消费者对有机食品的信任，并进而分析了其影响因素，得出相关结论，年龄、受教育年限、食品安全意识、政府食品监管效果评价、价格评价与购买便利性等变量对信任有显著影响③。但这一文献笼统地以有机食品为研究对象，难免造成消费者主观判断上的混乱，且该文献未能对中外不同的有机认证展开比较研究。

不同于以往文献，本章以牛奶为例，基于山东省 570 个消费者样本数据，引入品牌作为对比，分别研究消费者对中、欧认证的有机牛奶的信任倾向，并采用结构方程模型（Structural Equation Model，SEM）探究相应的影响因素，旨在为重振消费者乳品质量安全信任、促进有机食品行业发展提供政策参考。

二、理论分析与研究假设

经验研究表明，消费者信任受众多因素的复杂影响。基于现有文献的研究，本章将影响消费者信任的主要因素概括为以下五个方面：①以个体为基础的信任，是指个人愿意或者不愿意信任他人的倾向，这是由消费者的某些个体特征所决定的；②以认知为基础的信任，这种信任是基于个人印象、态度或者价值观等非经验形成的；③以知识为基础的信任，信任者可以预测对方的行为，其原因在于消费者掌握了关于交易对象的知识，从而降低了风险感知；④以制度为基础的信任，个体觉得可以获得某种保障，由于保证、安全及其他制度性结构的存在而形成消费者的信任；⑤以计算为基础的信任：评估对方是否值得信任，这种类型的信任将经济效益与交易经验分析现存的关系作为判断标准。

我国有机食品市场总体上尚处于初级阶段，消费者的购买经验相对缺乏，以

---

① Lassoued R.，Hobbs J. E.，Micheels E.，et al. Consumer Trust in Chicken Brands：A Structural Equation Model［J］. *Canadian Journal of Agricultural Economics*，2015，63（4）：621－647.

② Lassoued R.，Hobss J. E. Consumer Confidence in Credence Attributes：The Role of Brand Trust［J］. *Food Policy*，2015（52）：99－107.

③ 尹世久，徐迎军，陈默. 消费者对安全认证食品的信任评价及影响因素：基于有序 Logistic 模型的实证分析［J］. 公共管理学报，2013（3）：110－118.

计算为基础的信任难以建立，也难以保证经验数据的可得性[1][2]。鉴于此，本章重点关注以个体为基础的信任、以认知为基础的信任、以知识为基础的信任和以制度为基础的信任，进而基于文献研究，将影响消费者信任的因素归结为个体特征、食品安全意识、感知价值、有机食品知识、信息交流以及行业环境。其中，以个体为基础的信任是由个体特征形成的，以认知为基础的信任是由食品安全意识与感知价值形成的，以知识为基础的信任是由有机食品知识与信息交流形成的，以制度为基础的信任则是由行业环境形成的。

（一）个体特征与消费者信任

大量相关研究发现，年龄、学历等个体特征会对消费者信任评价产生影响[3][4]。卢菲菲等验证了年龄、收入等个体特征对消费者食品质量安全信任的影响[5]；尹世久等研究发现年龄与学历等显著影响消费者对安全认证食品的信任评价[6]。因此，本书调研受访者的性别、年龄、学历和家庭年收入四个基本个体特征，并提出假设如下。

H1：个体特征显著正向影响消费者信任。

（二）食品安全意识与消费者信任

相关研究证实，食品安全意识与消费者食品质量安全信心显著正相关[7][8]。如果消费者有着更强的食品安全意识，可能对常规食品的安全性更为怀疑，从而

---

① 韩丹，慕静，宋磊．生鲜农产品消费者网络购买意愿的影响因素研究——基于UTAUT模型的实证分析［J］．东岳论丛，2018（4）：91－101.

② Van H. G., Aertsens J., Verbeke W., et al. Personal Determinants of Organic Food Consumption: A Review［J］. *British Food Journal*, 2009, 111（10）: 1140－1167.

③ 尹世久，王小楠，吕珊珊．品牌、认证与消费者信任倾向：以有机牛奶为例［J］．华中农业大学学报（社会科学版），2017（4）：45－54.

④ Jonge J. D., Trijp H. V., Renes R. J., et al. Understanding Consumer Confidence in the Safety of Food: Its Two-Dimensional Structure and Determinants［J］. *Risk Analysis*, 2007, 27（3）: 729－740.

⑤ 卢菲菲，何坪华，闵锐．消费者对食品质量安全信任影响因素分析［J］．西北农林科技大学学报（社会科学版），2010，10（1）：72－77.

⑥ 尹世久，徐迎军，陈默．消费者对安全认证食品的信任评价及影响因素：基于有序Logistic模型的实证分析［J］．公共管理学报，2013（3）：110－118.

⑦ 巩顺龙．基于结构方程模型的中国消费者食品安全信心研究［J］．消费经济，2012（2）：53－57.

⑧ Chen M., Yin S. J., Wang Z. W. Consumers' Willingness to Pay for Tomatoes Carrying Different Organic Certification Labels: Evidence from Auction Experiments［J］. *British Food Journal*, 2015, 117（11）: 2814－2830.

更倾向于信任有机食品[①②]。尹世久等研究表明，食品安全意识对消费者有机食品的信任评价存在正向影响[③]。因此，本书借鉴上述学者的研究，采用7级李克特量表调研受访者对食品质量安全担忧程度、对食品安全事件关心程度和消费不安全食品的危害三个问项，以测量消费者食品安全意识，并提出假设如下。

H2：食品安全意识显著正向影响消费者信任。

（三）感知价值与消费者信任

Dunn和Schweitzer研究发现，消费者信任受口味、外观等感知价值的影响显著[④]。De Jonge等认为，消费者的感知价值影响其对有机食品的信任[⑤]。因此，作为一种主观心理状态表述的消费者信任评价，很容易受到感知价值的影响。本书借鉴有关学者的研究[⑥⑦]，采用7级李克特量表调研有机牛奶是否美味、食用有机牛奶是否明智以及食用有机牛奶的感觉三个问项，以测量消费者的感知价值，并提出假设如下。

H3：感知价值显著正向影响消费者信任。

（四）有机食品知识与消费者信任

信任以认知为基础并随知识的积累而增强[⑧⑨]。王二朋等认为，认证知识是影响消费者对认证蔬菜信任的重要因素[⑩]。尹世久等验证了产品知识对信任的积

---

① Yin S. J., Chen M., Chen Y. S., et al. Consumer Trust in Organic Milk of Different Brands: The Role of Chinese Organic Label [J]. *British Food Journal*, 2016 (7): 1769 – 1782.

② Katrin Z., Ulrichl H. Consumer Preferences for Additional Ethical Attributes of Organic Food [J]. *Food Quality and Preference*, 2010, 21 (5): 495 – 503.

③ 尹世久，徐迎军，陈默. 消费者对安全认证食品的信任评价及影响因素：基于有序Logistic模型的实证分析［J］. 公共管理学报，2013（3）：110 – 118.

④ Dunn J. R., Schweitzer M. E. Feeling and Believing: The Influence of Emotion on Trust [J]. *Journal of Personality and Social Psychology*, 2005, 88 (5): 736 – 748.

⑤ Jonge J. D., Trijp H. V., Renes R. J., et al. Understanding Consumer Confidence in the Safety of Food: Its Two-Dimensional Structure and Determinants [J]. *Risk Analysis*, 2007, 27 (3): 729 – 740.

⑥ Chen M., Yin S. J., Wang Z. W. Consumers' Willingness to Pay for Tomatoes Carrying Different Organic Certification Labels: Evidence from Auction Experiments [J]. *British Food Journal*, 2015, 117 (11): 2814 – 2830.

⑦ Yin S. J., Chen M., Chen Y. S., et al. Consumer Trust in Organic Milk of Different Brands: The Role of Chinese Organic Label [J]. *British Food Journal*, 2016 (7): 1769 – 1782.

⑧ Siegrist M, Earle T C, Gutscher H. Test of a trust and confidence model in the applied context of electromagnetic field (EMF) risks. *Risk Analysis*, 2003, 23 (4): 705 – 716.

⑨ Gao Y., Li P., Wu L. H., et al. Support Policy Preferences of For-profit Pest control Firms in China [J]. *Journal of Cleaner Production*, 2018, 181: 809 – 818.

⑩ 王二朋，周应恒. 城市消费者对认证蔬菜的信任及其影响因素分析［J］. 农业技术经济，2011（10）：69 – 77.

极影响[①]。因此，本书借鉴上述学者的研究，直接向受访者调研见过的有机标识数量、能正确识别的有机标识数量两个问项，以测量消费者的有机食品知识，并提出假设如下。

H4：有机食品知识显著正向影响消费者信任。

（五）信息交流与消费者信任

信息交流能够促进消费者信任的形成[②]。周应恒等研究发现，消费者对食品安全的总体评价与其对相关食品信息的掌握程度有关[③]。当消费者产品信息交流水平较高时，会更加客观、真实地评价产品。因此，本书借鉴上述学者的研究，采用7级李克特量表调研对有机信息的关心程度、获取有机信息的努力程度和收集有机信息的主动性三个问项，以测量消费者的有机食品知识，并提出假设如下。

H5：信息交流显著正向影响消费者信任。

（六）行业环境与消费者信任

行业环境越规范、可信度越高，越有利于消费者信任的建立[④⑤]。行业环境的规范会促使消费者信任的形成[⑥⑦]。因此，本书借鉴上述学者的研究，采用7级李克特量表调研政府食品安全监管效果和有机生产标准严格程度两个问项，以测量行业环境，并提出假设如下。

H6：行业环境显著正向影响消费者信任。

基于以上研究假设，本书建立涵盖消费者个体特征、食品安全意识、感知价值、有机知识、信息交流与行业环境六个方面的消费者信任形成前因的理论假设模型（见图5-1），据以探究消费者信任及其前因之间的相互影响关系，并引入实证模型进行检验。

---

① 尹世久，徐迎军，陈默．消费者对安全认证食品的信任评价及影响因素：基于有序Logistic模型的实证分析［J］．公共管理学报，2013（3）：110-118.

② De Krom M. P.，Mol A. P. Food Risks and Consumer Trust：Avian Influenza and the Knowing and Non-knowing on UK Shopping Floors［J］. *Appetite*，2010，55（3）：671-678.

③ 周应恒，霍丽，彭晓佳．食品安全：消费者态度、购买意愿及信息的影响——对南京超市消费者的调查分析［J］．中国农村经济，2004（11）：53-59，80.

④ Yin S. J.，Chen M.，Chen Y. S.，et al. Consumer Trust in Organic Milk of Different Brands：The Role of Chinese Organic Label［J］. *British Food Journal*，2016（7）：1769-1782.

⑤ Moellering G.，Bachmann R.，Lee S. H. Introduction：Understanding Organizational Trust-foundations，Constellations，and Issues of Operationalisation［J］. *Journal of Managerial Psychology*，2004，19（6）：556-570.

⑥ 尹世久，徐迎军，徐玲玲，李清光．食品安全认证如何影响消费者偏好：基于山东省821个样本的选择实验［J］．中国农村经济，2015（11）.

⑦ Chen M.，Yin S. J.，Wang Z. W. Consumers' Willingness to Pay for Tomatoes Carrying Different Organic Certification Labels：Evidence from Auction Experiments［J］. *British Food Journal*，2015，117（11）：2814-2830.

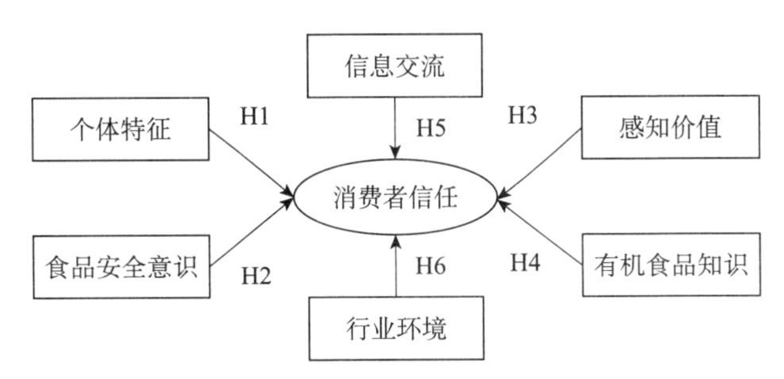

图 5－1　消费者信任理论假设模型

三、调查基本情况

（一）数据来源

本书采用数据来自对山东省东部（青岛和日照）、中部（济南和淄博）、西部（菏泽和枣庄）6 个城市 570 个消费者的问卷调查。山东省位于东部沿海地区，属于经济相对发达的地区，且东部、中部、西部经济发展存在显著差异，可近似视为我国经济发展不均衡状态的缩影。

调查分为两个阶段。首先，基于街头拦截的便利抽样法，在山东省日照市的部分超市或附近商业区进行了预备性调研，共回收有效问卷 102 份。其次，对问卷展开信度和效度分析，完成调查问卷的调整与完善。在预调研基础上，在山东省上述 6 个城市的部分超市或附近的商业区，仍采取街头拦截的便利抽样法展开正式调研，本次调研在每个城市发放问卷约 100 份，6 个城市共计 601 份，回收有效问卷 570 份，有效回收率为 95%。受访者的基本统计特征如表 5－1 所示。

表 5－1　样本个体特征描述

分类指标		样本数	比率（%）	分类指标		样本数	比率（%）
性别	男	255	44.7	年龄	18～29 岁	249	43.7
	女	315	55.3		30～59 岁	315	55.3
学历	初中及以下	37	6.5		60 岁及以上	6	1.0
	高中或中专	96	16.8	年收入	3 万元以下	42	7.3
	大专	136	23.9		3 万～5 万元	164	28.8
	本科	273	47.9		5 万～10 万元	262	46.0
	研究生及以上	28	4.9		10 万～20 万元	83	14.6
—	—	—	—		20 万元以上	19	3.3

（二）消费者信任评价的描述性统计

消费者对上述四种牛奶信任评价的调查统计结果如表5－2所示，消费者对有机牛奶的信任均值（*TRUST*）为4.75，消费者对上述四种有机牛奶的信任评价存在一定差异，信任均值的排序为：*EET*＞*ECT*＞*CET*＞*CCT*。进一步采用相依样本的*T*检验法对消费者信任均值的分析显示，四种信任均值间存在显著差异（*p*值均低于0.01）。

为比较消费者对中、欧品牌或有机认证的信任倾向，将消费者信任评价归结为四种类型：①消费者对中国品牌的信任（*CBT*），其取值为*CCT*与*CET*的均值；②消费者对欧盟品牌的信任（*EBT*），其取值为*ECT*与*EET*的均值；③消费者对中国有机认证的信任（*COT*），其取值为*CCT*与*ECT*的均值；④消费者对欧盟有机认证的信任（*EOT*），其取值为*CET*与*EET*的均值。对均值间差异进行相依样本的*T*检验结果显示，消费者对中、欧两个品牌的信任均值（*CBT*与*EBT*）间存在显著差异（$t=42.1542$，$p=0.0012$），对中、欧两种有机认证的信任均值（*COT*与*EOT*）间也存在显著差异（$t=31.4571$，$p=0.0071$）。

表5－2数据显示，消费者对欧盟品牌的信任均值（*EBT*）与对欧盟认证的信任均值（*EOT*）分别为4.89和4.87，要高于对中国品牌的信任均值（*CBT*）与对中国认证的信任均值（*COT*），后两者分别为4.61和4.63，说明品牌和有机认证皆存在显著的来源国效应；同样，与众多来源国效应研究结果表明的“来自发达国家的产品总是比不发达国家的产品更加受消费者欢迎”的结论相一致①。此外，我国频发的乳制品食品安全危机，使公众严重丧失对国内乳品的消费信心，进一步加剧了消费者的“崇洋媚外”心理。

表5－2　消费者对有机牛奶信任评价与倾向的调查结果

项目	*TRUST*	*CCT*	*CET*	*ECT*	*EET*	*CBT*	*EBT*	*COT*	*EOT*
均值	4.75	4.45	4.76	4.81	4.97	4.61	4.89	4.63	4.87
标准差	1.51	1.55	1.54	1.50	1.63	1.55	1.57	1.54	1.59
均值标准误	0.31	0.29	0.32	0.42	0.47	0.31	0.45	0.37	0.44

① 才源源，何佳讯．高兴与平和：积极情绪对来源国效应影响的实验研究［J］．营销科学学报，2012（8）．

四、模型选择与变量设置

（一）模型选择

消费者信任是受个体主观判断影响的潜变量，结构方程模型是适宜的分析工具，结构方程模型包括反映潜变量和可测变量间关系的测量模型以及反映潜变量间关系的结构模型。结构方程模型一般由以下三个矩阵方程式所代表：

$$\eta = \beta\eta + \Gamma\xi + \zeta \qquad (5-1)$$

$$X = \Lambda_x\xi + \delta \qquad (5-2)$$

$$Y = \Lambda_y\eta + \varepsilon \qquad (5-3)$$

式（5－1）为结构模型。其中，η 为内生潜变量，表示消费者对有机牛奶的信任；ξ 为外源潜变量，主要包括个体特征、食品安全意识、感知价值、有机食品知识、信息水平和行业环境；β 为内生潜变量间的关系；Γ 为外源潜变量对内生潜变量的影响；ζ 为结构方程的残差项，反映了在方程中未能被解释的部分。式（5－2）和式（5－3）为测量模型，X 为外源潜变量的可测变量，Y 为内生潜变量的可测变量，Λ_x 为外源潜变量与其可测变量的关联系数矩阵，Λ_y 为内生潜变量与其可测变量的关联系数矩阵，δ 为外源指标 X 的误差项，ε 为内生指标 Y 的误差项。

（二）变量设置

本书将消费者信任设置为因变量，并借鉴 Lassoued 等的方法[①]，采用 7 级李克特量表（Likert Scale）对信任进行测量。在调研中实际分别采用了来自中国和欧洲的两个现实品牌作为中外知名品牌的代表（为避免广告和侵权嫌疑，本书未指明具体的品牌名称）。相应地，将中国有机认证和欧盟有机认证作为研究对象。用 TRUST 表示消费者对有机牛奶的信任，而分别以 CCT、CET、ECT、EET 表示消费者对经中国认证的中国品牌有机牛奶、经欧盟认证的中国品牌有机牛奶、经中国认证的欧盟品牌有机牛奶、经欧盟认证的欧盟品牌有机牛奶的信任。

基于图 5－1 假设模型，本书共设置 21 个变量，力求涵盖相关变量的全面信息（见表 5－3）。采用量表研究消费者态度的文献，运用 5 级量表相对比较普

---

① Lassoued R. , Hobbs J. E. , Micheels E. , et al. Consumer Trust in Chicken Brands: A Structural Equation Model [J] . Canadian Journal of Agricultural Economics, 2015, 63 (4): 621－647.

遍，但长量表（如7级量表）得到更多学者的青睐①②。在结构方程模型分析中，如果要使用李克特量表，最好使用6级或7级量表，以减少数据过度偏态的现象。因此，本书凡涉及消费者态度的变量，皆借鉴Ortega等学者的做法③④，采用7级李克特量表进行测度，而对消费者有机食品知识变量的测度，则采用询问被调查者了解或识别的有机标识数量进行客观判断。变量的具体描述如表5－3所示。

表5－3　变量设置与描述

潜变量		观测变量	取值	均值	标准差
消费者信任（*TRUST*）		对经中国认证的中国品牌有机牛奶的信任（*CCT*）	1＝完全不信任；7＝非常信任	4.45	1.55
		对经欧盟认证的中国品牌有机牛奶的信任（*CET*）	1＝完全不信任；7＝非常信任	4.76	1.54
		对经中国认证的欧盟品牌有机牛奶的信任（*ECT*）	1＝完全不信任；7＝非常信任	4.81	1.50
		对经欧盟认证的欧盟品牌有机牛奶的信任（*EET*）	1＝完全不信任；7＝非常信任	4.97	1.63
个体为基础的信任	个体特征（*SELF*）	性别（*GEND*）	男＝1；女＝2	1.55	0.50
		年龄（*AGE*）	18～29岁＝1；30～59岁＝2；60岁及以上＝3	1.57	0.52
		学历（*EDU*）	初中及以下＝1；高中或中专＝2；大专＝3；本科＝4；研究生＝5	3.28	1.01
		家庭年收入（*INCM*）	3万元以下＝1；3万～5万元＝2；5万～10万元＝3；10万～20万元＝4；20万元以上＝5	2.78	0.90

① 张连刚．基于多群组结构方程模型视角的绿色购买行为影响因素分析［J］．中国农村经济，2010（2）．

② 尹世久，徐迎军，徐玲玲，李清光．食品安全认证如何影响消费者偏好：基于山东省821个样本的选择实验［J］．中国农村经济，2015（11）．

③ Ortega D. L.，Wang H. H.，Wu L.，et al. Modeling Heterogeneity in Consumer Preferences for Select Food Safety Attributes in China［J］. *Food Policy*, 2011, 36（2）: 318－324.

④ Yin S. J.，Lv S. S.，Xu Y. Y.，et al. Consumer Preference for Infant Formula with Select Food Safety Information Attributes: Evidence from a Choice Experiment in China［J］. *Canadian Journal of Agricultural Economics*, 2018, 66（4）: 557－569.

续表

潜变量		观测变量	取值	均值	标准差
认知为基础的信任	食品安全意识（AWARE）	食品质量安全担忧程度（WORR）	1＝完全不担忧；7＝非常担忧	5.82	1.47
		食品安全事件关心程度（CARE）	1＝完全不关心；7＝非常关心	5.54	1.45
		消费不安全食品的危害（HARM）	1＝非常小；7＝非常大	5.44	1.47
	感知价值（FEEL）	有机牛奶是否美味（TAS）	1＝很不美味；7＝非常美味	5.07	1.68
		食用有机牛奶是否明智（WIS）	1＝很不明智；7＝非常明智	5.06	1.36
		食用有机牛奶的感觉（FEEL）	1＝很不好；7＝非常好	4.82	1.28
知识为基础的信任	有机食品知识（KNOW）	见过的有机标识数量（SEE）	1＝0个；2＝1个；3＝2个；4＝3个；5＝4个及以上	2.27	0.76
		能正确识别的有机标识数量（KNOW）	1＝0个；2＝1个；3＝2个；4＝3个；5＝4个及以上	1.88	0.77
	信息水平（INFORM）	对有机信息的关心程度（CAR）	1＝完全不关心；7＝非常关心	4.23	1.60
		获取有机信息的努力程度（HAR）	1＝完全不努力；7＝非常努力	3.72	1.75
		收集有机信息的主动性（INI）	1＝完全不主动；7＝非常主动	3.99	1.77
制度为基础的信任	行业环境（ENVIR）	政府食品安全监管效果（SUP）	1＝效果很差；7＝非常有效	3.85	1.35
		有机生产标准严格程度（STA）	1＝完全不严格；7＝非常严格	4.72	1.64

五、模型实证分析结果与讨论

本书运用结构方程模型探究消费者信任的形成前因，结构方程模型由测量模型和结构模型构成，潜变量和可测变量间的关系通过测量模型反映，而潜变量间的结构关系通过结构模型反映。

（一）探索性因子分析

运用SPSS20.0软件，对样本数据进行因子分析的适当性检验。由分析结果可知，KMO值为0.701，Bartlett检验的近似卡方值为2882.288，显著性水平小于0.01，拒绝零假设，由此可知原始变量间存在共同因素，适合运用因子分析法。由旋转后因子矩阵如表 5 -4 所示。

抽取出的 6 个因子共解释 74.271% 的方差，各指标在对应因子的负载（以黑体显示，均大于0.6）远大于在其他因子的交叉负载（均小于0.4），表明各指标均能有效地反映其对应因子，最终得到如表 5 -4 所示的 17 个变量。

表 5 -4　因子旋转后载荷矩阵数值

成分	因子 1	因子 2	因子 3	因子 4	因子 5	因子 6
GEND	0.096	0.102	-0.070	-0.085	-0.085	0.000
AGE	0.096	0.396	-0.142	-0.196	-0.377	-0.072
EDU	-0.125	0.002	0.035	0.046	**0.884**	-0.047
INCM	0.047	0.073	-0.088	-0.010	**0.779**	-0.039
WORR	-0.019	**0.802**	0.191	0.146	0.001	-0.043
CARE	0.195	**0.769**	0.050	-0.014	-0.062	-0.026
HARM	0.082	**0.739**	0.192	0.013	0.091	0.095
TAS	0.042	0.192	**0.690**	0.028	0.043	0.070
WIS	0.069	0.067	**0.803**	0.060	0.021	0.022
FEEL	0.281	0.137	**0.770**	0.028	-0.065	0.082
SEE	-0.009	0.023	0.083	**0.920**	-0.009	0.037
KNOW	-0.014	0.089	0.032	**0.915**	0.091	0.044
CAR	**0.785**	0.197	0.173	-0.091	-0.073	-0.036
HAR	**0.860**	0.021	0.073	-0.034	-0.048	0.077
INI	**0.821**	0.070	0.100	0.089	0.004	0.078
SUP	0.069	-0.072	0.042	0.009	-0.094	**0.899**
STA	0.047	0.088	0.115	0.069	0.031	**0.893**

（二）信度与效度检验

表 5 -5 归纳出了 6 个公因子信度检验的结果，个体特征（*SELF*）、食品安全意识（AWARE）、感知价值（*FEEL*）、有机食品知识（*KNOW*）、信息交流（*INFORM*）、行业环境（*ENVIR*）的克伦巴赫系数 α 分别为 0.715、0.734、0.682、0.892、0.801、0.786，表明变量之间的内部一致性较好。

表 5 -5　模型所涉指标的信度和结构效度检验

项目	指标数目	克伦巴赫系数 α	公因子数	方差贡献率（%）
SELF	2	0.715	1	68.160
AWARE	3	0.734	1	65.401

续表

项目	指标数目	克伦巴赫系数 α	公因子数	方差贡献率（%）
FEEL	3	0.682	1	62.433
KNOW	2	0.892	1	90.254
INFORM	3	0.801	1	71.598
ENVIR	2	0.786	1	83.003
总计	15	0.723	—	—

（三）研究假设检验与讨论

1. 模型拟合与适配度检验

消费者信任模型和问卷数据拟合的各项评价指标达到理想状态，模型整体拟合性较好，因果模型与实际调查数据的契合度非常理想，表明路径分析假设模型有效（见表5－6）。

表5－6 结构方程模型整体拟合度评价标准及拟合评价结果

指数名称		评价标准	拟合值					拟合评价
			TRUST	*CBT*	*EBT*	*COT*	*EOT*	
χ^2/df		<3.00	2.66	1.74	1.83	1.67	1.84	理想
绝对拟合指标	GFI	>0.90	0.94	0.93	0.94	0.94	0.94	理想
	RMSEA	<0.06	0.048	0.048	0.051	0.045	0.051	理想
	AGFI	>0.90	0.91	0.90	0.91	0.90	0.90	理想
相对拟合指标	NFI	>0.90	0.92	0.91	0.91	0.91	0.91	理想
	IFI	>0.90	0.96	0.92	0.96	0.96	0.96	理想
	NNFI	>0.90	0.91	0.92	0.94	0.93	0.93	理想
	CFI	>0.90	0.96	0.92	0.96	0.95	0.96	理想

2. 假设检验与讨论

本书运用LISREL8.70软件首先对上述所有有机牛奶信任评价的总体均值（*TRUST*）进行实证分析，再分别对中欧两种品牌牛奶的信任（*CBT*、*EBT*）和中欧两种有机认证的信任（*COT*、*EOT*）进行分析，得到消费者信任模型的实证检验结果（见表5－7），以及模型的路径系数图（见图5－2）①。

① 限于篇幅，对中欧两种品牌牛奶的信任（*CBT*、*EBT*）和中欧两种有机认证的信任（*COT*、*EOT*）的具体路径系数图从略。

表5－7 模型估计结果

变量名称	路径系数及T值	H1	H2	H3	H4	H5	H6
TRUST	路径系数	0.30 ***	－0.20 **	0.22 **	0.27 ***	－0.21 **	0.15 *
	T值	4.83	－2.90	2.80	4.50	－2.94	2.40
CBT	路径系数	0.24 **	－0.16 **	0.11	0.23 **	－0.13 *	0.21 **
	T值	3.12	－2.71	1.68	2.85	－1.98	2.91
EBT	路径系数	0.30 ***	0.15 *	0.17 *	0.28 ***	0.20 **	0.15 *
	T值	4.41	2.12	2.06	4.44	2.68	2.50
COT	路径系数	0.25 **	－0.20 **	0.11	0.24 **	－0.13 *	0.20 **
	T值	3.20	－2.87	1.42	2.90	－1.96	2.83
EOT	路径系数	0.32 ***	0.16 *	0.19 *	0.30 ***	0.17 *	0.13 *
	T值	4.75	2.31	2.37	4.55	2.43	2.05

注：*、**、***分别表示在10%、5%和1%水平上显著。

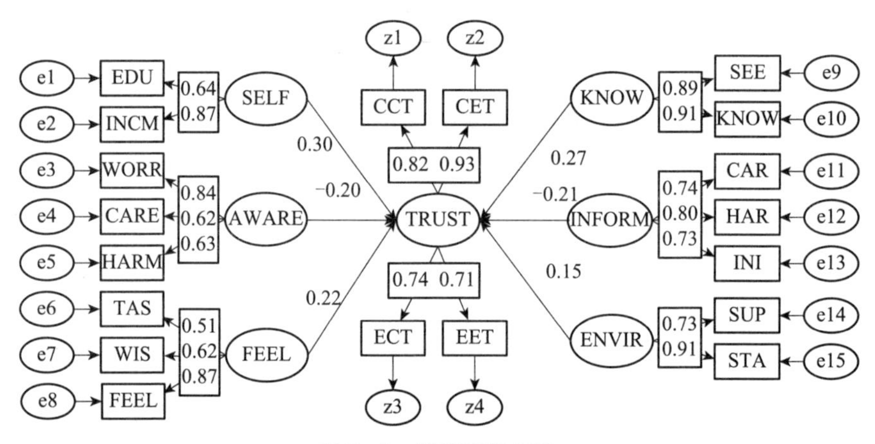

图5－2 模型路径系数

由表5－7与图5－2的数据可得假设检验结果与讨论如下：

（1）在消费者信任（*TRUST*）的影响因素中，个体特征（*SELF*）的标准化系数最大（0.30）且在1%水平上显著为正值，表明对*TRUST*产生显著正向影响，假设1成立。图5－2表明，*EDU*对*TRUST*具有显著正的影响，其原因可能主要在于，如果消费者的学历越高，则该消费者就越愿意尝试体验新事物，接受新事物的态度和意识也越强，由此更倾向于信任有机食品；同样，*INCM*对*TRUST*的影响显著且为正，这可能是由于高收入者拥有较强的支付能力，且对食品安全要求更高，更愿意相信"高价质优"。这与国内学者卢菲菲[①]、尹世久[②]及国外学者 De Jonge 等的研究结论相似[③④]。

进一步对 *CBT*、*EBT*、*COT*、*EOT* 的数据分析表明，*SELF*（*EDU* 和 *INCM*）对 *EBT* 或 *EOT* 的影响显著程度超过对 *CBT* 或 *COT* 影响的显著程度，说明受教育程度和收入水平更高的消费者，更加偏爱欧盟品牌或欧盟认证的食品，加之国内屡有发生的食品安全丑闻，更是沉重打击了消费者对国内品牌或国内认证的信心，高学历者或者高收入者对这类信息可能更为关注，可能也在一定程度上提高了 *SELF* 对 *EBT* 或 *EOT* 的影响程度。

（2）食品安全意识（*AWARE*）与消费者信任（*TRUST*）之间的标准化路径系数为 -0.20，且在5%水平上显著。这与前文提出的食品安全意识对消费者信任产生正向影响的假设 2 恰好相反，也与巩顺龙[⑤]和 Katrin[⑥] 等关于食品安全意识对信任正向作用的研究结论相悖。一般而言，消费者具有一定食品安全意识，会更倾向于信任有机食品，但当食品安全意识超出一定程度时，消费者便可能会质疑有机食品的安全性和真实性，因而对信任反而产生负向影响[⑦]。

食品安全意识（*AWARE*）与 *CBT* 或 *COT* 之间的路径系数显著为负值，而与 *EBT* 或 *EOT* 之间的路径系数显著为正。影响方向相反的原因可能在于，那些食品安全意识更高的消费者，更易关注或知晓国内品牌或国内认证牛奶（食品）的负面信息，因而会降低对国内品牌和国内认证的信任（*CBT* 和 *COT*），进而基于替代效应作用，更容易对国外洋品牌或认证产生"崇洋媚外"心理（更高的 *EBT* 和 *EOT*）。

（3）对 *TRUST* 数据的分析结果表明，消费者感知价值（*FEEL*）的标准化系数为 0.22，且 *FEEL* 对 *TRUST* 在 5% 的水平上产生显著正向影响，假设 3 得到证实。由此可知，消费者对有机牛奶的感知价值评价越高，对有机牛奶就会越认

---

① 卢菲菲，何坪华，闵锐．消费者对食品质量安全信任影响因素分析［J］．西北农林科技大学学报（社会科学版），2010，10（1）：72－77.

② 尹世久，徐迎军，陈默．消费者对安全认证食品的信任评价及影响因素：基于有序 Logistic 模型的实证分析［J］．公共管理学报，2013（3）：110－118.

③ Jonge J. D.，Trijp H. V.，Renes R. J.，et al. Understanding Consumer Confidence in the Safety of Food：Its Two-Dimensional Structure and Determinants［J］. *Risk Analysis*，2007，27（3）：729－740.

④ 尹世久，高杨，吴林海．构建中国特色食品安全社会共治体系［M］．北京：人民出版社，2017.

⑤ 巩顺龙．基于结构方程模型的中国消费者食品安全信心研究［J］．消费经济，2012（2）：53－57.

⑥ Katrin Z.，Ulrichl H. Consumer Preferences for Additional Ethical Attributes of Organic Food［J］. *Food Quality and Preference*，2010，21（5）：495－503.

⑦ 尹世久，徐迎军，陈默．消费者对安全认证食品的信任评价及影响因素：基于有序 Logistic 模型的实证分析［J］．公共管理学报，2013（3）：110－118.

可，从而对其信任评价也会相应提高。这与 De Jonge 等[①]关于感知价值与信任关系的研究结论相吻合。

进一步的分析表明，*FEEL* 对 *EBT* 或 *EOT* 的影响显著，而对 *CBT* 或 *COT* 并没有产生显著影响，影响显著性不同的原因可能在于，消费者对欧盟品牌或认证的有机牛奶接触体验较少，卷入程度与认知水平相对较低，更多依赖于味道等感知价值进行评价；而消费者对国内品牌或国内认证牛奶的接触了解相对较多，可通过其他途径对有机牛奶进行信任评价，降低了 *FEEL* 的影响。

（4）消费者有机食品知识（*KNOW*）对 *TRUST* 在 1% 的水平上具有显著正向作用，标准化路径系数为 0.27，假设 4 得到证实。现阶段我国消费者有机食品知识水平有限、有机食品认知率较低，对有机牛奶知识水平的提高，可降低信息不对称，增加消费者信任（*TRUST*）。这与国内学者王二朋[②]及国外学者 Siegrist 等[③]关于消费者产品知识水平有助于提升信任的研究结论相似。

进一步对不同品牌信任（*CBT*、*EBT*）或不同认证信任（*COT*、*EOT*）的对比分析表明，*KNOW* 对 *EBT* 或 *EOT* 影响的显著程度超过对 *CBT* 或 *COT* 影响的显著程度，可能随着消费者有机食品知识水平的提升，其会更主动获取欧盟品牌或认证等产品相关知识，这也与现阶段我国消费者有机知识尤其是国外有机认证知识相对匮乏有关。

（5）信息交流（*INFORM*）对 *TRUST* 在 5% 的水平上具有负向作用，标准化路径系数为 -0.21，与假设 5 不一致，也与周应恒和 De Krom 等学者关于信息交流会增强消费者信任的研究结论不一致[④⑤]。一般而言，信息交流的增加，会使消费者对有机食品的知识水平得到提升[⑥]，消费者与供应商之间的信息不对称也会相应降低，从而提升消费者信任，但由于我国有机食品市场虚假认证与投机行

---

① Jonge J. D., Trijp H. V., Renes R. J., et al. Understanding Consumer Confidence in the Safety of Food: Its Two-Dimensional Structure and Determinants [J]. *Risk Analysis*, 2007, 27 (3): 729-740.

② 王二朋，周应恒. 城市消费者对认证蔬菜的信任及其影响因素分析 [J]. 农业技术经济，2011 (10): 69-77.

③ Siegrist M., Earle T. C., Gutscher H. Test of a Trust and Confidence Model in the Applied Context of Electromagnetic Field (EMF) Risks [J]. *Risk Analysis*, 2003, 23 (4): 705-716.

④ 周应恒，霍丽，彭晓佳. 食品安全：消费者态度、购买意愿及信息的影响——对南京超市消费者的调查分析 [J]. 中国农村经济，2004 (11): 53-59, 80.

⑤ Krom M. P., Mol A. P. Food Risks and Consumer Trust: Avian Influenza and the Knowing and Non-knowing on UK Shopping Floors [J]. *Appetite* (*APPET*), 2010, 55 (3): 671-678.

⑥ Gao Y., Zhang X., Wu L., et al. Resource Basis, Ecosystem and Growth of Grain Family Farm in China: Based on Rough Set Theory and Hierarchical Linear Model [J]. *Agricultural Systems*, 2017, 154: 157-167.

为大量存在的客观现状[①]，消费者借助信息交流，可能会了解到更多关于有机食品的负面信息，从而对有机食品产生怀疑和顾虑，反而降低信任程度。

进一步分析可知，*INFORM* 与 *CBT* 或 *COT* 之间的路径系数显著为负值，而与 *EBT* 或 *EOT* 之间的路径系数显著为正值。影响方向相反的原因可能在于，我国消费者对欧盟品牌或欧盟认证的有机牛奶普遍接触、认知较少，获取的信息有限且接触到的信息多为正面信息，因而信息交流能提升信任；而对国内品牌或国内认证的有机牛奶普遍接触、认知较多，且接触到的负面信息较多，因而信息交流对信任产生了负向影响。

（6）行业环境（*ENVIR*）与 *TRUST* 在 10% 的水平上显著正相关，标准化路径系数为0.15，表明政府对有机食品行业监管越规范、有机生产标准越严格，消费者对有机食品认可程度就会越高，从而就会对其产生较高的信任评价，假设 6 得到验证，这与国内学者吕婧等[②]及国外学者 Moellering[③] 等关于行业环境与信任关系的研究结论吻合。

进一步的分类分析表明，*ENVIR* 对 *CBT* 或 *COT* 及 *EBT* 或 *EOT* 均为正向影响，但对中国品牌或认证的影响程度高于欧盟品牌或认证。影响显著性不同的原因可能在于，国内消费者对欧盟品牌或认证牛奶的行业环境了解有限，对欧盟行业环境的感知较弱；而消费者直接面对国内品牌或认证的行业环境，对行业环境的变化更为敏感，从而更易做出回应。

六、本章小结

本章基于山东省 6 个城市的 570 个消费者样本数据，研究了消费者对中欧品牌或经中欧认证的有机牛奶的信任倾向，进而采用结构方程模型，探究了消费者信任的前因，得出的主要结论如下：①消费者对有机牛奶总体较为信任，且对欧盟品牌或欧盟认证的信任高于国内品牌或国内认证。通过品牌联合与认证合作等多种方式，有助于提升我国消费者对国内品牌与认证的信任。②消费者受教育程度和收入对其信任影响显著。我国经济的不断增长，促进了公众收入和受教育程

---

① 尹世久．信息不对称、认证有效性与消费者偏好：以有机食品为例［M］．北京：中国社会科学出版社，2013.

② 吕婧，吕巍．消费品行业消费者信任影响因素实证研究［J］．统计与决策，2012（2）：103－105.

③ Moellering G.，Bachmann R.，Lee S. H. Introduction：Understanding Organizational Trust? -Foundations，Constellations，and Issues of Operationalisation［J］. *Journal of Managerial Psychology*，2004，19（6）：556－570.

度的提高，有望给我国有机牛奶市场带来有利影响。感知价值、有机知识及行业环境均为影响消费者信任的重要因素，政府与厂商应注意通过多种方式加大有机食品宣传，提高消费者有机知识。③行业环境对消费者信任影响显著，而食品安全意识和信息交流对消费者信任产生复杂影响，应注意正确引导公众食品安全意识，采取合理方式促进信息交流，尤其是通过规范行业环境，提升消费者信任，从而促进有机食品市场持续发展。

第六章　食品安全信息属性消费者偏好的选择实验研究

消费者偏好是判断食品安全认证标签能否有效缓解信息不对称的重要依据。从本章至第十一章，本书安排六章内容从不同的角度研究消费者对食品安全认证相关属性的偏好。本章以番茄为例，设置食品安全认证标签、可追溯标签、品牌与价格属性进行选择实验，并借助随机参数 Logit 模型研究消费者对相关信息标签属性的偏好及标签之间的交叉效应。

一、文献简要回顾

食品安全是一个全球性难题，发展中国家更是饱受困扰[①]。处于社会转型时期的我国，食品安全风险尤为严峻[②③]。从经济学角度来讲，食品安全风险根源于信息不对称引发的市场失灵，供应商往往利用其与消费者之间的信息不对称而做出欺骗等机会行为[④⑤]。经验研究表明，食品质量信息标签如能取得消费者信任，可以有效减缓信息不对称[⑥]。在食品包装上加贴质量信息标签成为厂商向消

① 柯文. 食品安全是世界性难题［J］. 求是，2013（11）：56－57.

② Yin S. J., Hu W. Y., Chen Y. S., et al. Chinese Consumer Preferences for Fresh Produce: Interaction between Food Safety Labels and Brands［J］. *Agribusiness: an International Journal*, 2019（1）：53－68.

③ 尹世久，李锐，吴林海，等. 中国食品安全发展报告［M］. 北京：北京大学出版社，2018.

④ Yin S. J., Lv S. S., Xu Y. Y., et al. Consumer Preference for Infant Formula with Select Food Safety Information Attributes: Evidence from a Choice Experiment in China［J］. *Canadian Journal of Agricultural Economics*, 2018（4）, 66（4）：557－569.

⑤ Darby M., Karni E. Free Competition and the Optimal Amount of Fraud［J］. *Journal of Law and Economics*, 1973, 16（1）：67－88.

⑥ Rousseau S., Vranken L. Green Market Expansion by Reducing Information Asymmetries: Evidence for Labeled Organic Food Products［J］. *Food Policy*, 2013, 40（6）：31－43.

费者证明食品品质的有效手段和政府提升食品安全水平的重要政策工具[①②]。

消费者偏好是判断质量信息标签能否有效缓解信息不对称的重要依据[③]。测量消费者偏好（支付意愿）的方法主要有条件价值评估法（Contingent Valuation Method，CVM）、拍卖实验（Experimental Auctions，EA）、联合分析（Conjoint Analysis，CA）与选择实验（Choice Experiment，CE）等[④⑤]。在上述方法中，选择实验以卡片作为问卷形式，有效地避免了传统问答式问卷的枯燥，可以提高被调查者参与的积极性。同时，以假设性产品为中介，通过被调查者的不断选择得出“正确”答案，比态度型的问题更易于量化，较好地避免了因个人主观偏见和对问题理解的差异而造成的答案失实与偏差[⑥]。更为重要的是，基于选择实验设计的问卷能够考虑到不同属性之间的交互作用，突破了条件价值评估法只能单独测度产品属性的局限性，从而更接近于真实购买环境，且具有基于随机效用理论的成熟微观理论基础[⑦]。因此，选择实验逐步开始成为研究消费者对产品具体属性支付意愿的国际前沿工具[⑧]。

近年来，开始有个别学者运用选择实验并借助随机参数 Logit（Rand Parameters Logit，RPL）模型研究消费者对有机标签、可追溯标签等质量信息标签的偏好[⑨⑩]。例如，Janssen 和 Hamm 研究发现，德国等 6 个欧洲国家消费者对不同来

① Janssen M.，Hamm U. Product Labelling in the Market for Organic Food：Consumer Preferences and Willingness-to-pay for Different Organic Certification Logos［J］. *Food Quality and Preference*，2012，25（1）：9－22.

② Yin S. J.，Chen M.，Xu Y. J.，et al. Chinese Consumers' Willingness to Pay for Safety Label on Tomato：Evidence from Choice Experiments［J］. *China Agricultural Economic Review*，2017（1）：141－155.

③ Gao Z. F.，Schroeder T. C. Effects of Label Information on Consumer Willingness-to-Pay for Food Attributes［J］. *American Journal of Agricultural Economics*，2009，91（3）：795－809.

④⑥ Breidert C.，Hahsler M.，Reutterer T. A Review of Methods for Measuring Willingness-to-pay［J］. *Innovative Marketing*，2006，2（4）：8－32.

⑤ Yin S. J.，Li Y.，Xu Y. J.，et al. Consumer Preference and Willingness to Pay for the Traceability Information Attribute of Infant Milk Formula：Evidence from a Choice Experiment in China［J］. *British Food Journal*，2017，119（6）：1276－1288.

⑦ Loureiro M. L.，Umberger W. J. A Choice Experiment Model for Beef：What US Consumer Responses Tell Us about Relative Preferences for Food Safety，Country-of-origin Labeling and Traceability［J］. *Food Policy*，2007，32（4）：496－514.

⑧ Gao Z. F.，Schroeder T. C. Effects of Label Information on Consumer Willingness-to-Pay for Food Attributes［J］. *American Journal of Agricultural Economics*，2009，91（3）：795－809.

⑨ Yin S. J.，Lv S. S.，Xu Y. Y.，et al. Consumer Preference for Infant Formula with Select Food Safety Information Attributes：Evidence from a Choice Experiment in China［J］. *Canadian Journal of Agricultural Economics*，2018（4），66（4）：557－569.

⑩ Yin S. J.，Hu W. Y.，Chen Y. S.，et al. Chinese Consumer Preferences for Fresh Produce：Interaction between Food Safety Labels and Brands［J］. *Agribusiness：an International Journal*，2019（1）：53－68.

源有机标签的支付意愿存在很大差异①。Van Loo 等分析了美国消费者对加贴 USDA 有机标签和其他机构有机标签鸡胸肉的支付意愿，研究表明消费者对前者的支付意愿要远高于后者②。Loureiro 和 Umberger 研究发现，相比原产地标签等属性，美国消费者更偏好可追溯标签③。Ubilava 和 Foster 以猪肉为例的研究发现，格鲁吉亚消费者对可追溯标签的支付意愿要高于质量认证标签且两者之间具有替代关系④。Ortega 等以猪肉为例的研究表明，我国消费者对政府认证标签具有较高的支付意愿，其次为第三方认证标签与可追溯标签等⑤。

基于现有的文献，可以发现：①选择实验已成为欧美学者研究消费者偏好的前沿方法，但运用该方法的国内文献尚不多见，由于社会文化、消费观念以及制度环境等诸多差异，国外研究远不足以为我国食品市场发展提供有效理论支撑，对我国食品市场消费者偏好的选择实验研究亟须展开；②虽然国外已有少量文献采用选择实验研究消费者对可追溯标签或有机标签的偏好，但同时研究可追溯标签和有机标签等食品质量信息标签的文献尚未见报道，基于消费者偏好视角对可追溯系统与食品安全认证制度展开比较分析，对于食品标签制度的发展更具理论指导价值；③消费者关于产品（服务）的知识对其支付意愿的影响已为经验研究所证实⑥，但比较不同知识水平的消费者群体间偏好差异性的研究尚不多见，研究食品认证知识和可追溯知识对消费者支付意愿影响的文献未见报道。鉴于此，本书以番茄为例，重点关注两种最为重要且常见的食品质量信息标签：食品安全认证标签和可追溯标签，并引入品牌属性作为对比，设计选择实验获取数据，借助随机参数 Logit 模型研究消费者对质量信息标签的支付意愿（Willingness to pay，WTP），进而分析食品安全认证知识与可追溯知识等对消费者支付意愿的影响，既为供应商经营决策提供指导，也为我国食品安全管理政策制定及安全食品市场发展提供参考。

---

① Janssen M., Hamm U. Product Labelling in the Market for Organic Food: Consumer Preferences and Willingness-to-pay for Different Organic Certification Logos [J]. *Food Quality and Preference*, 2012, 25 (1): 9-22.

② Loo E. J. V., Caputo V., Nayga R. M., et al. Consumers' Willingness to Pay for Organic Chicken Breast: Evidence from Choice Experiment [J]. *Food Quality and Preference*, 2011, 22 (7): 603-613.

③ Loureiro M. L., Umberger W. J. A Choice Experiment Model for Beef: What U. S. Consumer Responses Tell Us about Relative Preferences for Food Safety, Country-of-origin Labeling and Traceability [J]. *Food Policy*, 2007, 32 (4): 496-514.

④ Ubilava D., Foster K. Quality Certification vs. Product Traceability: Consumer Preferences for Informational Attributes of Pork in Georgia [J]. *Food Policy*, 2009, 34 (3): 305-310.

⑤ Ortega D. L., Wang H. H., Wu L., et al. Modeling Heterogeneity in Consumer Preferences for Select Food Safety Attributes in China [J]. *Food Policy*, 2011, 36 (2): 318-324.

⑥ Liu R. D., Pieniak Z., Verbeke W. Consumers' Attitudes and Behaviour towards Safe Food in China: A Review [J]. *Food Control*, 2013, 33 (1): 93-104.

二、理论框架与计量模型

我国是蔬菜生产和消费大国，番茄是居民常食用的蔬菜品种，2011 年全国产量达到 4845 万吨，约占世界总产量的 30.4%①。因此，本书选择番茄为研究对象，把番茄视为可追溯标签、食品安全认证标签、品牌以及价格属性的集合。消费者将在预算约束条件下选择属性组合以最大化其效用。在选择实验中，需要对番茄的上述属性设定不同的层次并进行组合，以模拟可供消费者选择的产品轮廓②。

基于 Lancaster 的随机效用理论③，令 U_{imt} 为消费者 i 在 t 情形下从选择空间 C 的 J 个番茄产品轮廓中选择第 m 个轮廓所获得的效用，包括两个部分④：第一是确定部分 V_{imt}，第二是随机项 ε_{imt}，即：

$$U_{imt} = V_{imt} + \varepsilon_{imt} \tag{6-1}$$

$$V_{imt} = \beta'_i X_{imt} \tag{6-2}$$

其中，β_i 为消费者 i 的分值向量，X_{imt} 为消费者 i 第 m 个选择的属性向量。消费者 i 选择第 m 个轮廓是基于 $U_{im} > U_{in}$ 对任意 $n \neq m$ 成立。在 β_i 已知的条件下，消费者 i 选择第 m 个轮廓的概率可表示为：

$$\begin{aligned} L_{imt}(\beta_i) &= prob(V_{imt} + \varepsilon_{imt} > V_{int} + \varepsilon_{int}; \forall n \in C, \forall n \neq m) \\ &= prob(\varepsilon_{int} < \varepsilon_{imt} + V_{imt} - V_{int}; \forall n \in C, \forall n \neq m) \end{aligned} \tag{6-3}$$

如果假设 ε_{imt} 服从类型 I 的极值分布，且消费者偏好是同质的，即所有的 β_i 均相同，则式（6-1）和式（6-2）可以转化为多项 Logit 模型（Multinomial Logit Model，MNL）⑤，即：

$$L_{imt}(\beta_i) = \frac{e^{\beta'_i X_{imt}}}{\sum_j e^{\beta'_i X_{ijt}}} \tag{6-4}$$

理论上消费者知道自己的 β_i 与 ε_{imt}，但不能被观测。对此，假设每个消费者服从相同的分布，可以通过观测 X_{imt} 并对所有的 β_i 值进行积分得到无条件概率

---

① FAO 网站，http：//faostat. fao. org/DesktopDefault. aspx？ PageID = 339&lang = en&country = 351.

② Yin S. J.，Hu W. Y.，Chen Y. S.，et al. Chinese Consumer Preferences for Fresh Produce：Interaction between Food Safety Labels and Brands［J］. *Agribusiness：an International Journal*，2019（1）：53 - 68.

③ Lancaster K. J. A New Approach to Consumer Theory［J］. *The Journal of Political Economy*，1966，74（2）：132 - 157.

④ Ben-Akiva M.，Gershenfeld S. Multi-featured Products and Services：Analysing Pricing and Bundling Strategies［J］. *Journal of Forecasting*，1998（17）：175 - 196.

⑤ Train K. E. Discrete Choice Methods with Simulation（Second Edition）［M］. *Cambridge University Press*，2009.

如下：

$$P_{imt} = \int \left(\frac{e^{\beta' X_{imt}}}{\sum_{j} e^{\beta' X_{ijt}}} \right) f(\beta) \mathrm{d}\beta \tag{6-5}$$

式（6－5）中，f（β）是概率密度。式（6－5）是 MNL 的一般形式，称为随机参数 Logit（RPL）或者混合 Logit（Mixed Logit，ML）模型。假设消费者在 T 个时刻做选择，其中选择方案序列为 $I = \{i_1, \cdots, i_T\}$，则消费者选择序列的概率为：

$$L_{iT}(\beta) = \prod_{t=1}^{T} \left[\frac{e^{\beta'_i X_{ii_t t}}}{\sum_{t=1}^{T} e^{\beta_i' X_{ii_t t}}} \right] \tag{6-6}$$

无约束概率是关于所有 β 值的积分：

$$P_{iT} = \int L_{iT}(\beta) f(\beta) \mathrm{d}\beta \tag{6-7}$$

RPL 模型无须满足 IIA 假设，从而克服了 MNL 模型的局限性，且其消费者偏好异质性假设更符合实际。因此，RPL 模型成为研究消费者偏好的更为科学的计量工具，这也是本书引入 RPL 模型研究消费者对质量信息标签偏好的依据所在。进一步地，本书建立如下的 RPL 模型（此处省略表征情形的下标 t）：

$$U_{ni} = \beta_p P_{ni} + \beta_o Optout + (\bar{\gamma} + \eta_n)' X_{ni} + \beta' Z_{ni} + \varepsilon_{ni} \tag{6-8}$$

其中，U_{ni} 为受试者 n 选择第 i 个番茄轮廓的效用；β_p 为价格系数；P_{ni} 为受试者 n 选择的第 i 个番茄轮廓的价格；$Optout$ 为退出变量，表征受试者选择“不选择”选项时的效用；β_o 为“不选择”变量的系数；X_{ni} 为番茄轮廓中包含的具体属性层次向量；$\bar{\gamma}$ 为 X_{ni} 的系数的总体均值向量；η_n 为受试者 n 关于 X_{ni} 的个体系数向量与总体均值向量 $\bar{\gamma}$ 之间的差异向量；Z_{ni} 为各种交叉项变量，β 为交叉项变量的系数变量；ε_{ni} 为随机误差项。

三、选择实验设计

（一）属性与层次设定

Dawes 和 Corrigan 的研究表明①，主效应在解释方差中占 70%～90%，双向交叉效应占 5%～15%，其余的解释方差来自高阶交叉效应，所以估算全部或部

① Dawes R. M.，Corrigan B. Linear Models in Decision Making［J］. *Psychological Bulletin*，1974，81（2）：95－106.

分双向交叉效应可以缩小主效应估计偏误①。因此，本书基于文献研究与市场实际的考察②③，共设定食品安全认证标签、可追溯标签、品牌和价格四个属性，以考察不同属性之间是否存在交叉效应。引入品牌属性的原因在于，经验研究表明，对大多数消费者而言，品牌名称可以作为食品选择依据的“搜寻属性”，可以起到类似质量信息标签的作用④。

为避免层次数量效应，属性层次设置不应超过四个⑤。因此，本书对食品安全认证标签属性设置无公害标签（PF）、绿色标签（GREEN）、有机标签（ORG）和无认证标签（NOLAB）四个层次；对可追溯标签设置“有”（TRACE）和“无”（NOTRACE）两个层次；对品牌设置“有”（BRAND）和“无”（NOBRAND）两个层次；而基于当地番茄市场价格实际，对价格属性设置为四个层次：2 元/斤、4 元/斤、6 元/斤、8 元/斤。设计的属性及相应层次如表 6－1 所示。

表 6－1　选择实验属性与属性水平设定

属性	属性层次
安全认证标签	无公害标签（PF）、绿色标签（GREEN）、有机标签（ORG）、无认证标签（NOLAB）
可追溯标签	有（TRACE）、无（NOTRACE）
品牌	有（BRAND）、无（NOBRAND）
价格	2 元/斤、4 元/斤、6 元/斤、8 元/斤

（二）实验任务设计

基于本书属性及相应层次的设定，番茄可组合成 $4^2 \times 2^2 = 64$ 个虚拟产品轮廓，让被调查者在 4096（64^2）个任务中进行比较选择是不现实的。一般而言，

① Louviere J. J., Hensher D. A., Swait J. D. Stated Choice Methods: Analysis and Applications [M]. *Cambridge University Press*, 2000.

② Loo E. J. V., Caputo V., Nayga R. M., et al. Consumers' Willingness to Pay for Organic Chicken Breast: Evidence from Choice Experiment [J]. *Food Quality and Preference*, 2011, 22 (7): 603－613.

③ Loureiro M. L., Umberger W. J. A Choice Experiment Model for Beef: What US Consumer Responses Tell Us about Relative Preferences for Food Safety, Country-of-origin Labeling and Traceability [J]. *Food Policy*, 2007, 32 (4): 496－514.

④ Ahmad W., Anders S. The Value of Brand and Convenience Attributes in Highly Processed Food Products [J]. *Canadian Journal of Agricultural Economics*, 2012, 60 (1): 113－133.

⑤ Loo E. J. V., Caputo V., Nayga R. M., et al. Consumers' Willingness to Pay for Organic Chicken Breast: Evidence from Choice Experiment [J]. *Food Quality and Preference*, 2011, 22 (7): 603－613.

消费者辨别轮廓超过20个将会产生疲劳①，必须减少轮廓数以提高消费者的选择效率②③。因此，本书引入部分因子设计（Fractional Factorial Design，FFD），利用Sawtooth的SSIWeb 7.0软件，通过随机法设计产生2个版本，每个版本16个任务，每个任务均包括两个产品轮廓与一个不选项，用来估计主效应和双向交叉效应。被调查者实际需要辨别的产品轮廓数为16个，满足消费者辨别数的最高限额要求。

借鉴相关研究开展选择实验的做法④⑤，调查过程中以彩色图片方式向被调查者展示要选择的任务（任务样例如图6－1所示），并以文字简要说明不同产品轮廓的质量信息标签与价格等信息。

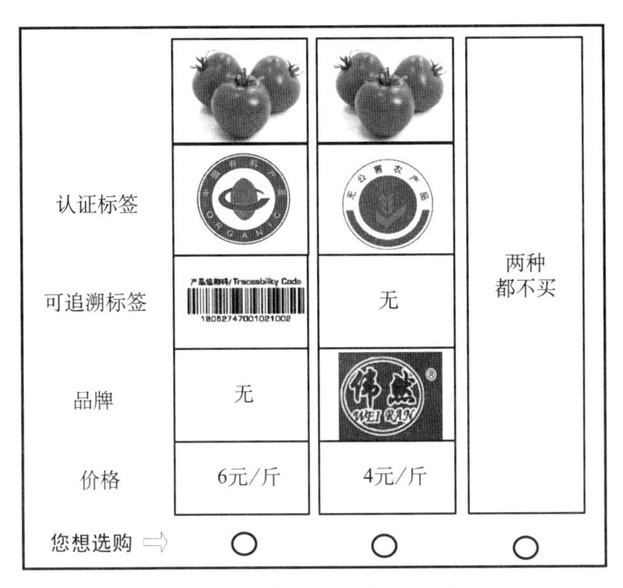

图6－1　选择实验任务样例

（三）结构化问卷设计

在选择实验之后进行的结构化问卷调研中，进一步收集消费者偏好可能影响

---

① Allenby G. M., Rossi P. E. Marketing Models of Consumer Heterogeneity [J]. *Journal of Econometrics*, 1998, 89 (1－2): 57－78.

② 侯博. 可追溯食品消费偏好与公共政策研究 [M]. 北京：社会科学文献出版社，2018.

③ 尹世久，高杨，吴林海. 构建中国特色食品安全社会共治体系 [M]. 北京：人民出版社，2017.

④ Janssen M., Hamm U. Product Labelling in the Market for Organic Food: Consumer Preferences and Willingness-to-pay for Different Organic Certification Logos [J]. *Food Quality and Preference*, 2012, 25 (1): 9－22.

⑤ Tempesta T., Vecchiato D. An Analysis of the Territorial Factors Affecting Milk Purchase in Italy [J]. *Food Quality and Preference*, 2013, 27 (1): 35－43.

因素的相关数据，包括消费者个体特征、食品安全认证知识与可追溯知识等。产品知识不仅影响消费者偏好，而且直接影响消费决策①。在新兴产品市场中，更有必要研究消费者产品知识，以更好地预测消费者偏好与市场需求②。本书着重考察可追溯知识（KN1）与食品安全认证知识（KN2）对消费者偏好的影响。借鉴 Ureña 等的做法③，从主观知识和客观知识两方面综合判断被调查者的食品安全认证知识和可追溯知识层次。对于主观知识可通过直接询问被调查者对食品安全认证或可追溯体系的了解程度进行判断。对于客观知识则通过考察被调查者能否正确识别食品安全认证标签或可追溯标签进行测量。

四、数据来源与样本基本特征

调研地点选择在山东省。山东省位于我国东部沿海地区，且东部、中部、西部形成较大的发展差异，可近似视为我国东西部经济发展不均衡状态的缩影。笔者分别在山东省东部、中部和西部地区各选择两个城市进行调研（东部：青岛、威海；中部：泰安、莱芜；西部：聊城、菏泽）。对上述城市选取的消费者样本进行分析，可望较好地刻画我国居民对番茄等蔬菜消费偏好的基本特征。调研共分为两个阶段。

第一阶段采取典型抽样法在每个城市各选择 10 名被调查者进行小组座谈④，目的在于了解消费者基本情况、蔬菜购买习惯及其对番茄关键属性的偏好等，为选择实验的属性设定和结构化问卷拟定提供依据。2013 年 4 ~ 7 月，在上述城市依次组织 6 次小组座谈，每次讨论用时 1.5 ~ 2 小时。所有被调查者均为经常购买蔬菜的家庭成员。

第二阶段于 2014 年 1 ~ 3 月，在上述城市的超市及农贸市场招募被调查者进行选择实验及相应的访谈调研。小组座谈与经验研究表明，超市和农贸市场是我

---

① Briz T., Ward R. W. Consumer Awareness of Organic Products in Spain: An Application of Multinominal Logit Models [J]. *Food Policy*, 2009, 34 (3): 295 - 304.

② Napolitano F., Braghieri A., Piasentier E., et al. Effect of Information about Organic Production on Beef Liking and Consumer Willingness to Pay [J]. *Food Quality and Preference*, 2010, 21 (2): 207 - 212.

③ Ureña F., Bernabéu R., Olmeda M. Women, Men and Organic Food: Differences in Their Attitudes and Willingness to Pay: A Spanish Case Study [J]. *International Journal of Consumer Studies*, 2008, 32 (1): 18 - 26.

④ Claret A., Guerrero L., Aguirre E., et al. Consumer Preferences for Sea Fish Using Conjoint Analysis: Exploratory Study of the Importance of Country of Origin, Obtaining Method, Storage Conditions and Purchasing Price [J]. *Food Quality and Preference*, 2012, 26 (2): 259 - 266.

国居民购买蔬菜最主要的场所①。实验由经过训练的调查员通过面对面直接访谈的方式进行，并共同约定以进入视线的第三个消费者作为采访对象，以提高样本选取的随机性②。首先于2014年1月在山东省青岛市选取约100个消费者样本展开预调研，对实验方案和调查问卷进行调整与完善。之后于2014年2~3月利用改善的实验方案在上述六个城市展开正式实验，共有906位消费者（每个城市约150个）参加了选择实验与相应的结构化问卷调查，有843位被调查者完成了全部问卷和选择实验任务，有效回收率为93.05%。样本中女性有531位（62.99%），男性有312位（37.01%），这与在我国家庭食品购买者多为女性的实际情况相符。该阶段调研样本的基本统计特征如表6-2所示。

表6-2　被调查者基本统计特征

变量	分类指标	样本数	比重（%）	变量	分类指标	样本数
性别	男	312	37.01	学历	大学及以上	268
	女	531	62.99		中学或中专	418
年龄	18~30岁	164	19.45		小学及以下	157
	30~45岁	253	30.01	家庭年收入	<5万元	258
	45~60岁	309	36.66		5万~10万元	364
	60岁以上	117	13.88		>10万元	221

五、结果与讨论

（一）RPL模型估计结果

对表6-1的属性与层次参数采用效应编码，并假设“不选择”变量、价格和交叉项的系数是固定的，其他属性的参数是随机的并呈正态分布③。价格系数固定的假设有以下建模优势：①由于价格系数是固定的，WTP的分布与相关联的属性参数的分布相一致，而非两个分布之比，从而避免了WTP分布不易估计的难题；②价格系数分布的选定存在一定的难度，在需求理论的框架下，价格系

① 张磊，王娜，赵爽．中小城市居民消费行为与鲜活农产品零售终端布局研究——以山东省烟台市蔬菜零售终端为例［J］．农业经济问题，2013，34（6）：74-81.

② Wu L. H., Xu L. L., Zhu D., et al. Factors Affecting Consumer Willingness to Pay for Certified Traceable Food in Jiangsu Province of China［J］. *Canadian Journal of Agricultural Economics*, 2012, 60（3）: 317-333.

③ Ubilava D., Foster K. Quality Certification vs. Product Traceability: Consumer Preferences for Informational Attributes of Pork in Georgia［J］. *Food Policy*, 2009, 34（3）: 305-310.

数应该取负值，若假设价格系数是正态的，则其系数的负性无法得到保证①。应用 NLOGIT 5.0 对随机参数 Logit 模型进行估计，结果如表 6－3 所示。

表 6－3 RPL 模型估计结果

主效应	系数	标准误	T 值	95% 置信区间
PRICE	－0.063***	0.016	－4.03	[－0.093，－0.032]
Opt Out	－1.441***	0.219	－6.57	[－1.871，－1.011]
ORG	0.627***	0.042	15.10	[0.546，0.709]
GREEN	0.415***	0.032	12.92	[0.352，0.478]
PF	0.274***	0.031	8.73	[0.213，0.336]
TRACE	0.178***	0.056	3.17	[0.068，0.288]
BRAND	0.249***	0.058	4.31	[0.136，0.363]
交叉项				
ORG ×TRACE	0.053***	0.003	17.70	[0.047，0.059]
GREEN ×TRACE	0.035***	0.003	12.33	[0.029，0.041]
PF ×TRACE	0.023***	0.028	8.27	[0.018，0.029]
ORG ×BRAND	－0.057***	0.003	－18.79	[－0.063，－0.051]
GREEN ×BRAND	－0.049***	0.014	－3.54	[－0.077，－0.022]
PF ×BRAND	－0.027***	0.057	－4.79	[－0.386，－0.161]
TRACE×BRAND	－0.190***	0.056	－3.43	[－0.299，－0.082，]
Diagonal Values in Cholesky Matrix				
ORG	0.392***	0.049	7.90	[0.295，0.490]
GREEN	0.458***	0.054	8.54	[0.353，0.564]
PF	0.361***	0.045	8.03	[0.273，0.449]
TRACE	0.331***	0.027	12.21	[0.278，0.384]
BRAND	0.206***	0.026	7.77	[0.154，0.258]
Log Likelihood	－10191.73	McFadden R^2		0.330
AIC	20485.25	—		—

注：*、**、***分别表示在 10%、5%、1% 显著性水平上显著。

① Revelt D., Train K. E. Customer-specific Taste Parameters and Mixed Logit [D]. *University of California, Berkeley*, 1999.

如表6－3所示的RPL模型回归结果表明，消费者对有机标签等食品安全认证标签、可追溯标签和品牌等属性的偏好均显著。在食品安全认证标签属性中，相较于无认证标签，有机标签分值最高，其次为绿色标签，最后为无公害标签，三种认证标签皆较高程度地提升了消费者分值效用。这说明建立食品安全认证制度和食品可追溯系统对减缓食品市场信息不对称、提高消费者信心与支付意愿皆具有积极作用。此外，品牌所具有的“去柠檬化”作用也得到验证，与Jensen等、Brakus等众多学者的研究结论吻合①②。

Ubilava和Foster认为，食品不同属性之间可能存在互补或替代关系③。表6－3数据表明，在双向交叉效应中，食品安全认证标签与可追溯标签的交叉项皆显著为正值，表明食品安全认证标签与可追溯标签之间存在互补关系，即番茄如果加贴食品安全认证标签或可追溯标签皆可以提高消费者的分值效用，食品安全认证体系和可追溯体系可耦合发展，共同提升消费者分值效用和消费信心。食品可追溯标签与品牌间交叉项为正值且显著，两者之间也存在互补关系，说明品牌有助于可追溯系统的实现，可追溯体系建设也有助于企业品牌效应的提升。食品安全认证标签与品牌之间的交叉项显著为负值，说明两者间存在明显的替代关系，这可能是因为在我国安全认证食品市场中，有机食品等安全认证食品的供应商普遍为小品牌，消费者可能会更倾向于借助食品安全认证标签而非品牌来判断食品的质量。

（二）支付意愿（WTP）估计结果

基于表6－3的估计结果以及主效应序数效用特征，进一步应用式（6－9）计算支付意愿：

$$WTP_k = -2 \times \left(\frac{\beta_k + \sum_j \beta_{k \times j}}{\beta_{price}} \right) \tag{6-9}$$

式（6－9）中，WTP_k 是对关注的某个属性的第 k 个层次的支付意愿，β_k 为此属性第 k 个层次的系数，$\beta_{k \times j}$ 表示此属性的第 k 个层次与其他水平的交叉项或此属性的第 k 个层次与别的属性的某层次的交叉项的系数，在此公式中对 $\beta_{k \times j}$ 关于 j 求和，β_{price} 是估计的价格系数。在分析中，由于使用了效应编码，支付意愿的计

① Jensen J. M., Hansen T. An Empirical Examination of Brand Loyalty [J]. *Journal of Product & Brand Management*, 2006, 15 (7): 2－9.

② Brakus J. J., Schmitt B. H., Zarantonello L. Brand Experience: What is it? How is it Measured? Does It Affect Loyalty? [J]. *Journal of Marketing*, 2009, 73 (3): 52－68.

③ Ubilava D., Foster K. Quality Certification vs. Product Traceability: Consumer Preferences for Informational Attributes of Pork in Georgia [J]. *Food Policy*, 2009, 34 (3): 305－310.

算要乘以 2①。运用 Krinsky 和 Robb 提出的参数自展技术（Parametric Bootstrapping Technique，PBT）对支付意愿95%置信区间进行估算②，即对每一个支付意愿估计的一千个观察值的分布是通过运用模型中获得的系数和方差，在假定为多元正态分布基础上的模拟。该方法与用 Delta 方法预测标准误差可得到类似的结果，但它放松了关于支付意愿是对称分布的假设③。每一个模型中属性的支付意愿估计平均值和95%的置信区间情况详见表 6－4。

表 6－4　支付意愿的 RPL 模型估计结果

属性层次	系数	标准误	95%置信区间
ORG	5.160***	1.112	[2.981, 7.339]
GREEN	3.061***	0.793	[1.507, 4.615]
PF	2.027***	0.681	[0.692, 3.361]
TRACE	5.594***	0.856	[3.916, 7.272]
BRAND	1.478***	0.458	[0.581, 2.376]

注：*、**、***分别表示在10%、5%、1%显著性水平上显著。

从表 6－4 可以看出，与无认证标签相比，消费者愿意为有机标签多支付 5.160 元，且其支付意愿远高于绿色标签（3.061 元）和无公害标签（2.027 元）。绿色标签和无公害标签支付意愿偏低的原因可能在于，这两种产品认证起步较早，但消费者认可度不高，厂商投机与认证造假等事件沉重打击了消费者信心，致使消费者支付意愿不足。消费者对可追溯标签的支付意愿高达 5.594 元，而对品牌的支付意愿为 1.478 元。可追溯标签的支付意愿远高于其他属性，充分说明消费者对尚处于试点阶段的可追溯体系抱有很大期待。

（三）食品安全认证知识、可追溯知识与消费者支付意愿

基于结构化问卷调研数据，借鉴 Ureña 等的研究④，分别根据受访者食品安全认证知识和可追溯知识得分，将被调查者分为低认知组、中等认知组和高认知组。表 6－5 是可追溯知识不同组别消费者对可追溯标签的支付意愿估计结果。

---

① Lusk J. L., Roosen J., Fox J. Demand for Beef from Cattle Administered Growth Hormones or Fed Genetically Modified Corn: A Comparison of Consumers in France, Germany, the United Kingdom, and the United States [J]. *American Journal of Agricultural Economics*, 2003, 85 (1): 16－29.

② Krinsky I., Robb A. L. On Approximating the Statistical Properties of Elasticities [J]. *The Review of Economics and Statistics*, 1986, 68 (4): 715－719.

③ Hole A. R. A Comparison of Approaches to Estimating Confidence Intervals for Willingness to Pay Measures [J]. *Health Economics*, 2007, 16 (8): 827－840.

④ Ureña F., Bernabéu R., Olmeda M. Women, Men and Organic Food: Differences in Their Attitudes and Willingness to Pay [J]. A Spanish Case Study. *International Journal of Consumer Studies*, 2008, 32 (1): 18－26.

从表6-5可以看出，随着可追溯知识的增加，消费者对可追溯标签的支付意愿不断提高，与Napolitano等研究得出的“认知有利于提高消费者支付意愿”的结论吻合①。这说明，扩大可追溯知识宣传、提升消费者对可追溯标签的认知，有助于增加公众食品安全信心，提升消费者支付意愿。

表6-5 可追溯知识与消费者对可追溯标签的支付意愿

	低认知组（1≤KN1<3）	中等认知组（3≤KN1<5）	高认知组（5≤KN1≤7）
系数	5.018***	5.938***	6.835***
标准误	0.301	0.442	0.375
95%置信区间	[4.428, 5.608]	[5.071, 6.804]	[6.100, 7.570]

注：*、**、***分别表示在10%、5%、1%显著性水平上显著。

表6-6是不同安全认证知识组别消费者对食品安全认证标签支付意愿的估计结果。从表6-6中的数据可以得知：相对于无认证标签，低认知组和高认知组对于食品安全认证标签的支付意愿普遍较低，而中等认知组则具有最高的支付意愿。主要原因可能在于，低认知组由于对食品安全认证缺乏足够的了解，其支付意愿相对较低；中等认知组可能认为，通过食品安全认证的产品质量有所保证，由此提高了支付意愿；而高认知组则因为对食品安全认证有更深的了解而发现我国食品安全认证运作与监管中可能存在的一些问题，尤其是在我国当前食品安全认证标签的使用与管理相对混乱的背景下，更多的食品安全认证知识反而可能导致消费者信任下降，从而降低了WTP。与有机标签相比，消费者对绿色标签和无公害标签的支付意愿的变动幅度更大，这可能与绿色食品和无公害食品市场起步早从而更为消费者熟知有关，尤其是一些绿色与无公害食品供应商投机事件（如“沃尔玛绿色猪肉门”）等带来了更为广泛的影响。上述研究表明，随着我国消费者对安全认证食品认知水平的提升，尤其是高认知组消费者的比例提高可能会降低消费者对安全认证食品的支付意愿，这将可能成为安全认证食品市场发展的制约因素，食品安全认证的公信力亟须提升。

表6-6 食品安全认证知识与消费者对食品安全认证标签的支付意愿

	食品认证标签	系数	标准误	95%置信区间
低认知组（1≤KN2<3）	ORG	4.608***	0.602	[3.429, 5.788]
	GREEN	2.756***	0.526	[1.725, 3.787]
	PF	1.457***	0.435	[0.605, 2.310]

① Napolitano F., Baghieri A., Piasentier E., et al. Effect of Information about Organic Production on Beef Liking and Consumer Willingness to Pay [J]. *Food Quality and Preference*, 2010, 21 (2): 207-212.

续表

	食品认证标签	系数	标准误	95%置信区间
中等认知组（3≤KN2<5）	ORG	5.753***	0.612	[4.553, 6.952]
	GREEN	3.853***	0.511	[2.852, 4.854]
	PF	2.785***	0.356	[2.087, 3.483]
高认知组（5≤KN2≤7）	ORG	5.438***	0.519	[4.421, 6.455]
	GREEN	2.974***	0.461	[2.071, 3.878]
	PF	1.894***	0.434	[1.043, 2.745]

注：*、**、***分别表示在10%、5%、1%显著性水平上显著。

六、本章小结

本章以番茄为例，选取食品安全认证标签、可追溯标签、品牌与价格属性设计并实施选择实验，进而借助随机参数 Logit 模型研究不同质量信息标签的消费者偏好，主要得出以下结论：①消费者对食品安全认证标签、可追溯标签和品牌等属性的偏好均显著。食品质量信息标签可显著提升消费者效用，说明食品安全认证制度和食品可追溯系统对减缓食品市场信息不对称、提高消费者信心与支付意愿具有积极作用。同时，食品安全认证与可追溯标签之间、可追溯标签与品牌之间皆存在互补关系，而食品安全认证标签与品牌间存在替代关系，应基于不同标签之间的交叉效应制定公共消费政策。②与无认证标签相比，消费者愿意为食品安全认证标签支付更高价格，且对有机标签的支付意愿远超过绿色标签和无公害标签。消费者对可追溯标签的支付意愿远高于其他信息属性，充分说明消费者对尚处于试点阶段的可追溯系统较为认可，可能持有很高的期望。③随着消费者可追溯知识的增加，其对可追溯标签的支付意愿不断提高。扩大可追溯系统的宣传、提升消费者认知，有助于增加公众食品安全信心，提升消费者支付意愿。而对于食品安全认证标签，低认知组和高认知组的支付意愿普遍较低，而中等认知组则具有最高的支付意愿。随着我国消费者食品安全认证知识的提升，尤其是高认知组消费者比例的提高可能会降低消费者支付意愿，应注意规避其对行业发展带来的不利影响。

第七章　基于真实选择实验的认证标签消费者偏好研究

本章以苹果为例，采用真实选择实验收集了山东省青岛等城市565个消费者样本数据，引入随机参数Logit模型估计了“三品一标”四种认证标签与两种类型的农产品品牌（企业品牌和专业合作社品牌）的消费者偏好及它们之间的交叉效应，进而考察了消费者食品安全意识与环境意识对消费者偏好的影响。

一、研究背景与文献回顾

（一）研究背景

党的十九大报告提出了“实施乡村振兴战略”的重大部署，为农业农村改革发展指明了航向。实施乡村振兴战略，促进农业高质量发展，关键是要把质量兴农、绿色兴农、品牌强农作为核心任务[①]。从现实来看，由无公害农产品、绿色农产品、有机农产品和地理标志农产品（统称“三品一标”）组成的农产品认证体系，为提升农产品质量与安全水平、促进农业提质增效、推动绿色发展发挥了重要作用，也是当前推动农业高质量发展和提升食品安全水平的重要途径。促进“三品一标”认证食品发展，既离不开政策的支持与引导，更要充分发挥市场机制的决定性作用。消费者的需求与偏好，是市场发展的基础与起点[②]。推断消费者偏好，可以为供应商经营决策和消费政策制定提供参考，由此引发了国内

---

① 张玉香．坚持质量兴农、绿色兴农、品牌强农，全面推进实施乡村振兴战略［EB/OL］．［2018-03-15］．http：//www. gov. cn/xinwen/2018-03/15/content_ 5274524. htm.

② 尹世久，许佩佩，陈默，等．生态食品：消费者的偏好选择及影响因素［J］．中国人口·资源与环境，2014，24（4）：71-76.

外学界的广泛兴趣①②。

（二）文献回顾

国内外学界运用多种方法对认证食品（或食品安全认证标签）的消费者偏好与支付意愿（Willingness to Pay，WTP）进行了一些研究③④⑤。其中，条件价值评估法、拍卖实验和选择实验是最常见且主流的方法⑥。条件价值评估法是一种利用假想市场来评估某一物品或服务价值的方法，是学界早期研究消费者对有机食品等认证食品支付意愿的常用方法⑦。例如，Tranter 的研究表明，消费者对有机食品的支付意愿在 110% 到 150% ⑧。周洁红研究发现，消费者对有机蔬菜的 WTP 在 110% 到 120% ⑨。靳明等的研究表明，消费者对绿色农产品的 WTP 在 120% 左右⑩。条件价值评估法最突出的优点是简单易行且便于消费者理解，但由于该方法在假想的情形中让调查者陈述其支付意愿，被调查者有可能会出于某些目的故意夸大或减少支付意愿⑪。

拍卖实验是需要实际支付的非假想性实验方法，由于拍卖实验使用真实的物

---

① Gao Z. F. , Schroeder T. C. Effects of Label Information on Consumer Willingness-to-pay for Food Attributes ［J］. *American journal of agricultural economics*, 2010, 91 (3): 795 – 809.

② Yin S. J. , Li Y. , Xu Y. J. , et al. Consumer Preference and Willingness to Pay for the Traceability Information Attribute of Infant Milk Formula: Evidence from a Choice Experiment in China ［J］. *British Food Journal*, 2017, 119 (6): 1276 – 1288.

③ Probst L. , Houedjofonon E. , Ayerakwa H. M. , et al. Will They Buy It? The Potential for Marketing Organic Vegetables in the Food Vending Sector to Strengthen Vegetable Safety: A Choice Experiment Study in three West African Cities ［J］. Food Policy, 2012, 37 (3): 296 – 308.

④ Liu R. , Pieniak Z. , Verbeke W. Consumers' Attitudes and Behaviour towards Safe Food in China: A Review ［J］. Food Control, 2013, 33 (1): 93 – 104.

⑤ 卢素兰，刘伟平．消费者绿色农产品自述偏好与实际选择偏差研究——基于情境变量调节效应的实证分析［J］．河南师范大学学报（哲学社会科学版），2017（6）：48 – 53.

⑥ Yiridoe E. K. , Bonti-Ankomah S. , Martin R. C. Comparison of Consumer Perceptions and Preference toward Organic Versus Conventionally Produced Foods: A Review and Update of the Literature ［J］. *Renewable Agriculture & Food Systems*, 2005, 20 (4): 193 – 205.

⑦ Ciriacy-Wantrup S. V. Capital Returns from Soil-Conservation Practices ［J］. *Journal of Farm Economics*, 1947, 29 (4): 1181 – 1196.

⑧ Tranter R. B. , Bennett R. M. , Costa L. , et al. Consumers' Willingness-to-pay for Organic Conversion-grade Food: Evidence from Five EU Countries ［J］. *Food Policy*, 2009, 34 (3): 287 – 294.

⑨ 周洁红．消费者对蔬菜安全的态度、认知和购买行为分析——基于浙江省城市和城镇消费者的调查统计［J］．中国农村经济，2004（11）：44 – 52.

⑩ 靳明，赵昶．绿色农产品消费意愿和消费行为分析［J］．中国农村经济，2008（5）.

⑪ Hanemann W. M. Valuing the Environment through Contingent Valuation ［J］. *Journal of Economic Perspectives*, 1994, 8 (4): 19 – 43.

品和金钱，可以更真实地反映出被调查者的偏好，由此受到学界青睐[①②]。胡卫中和耿照源采用随机 n 价拍卖实验的研究表明，消费者愿意为无公害猪肉和品牌猪肉支付溢价，猪肉品质的品牌保证效果可能好过政府机构的质量认证[③]。Alphonce 和 Alfnes 采用 BDM（Becker-DeGroot-Marschak）机制拍卖的研究结果表明，坦桑尼亚消费者愿意为每千克有机番茄多支付 7.23 美分[④]。Akaichi 等采用 Vickrey 机制拍卖研究发现，美国消费者对有机牛奶的 WTP 随着拍卖轮数增加而下降[⑤]。Choi 等发现，韩国消费者愿意为每个大米等级支付额外的溢价，而大米分级信息是影响消费者支付意愿的最重要因素[⑥]。但是不同的拍卖机制适用于不同的实验环境，可能会产生不同的结果，导致实验结果的解释和实验过程的控制管理非常困难[⑦⑧⑨]。

选择实验的理论基础是 Lancaster 的随机效用理论[⑩]。选择实验设计的问卷考虑到了不同属性间的交互作用，能够同时考察多个属性的 WTP，使选择实验更接近于真实购买环境[⑪]。Van Loo 等的研究表明，消费者对政府有机认证和一般有

---

① Schott L., Bernard J. Comparing Consumer's Willingness to Pay for Conventional, Non-certified Organic and Organic Milk from Small and Large Farms [J]. *Journal of Food Distribution Research*, 2015, 46 (3): 186-205.

② Li T., Bernard J. C., Johnston Z. A., et al. Consumer Preferences before and after a Food Safety Scare: An Experimental Analysis of the 2010 Egg Recall [J]. *Food Policy*, 2017, 66 (8): 25-34.

③ 胡卫中，耿照源．消费者支付意愿与猪肉品质差异化策略［J］．中国畜牧杂志，2010（8）：31-33.

④ Alphonce R., Alfnes F. Consumer Willingness to Pay for Food Safety in Tanzania: An Incentive-aligned Conjoint Analysis [J]. *International Journal of Consumer Studies*, 2012, 36 (4): 394-400.

⑤ Akaichi F., Nayga Jr, Rodolfo M., et al. Assessing Consumers' Willingness to Pay for Different Units of Organic Milk: Evidence from Multiunit Auctions [J]. *Canadian Journal of Agricultural Economics*, 2012, 60 (4): 469-494.

⑥ Choi Y. W., Ji Y. L., Han D. B., et al. Consumers' Valuation of Rice-grade Labeling [J]. *Canadian Journal of Agricultural Economics*, 2018 (3): 511-531.

⑦ Soler F., Gil J. M., Snchez M. Consumers' Acceptability of Organic Food in Spain: Results from an Experimental Auction Market [J]. *British Food Journal*, 2002, 104 (8): 670-687.

⑧ Teuber R., Dolgopolova I., NordstrÖM J. Some Like It Organic, Some Like It Purple and Some Like It Ancient: Consumer Preferences and WTP for Value-added Attributes in Whole Grain Bread [J]. *Food Quality and Preference*, 2016, 52 (2): 244-254.

⑨ Groote H., Narrod C., Kimenju S. C., et al. Measuring Rural Consumers' Willingness to Pay for Quality Labels using Experimental Auctions: The Case of Aflatoxin-free Maize in Kenya [J]. *Agricultural Economics*, 2016, 47 (1): 33-45.

⑩ Lancaster K. J. A New Approach to Consumer Theory [J]. Journal of Political Economy, 1966, 74 (2): 132-157.

⑪ Breidert C., Hahsler M., Reutterer T. A Review of Methods for Measuring Willingness-to-pay [J]. *Innovative Marketing*, 2006, 2 (4): 8-32.

机认证的 WTP 分别为 203.5% 和 134.8%[①]。Janssen 等的研究发现，捷克和丹麦消费者更偏好政府有机认证，而瑞士和英国消费者则更偏好私人认证[②]。Wu 等选取有机标志、品牌等属性的选择实验研究结果表明，我国消费者相对更为偏好来自欧美的有机标志和品牌[③]。Yin 等指出，消费者对有机标志的支付意愿远高于绿色标志和无公害标志[④]。Xie 等研究发现，美国消费者对本国有机花椰菜的支付意愿高于进口有机花椰菜，而有机知识的提高可以显著提升消费者对进口有机花椰菜的支付意愿[⑤]。Wang 等在江苏和安徽实施选择实验的研究结果表明，消费者对有机猪肉的支付意愿最高，其次为绿色猪肉、无公害猪肉[⑥]。Nguyen 等运用选择实验的研究表明，与常规大米相比，越南消费者愿意为有机大米支付 82% 的溢价[⑦]。然而，选择实验仍然属于假想性实验方法，被调查者不需要为他们的选择进行真实支付，被调查者往往会夸大自己的支付意愿，导致实验结果失真[⑧]。相比之下，真实选择实验引入真实的货币支付，可以大大降低假想性选择实验导致的消费者支付意愿偏差[⑨]，可望更加准确地估计消费者的支付意愿与偏好[⑩⑪]。

基于以上分析，本章以苹果为例，在山东省青岛等城市选取 565 个消费者实施真实选择实验，运用随机参数 Logit 模型估计了消费者对四种农产品认证标志

---

① Loo E. J. V. , Caputo V. , Nayga R. M. , et al. Consumers' Willingness to Pay for Organic Chicken Breast: Evidence from Choice Experiment [J] . *Food Quality and Preference*, 2011, 22 (7): 603 –613.

② Janssen M. , Hamm U. Product Labelling in the Market for Organic Food: Consumer Preferences and Willingness-to-pay for Different Organic Certification Logos [J] . *Food Quality and Preference*, 2012, 25 (1): 9 –22.

③ Wu L. H. , Yin S. J. , Xu Y. J. , et al. Effectiveness of China's Organic Food Certification Policy: Consumer Preferences for Infant Milk Formula with Different Organic Certification Labels [J] . *Canadian Journal of Agricultural Economics*, 2014, 62 (4): 545 –568.

④ Yin S. J. , Chen M. , Xu Y. J. , et al. Chinese Consumers' Willingness to Pay for Safety Label on Tomato: Evidence from Choice Experiments [J] . *China Agricultural Economic Review*, 2017, 9 (1): 141 –155.

⑤ Xie J. , Gao Z. F. , Swisher M. , et al. Consumers' Preferences for Fresh Broccolis: Interactive Effects between Country of Origin and Organic Labels [J] . *Agricultural Economics*, 2016, 47 (2): 181 –191.

⑥ Jianhua W. , Jiaye G. , Yuting M. Urban Chinese Consumers' Willingness to Pay for Pork with Certified Labels: A Discrete Choice Experiment [J] . *Sustainability*, 2018, 10 (3): 1 –14.

⑦ My N. H. D. , Loo E. J. V. , Rutsaert P. , et al. Consumer Valuation of Quality Rice Attributes in a Developing Economy: Evidence from a Choice Experiment in Vietnam [J] . *British Food Journal*, 2018, 120 (5): 1059 –1072.

⑧⑨ Lusk J. L. , Coble K. H. Risk Perceptions, Risk Preference, and Acceptance of Risky Food [J]. *American Journal of Agricultural Economics*, 2005, 87 (2): 393 –405.

⑩ Olesen I. , Alfnes F. , RØra M. B. , et al. Eliciting Consumers' Willingness to Pay for Organic and Welfare-labelled Salmon in a Non-hypothetical Choice Experiment [J] . *Livestock Science*, 2010, 127 (2/3): 218 –226.

⑪ Ginon E. , Chabanet C. , Combris P. , et al. Are Decisions in a Real Choice Experiment Consistent with Reservation Prices Elicited with BDM 'Auction'? The Case of French Baguettes [J] . *Food Quality & Preference*, 2014, 31 (1): 173 –180.

（有机标志、绿色标志、无公害标志和农产品地理标志）的支付意愿，引入品牌属性（专业合作社品牌和企业品牌）以考察其与认证标志属性之间的交叉效应，进而讨论了食品安全意识与环境意识对消费者支付意愿的影响。

本书以烟台苹果为研究案例，如此选择的原因在于：苹果是北方最为常见和最常食用的水果种类，烟台苹果在北方乃至全国具有较高的知名度，且在当地有为数不菲的苹果生产者通过了“三品一标”认证，形成了一定的产业规模，具有较好的代表性和现实可行性。

二、调研设计与数据来源

（一）真实选择实验设计

本章研究的目标在于估计消费者对农产品认证标志属性（“三品一标”）和农产品品牌的支付意愿，进而考察两种之间的交叉效应，旨在缩小主效应估计偏误[①]。认证标志属性设置如下五个层次：有机标志（ORG）、绿色标志（GRE）、无公害标志（HF）、农产品地理标志（AGI）和无标志（NoLogo）。基于苹果市场销售的实际情况，品牌属性设置专业合作社品牌（CoopBrand）、企业品牌（EnpBrand）和无品牌（NoBrand）三个层次[②]。价格属性以现实中苹果的当地市场价格为依据，共设置高（9 元/500 克）、中（6 元/500 克）和低（3 元/500 克）三个层次。

基于本章属性与层次的设定，苹果可形成 $45=5\times3\times3$ 种组合而成的产品轮廓，由此形成 $2025=(5\times3\times3)^2$ 个任务。经验研究表明，大多数被调查者辨别 20 个以上的任务就会感到疲劳厌倦[③]。因此，本章采用部分因子设计（Fractional Factorial Design）产生 8 个版本，每个版本由 18 个任务组成（具体任务样例见图 7－1）。

实验程序的设计参照 Wu 等以猪肉为案例的实验程序，并进行了适当修改[④]。开始实验时，在桌上放置与 18 个选择实验任务相对应的 18 个水果盘。每个果盘里放两袋苹果（每袋重 500 克），对应于每个任务包含的两个苹果产品轮廓。认

---

① Moser R., Raffaelli R., Notaro S. Testing Hypothetical Bias with a Real Choice Experiment using Respondents' Own Money [J]. *European Review of Agricultural Economics*, 2014, 41 (1): 25－46.

② 在实验中，采用了真实的品牌名称，为避免广告嫌疑，本书隐去了具体的品牌名称。

③ Allenby G. M., Rossi P. E. Marketing Models of Consumer Heterogeneity [J]. *Journal of Econometrics*, 1998, 89 (1/2): 57－78.

④ Wu L. H., Wang H. S., Zhu D. Analysis of Consumer Demand for Traceable Pork in China based on a Real Choice Experiment [J]. *China Agricultural Economic Review*, 2015, 7 (2): 303－321.

证标志、品牌标签以及价格标签被贴在包装好的每袋苹果上（除上述标签外，苹果的大小、色泽等外观与等级没有明显差别）。实验开始之前，提供给每个被调查者 10 元作为参与实验的激励，同时告知被调查者实验规则与程序。在实验开始后，告知相似外观与等级的常规苹果市场价格为 3 元/500 克，请被调查者按照现实购买时的做法，观察放在桌上的苹果，在 18 个任务中依次做出购买选择，由实验员在调查问卷上记录被调查者的选择，进而通过一个随机数生成器在 18 个任务中随机抽取出一个任务，被调查者按照抽中任务的实际选择进行真实支付，并获得相应的 500 克苹果。例如，在图 7－1 中，如果消费者选择选项 B，则他/她将需要支付 6 元，并收到一袋 500 克的获得无公害认证的 B 品牌苹果。

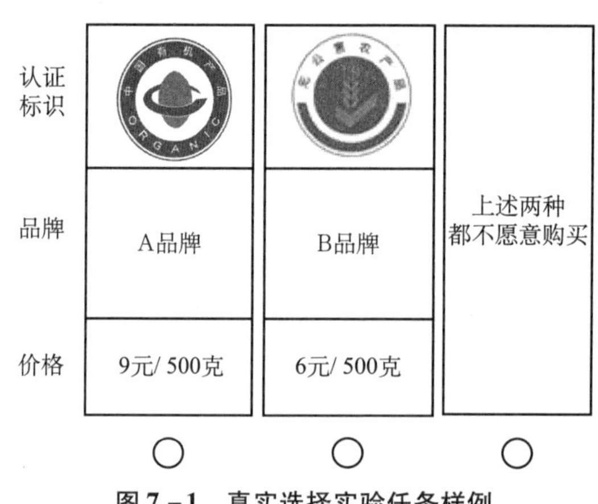

图 7－1　真实选择实验任务样例

（二）结构化问卷设计

在选择实验之后继续采用结构化问卷调查消费者个体特征与食品安全意识以及环境意识等。其主要目的在于观察公众食品意识和环境意识不断提升的现实背景下，消费者对认证食品的支付意愿可能会发生何种变化[①]。经验研究表明，消费者食品安全意识对其认证食品偏好可能产生复杂的影响：更强的食品安全意识会促使消费者用认证食品替代常规农产品，从而提高对认证食品的支付意愿，但过高食品安全意识的消费者也可能会对认证食品产生怀疑和顾虑从而降低其支付意愿[②]。在一些经验研究中，环境意识对消费者认证食品的支付意愿或者购买行

① 尹世久，高杨，吴林海．构建中国特色的食品安全社会共治体系［M］．北京：人民出版社，2017.

② Falguera V.，Aliguer N.，Falguera M. An Integrated Approach to Current Trends in Food Consumption: Moving Toward Functional and Organic Products?［J］. *Food Control*, 2012, 26 (2): 274－281.

为有着显著影响[①]。本书借鉴 Ortega 等的做法[②]，通过被调查者自我判断的方式，采用7级语义差别量表测度食品安全意识分值（Food Safety Awareness Scores，FA）和环境意识分值（Environmental Awareness Scores，EA）。

（三）数据来源与样本描述

笔者在山东省东部（青岛和日照）、中部（泰安和莱芜）和西部地区（聊城和菏泽）选取6个城市实施真实选择实验与问卷调研。调查对象采取街头拦截方法在上述城市的超市及附近商业区选取，并共同约定以进入视线的第三个消费者为受访对象，以提高抽样的随机性[③]。2017年10月，在日照市选取50位被调查者展开预调研，完善调查方案。2018年1～2月，在上述6个城市展开正式调查，共调查了596个样本（每个城市约100个），其中有效样本565个，有效回收率为94.80%。该阶段被调查者的基本统计特征如表7－1所示。

表7－1　被调查者基本特征描述

分类指标		样本数	比重/%	分类指标		样本数	比重/%
性别	男	303	53.63	年龄	30岁以下	131	23.19
	女	262	46.37		30～59岁	378	66.90
学历	初中及以下	39	6.90		60岁及以上	56	9.91
	高中或中专	95	16.81	家庭年收入	5万元以下	43	7.61
	大专	193	34.16		5万～10万元	164	29.03
	本科	207	36.64		10万～20万元	253	44.78
	研究生及以上	31	5.49		20万元以上	105	18.58

三、计量模型

根据 Lancaster 的随机效用理论，消费者效用源于商品的具体属性[④]。本书把苹果看作认证标志、品牌和价格属性的集合，对每一种属性设定相应层次并进行

① Chen J., Lobo A. Organic Food Products in China: Determinants of Consumers' Purchase Intentions [J]. *The International Review of Retail, Distribution and Consumer Research*, 2012, 22 (3): 293－314.

② Ortega D. L., Wang H. H., Wu L., et al. Modeling Heterogeneity in Consumer Preferences for Select Food Safety Attributes in China [J]. *Food Policy*, 2011, 36 (2): 318－324.

③ Wu L. H., Xu L. L., Zhu D., et al. Factors Affecting Consumer Willingness to Pay for Certified Traceable Food in Jiangsu Province of China [J]. *Canadian Journal of Agricultural Economics*, 2012, 60 (3): 317－333.

④ Lancaster K. J. A New Approach to Consumer Theory [J]. *Journal of Political Economy*, 1966, 74 (2): 132－157.

不同组合，形成可供消费者选择的模拟出来的苹果轮廓[①]，令 U_{imt} 为被调查者 i 在 t 情形下选择苹果轮廓 m 时所可以获得的效用，包括两个部分：确定部分 V_{imt} 和随机项 ε_{imt}，即：

$$U_{imt} = V_{imt} + \varepsilon_{imt} \quad (7-1)$$

$$V_{imt} = \beta'_i X_{imt} \quad (7-2)$$

在式（7－2）中，β_i 为被调查者 i 的分值向量，X_{imt} 为被调查者 i 选择苹果轮廓 m 时的属性向量。被调查者 i 选择苹果轮廓 m 是基于 $U_{im} > U_{in}$ 对任意 $n \neq m$ 均成立。当 β_i 已知时，可以用式（7－3）表示被调查者 i 选择苹果轮廓 m 的概率：

$$\begin{aligned} L_{imt}(\beta_i) &= prob(V_{imt} + \varepsilon_{imt} > V_{int} + \varepsilon_{int}; \forall n \in C, \forall n \neq m) \\ &= prob(\varepsilon_{int} < \varepsilon_{imt} + V_{imt} - V_{int}; \forall n \in C, \forall n \neq m) \end{aligned} \quad (7-3)$$

我们假设 ε_{imt} 服从类型 I 的极值分布，且被调查者的偏好是同质的，即所有的 β_i 均相同，则式（7－1）和式（7－2）可以转化为多项 Logit 模型[②]，即：

$$L_{imt}(\beta_i) = e^{\beta'_i X_{imt}} / \sum_j e^{\beta'_i X_{ijt}} \quad (7-4)$$

理论上被调查者知道自己的 β_i 与 ε_{imt}，但其无法被观测，进一步假设所有被调查者均服从相同分布，从而可以通过观测 X_{imt} 并对所有的 β_i 值进行积分，由此得到无条件概率如下：

$$P_{imt} = \int (e^{\beta' X_{imt}} / \sum_j e^{\beta' X_{ijt}}) f(\beta) d\beta \quad (7-5)$$

在式（7－5）中，f（β）是概率密度。式（7－5）是式（7－4）的一般形式，称为随机参数 Logit（Random Parameters Logit，RPL）模型。假设被调查者在 T 个时刻做出选择，其选择方案序列为 $I = \{i_1, \cdots, i_T\}$，则被调查者选择该序列的概率为[③]：

$$L_{iT}(\beta) = \prod_{t=1}^{T} [e^{\beta'_i X_{ii_t t}} / \sum_{t=1}^{T} e^{\beta_i' X_{ii_t t}}] \quad (7-6)$$

无约束概率是关于所有 β 值的积分：

$$P_{iT} = \int L_{iT}(\beta) f(\beta) \mathrm{d}\beta \quad (7-7)$$

由于消费者偏好异质性假设更符合实际，且多项 Logit 模型可能不满足不相关独立选择假设，RPL 模型成为研究消费者偏好的前沿工具。

---

① Luce R. D. On the Possible Psychophysical Laws［J］. Psychological Review, 1959, 66（2）: 81－95.

② Loureiro M. L., Umberger W. J. A Choice Experiment Model for Beef: What US Consumer Responses Tell Us About Relative Preferences for Food Safety, Country-of-origin Labeling and Traceability［J］. *Food Policy*, 2007, 32（4）: 496－514.

③ Train K. E. Discrete Choice Methods with Simulation［M］. *Cambridge University Press*, 2003.

四、模型估计结果与讨论

（一）随机参数 Logit 模型估计结果

应用 NLOGIT 5.0 软件进行随机参数 Logit 估计的结果如表 7-2 所示。表 7-2 所示的主效应估计结果表明，与常规苹果相比，有机标志和绿色标志的边际效用估计均值在 1% 的水平上显著为正，而无公害标志和地理标志的边际效用估计均值在 5% 的水平上显著为正。两种品牌的边际效用估计均值在 1% 的水平上都显著为正。综合考虑与所有交互项的边际值都为正，各种认证标志和品牌都可能增加消费者效用。

表 7-2　随机参数 Logit 模型估计结果

	系数	标准误	主效应	系数	标准误
主效应					
PRICE	-1.285***	0.065	HF	0.219**	0.029
Opt Out	-1.493***	0.162	AGI	0.453**	0.123
ORG	2.678***	0.301	CoopBrand	2.029***	0.332
GRE	1.367***	0.180	Enpbrand	1.087***	0.282
交叉效应					
ORG × CoopBrand	0.518***	0.091	FA × HF	0.064**	0.037
GRE × CoopBrand	0.025**	0.010	FA × AGI	0.028**	0.045
HF × CoopBrand	0.213***	0.073	FA × CoopBrand	0.421**	0.046
AGI × CoopBrand	0.145***	0.086	FA × Enpbrand	0.073**	0.132
ORG × Enpbrand	0.099***	0.049	EA × ORG	0.063	0.016
GRE × Enpbrand	0.056*	0.050	EA × GRE**	0.017**	0.016
HF × Enpbrand	0.430***	0.088	EA × HF	0.120	0.141
AGI × Enpbrand	0.063***	0.010	EA × AGI	0.054	0.014
FA × ORG	0.021***	0.010	EA × CoopBrand	0.077	0.025
FA × GRE	0.105***	0.050	EA × Enpbrand	0.031	0.009
Cholesky 矩阵的对角值					
ORG	0.399***	0.032	AGI	0.292***	0.026
GRE	0.107**	0.047	CoopBrand	0.515***	0.015
HF	0.412***	0.037	Enpbrand	0.111***	0.020
Log Likelihood：-4514；		McFadden R^2：0.363；		AIC：9138.900	

注：***、**、*分别表示在 1%、5%、10% 的水平上显著。

根据表 7－2，我们进一步讨论变量之间的交叉效应。可以发现：①四种认证标志和两个品牌的交互项系数都显著为正。这表明，四种认证标志和两种类型的品牌之间都呈现互补关系，即表明通过认证的苹果供应商实施品牌化战略以及拥有品牌的苹果供应商通过认证将有助于提高消费者的支付意愿。②四种认证标志和食品安全意识（FA）之间的交叉项系数都显著为正值，说明食品安全意识的提高会提升认证标志尤其是有机标志和绿色标志的消费者效用。两种品牌和食品安全意识（FA）之间的交叉项系数均显著为正值，这表明具有更高食品安全意识的消费者更愿意购买品牌农产品。③关于认证标志、品牌和环境意识（EA）之间的交叉效应。在认证标志中，只有绿色标志和环境意识的交互项在 5% 的水平上显著，表明对环境更加关注的消费者更可能偏好绿色标志，这可能与“绿色”通常被作为一种环境友好的标志更容易被公众认可①。两种品牌和环境意识的交互项都不显著，表明消费者的环境关切并不必然决定其品牌偏好。

（二）支付意愿的估计

基于表 7－2 的 RPL 模型估计结果，根据式（7－8）计算消费者对不同认证标志和品牌的支付意愿（WTP）②：

$$WTP_k = -2 \times \left(\frac{\beta_k + \sum_j \beta_{k \times j} \times a_j}{\beta_{price}} \right) \tag{7-8}$$

式（7－8）中，WTP_k 是对某属性第 k 个层次的 WTP，β_k 是该属性层次的估计系数，β_{price} 是价格系数，$\beta_{k \times j}$ 是该属性 k 层次与其他属性 j 层次之间的交叉效应的估计系数。消费者支付意愿估计均值和 95% 的置信区间情况具体详见表 7－3。

表 7－3　消费者对各种认证标志和品牌的支付意愿

属性层次	系数	标准误	95% 置信区间	属性层次	系数	标准误	95% 置信区间
ORG	4.234***	0.965	[2.342，6.125]	AGI	0.752***	0.202	[0.356，1.148]
GRE	2.621***	0.524	[1.594，3.648]	CoopBrand	1.627***	0.187	[0.347，1.038]
HF	0.367***	0.163	[0.048，0.686]	Enpbrand	2.315***	0.511	[1.593，3.146]

注：＊＊＊、＊＊、＊分别表示在 1%、5%、10% 的水平上显著。

---

① 史豪慧．增进消费者购买意愿的生态农产品品牌传播模式研析［J］．商业经济研究，2015（36）：52－53.

② Lim K. H.，Hu W.，Maynard L. J.，et al. U. S. Consumers' Preference and Willingness to Pay for Country-of-origin-labeled Beef Steak and Food Safety Enhancements［J］. *Canadian Journal of Agricultural Economics*，2013，61（1）：93－118.

从表7－3消费者对四种认证标志的支付意愿来看，消费者对有机标志的WTP最高（4.234元），之后是绿色标志（2.621元）和农产品地理标志（0.752元），最后是无公害标志（0.367元）。消费者支付意愿的差异，基本反映了上述认证农产品生产技术标准所反映的食品质量与安全性的差别。值得注意的是，与无认证标志的苹果相比，消费者对无公害苹果仅仅愿意多支付0.367元。随着消费者对食品安全意识与食品品质要求的提升，现有的无公害标准可能将逐步成为消费者对食品的基本要求。从现实来看，国家（或地方）食用农产品质量标准不断提高，无公害认证存在的意义可能会不断降低。

表7－3的估计结果表明，消费者更愿意为品牌苹果支付更高的价格，愿意为专业合作社品牌（CoopBrand）多支付1.627元，愿意为企业品牌（Enpbrand）多支付2.315元。因此，引导分散农户通过专业合作社进行品牌生产或与农业企业进行“订单式”品牌合作生产，不仅可以更好地控制农产品安全风险，也可以提高消费者支付意愿，促进社会福利水平的提高。

（三）消费者食品安全意识及其支付意愿的变化

根据问卷调查结果，被调查者食品安全意识自评得分（FA）均值为5.247，说明被调查者食品安全意识总体较高。为进一步研究消费者FA对支付意愿的影响，我们首先将EA取均值，分别计算FA取值从1到7时消费者对不同认证标志和品牌的支付意愿。计算结果如图7－2所示。

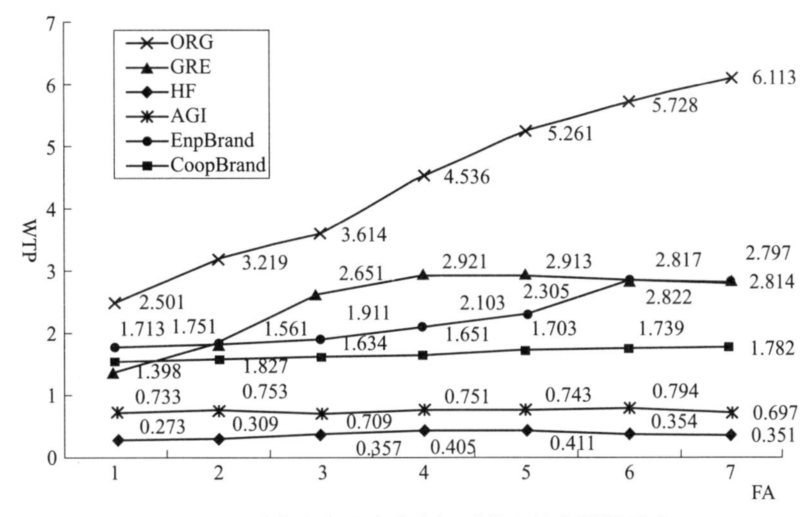

图7－2 消费者食品安全意识对其支付意愿的影响

图7－2的数据显示，随着食品安全意识的增加，消费者对有机标志的支付意愿呈现稳步上升态势，而对于绿色标志、无公害标志和地理标志而言，消费者

支付意愿则大致呈现出先增长后下降的变化轨迹。那些食品安全意识很高消费者的支付意愿下降的原因可能在于：①对绿色标志、无公害标志和地理标志也开始产生怀疑和顾虑，从而降低了对绿色标志、无公害标志和地理标志的支付意愿，但对有机标志仍相对较为认可；②对食品安全有着更高要求，超过了绿色标志、无公害标志和地理标志所代表的安全水平。图 7－2 数据还表明，对于两种品牌而言，消费者支付意愿随着食品安全意识的提高而有所增长，尤其是消费者对企业品牌支付意愿的增加趋势更加明显。

（四）消费者环境意识及其支付意愿的变化

根据问卷调查结果，被调查者环境意识自评得分（EA）均值为 5. 107，说明被调查环境意识总体较高。为进一步研究消费者 EA 对其支付意愿的影响，我们将 FA 取均值，分别计算了 EA 取值从 1 到 7 时消费者对四种认证标志和两种品牌的支付意愿。计算结果如图 7－3 所示。

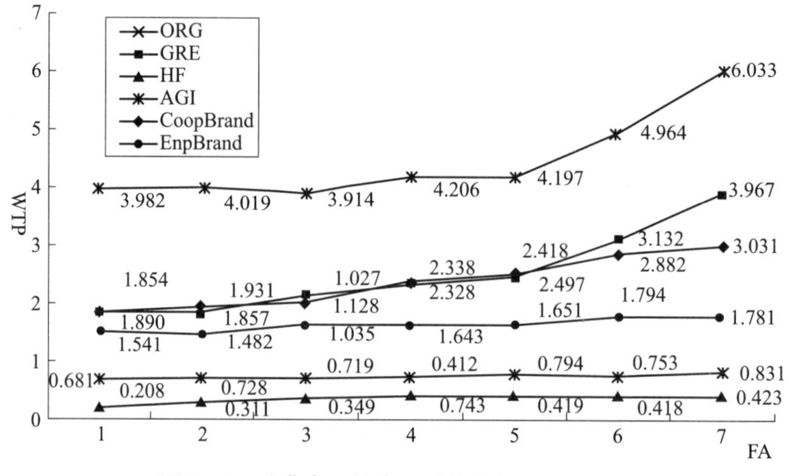

图 7－3　消费者环境意识对其支付意愿的影响

图 7－3 表明，具有不同环境意识的消费者对四种认证标志的支付意愿也存在很大的差异：①具有中低程度环境意识的消费者对有机标志的支付意愿没有明显变化，但具有很强环境意识的消费者的支付意愿显著增长；②随着环境意识的提高，消费者对绿色标志的支付意愿呈现稳定增长趋势，这可能与消费者很容易将“绿色”与环境友好联系在一起有关；③随着环境意识的提高，消费者对无公害标志的支付意愿也呈现增长趋势，但在环境意识较低时消费者支付意愿增长较快，而环境意识较高时，消费者支付意愿的增长幅度大大降低，这应该与环境意识很高的消费者已经不满足于“无公害”这一较低的环保表述有关；④具有不同环境意识的消费者对地理标志的支付意愿呈现微弱且不稳定的增长，变化趋

势并不显著。图7-3数据还显示，环境意识较高的消费者更倾向于为品牌苹果支付更高的价格，可能是因为他们认为品牌苹果生产者往往出于珍惜品牌声誉、保证产品质量、承担社会责任等多种目的，更倾向于采用环境友好型生产规范与技术。

总体而言，与食品安全意识对支付意愿的影响相比，环境意识对消费者支付意愿的影响相对要低得多，可能是因为我国消费者更多的是出于食品安全等而非环境保护的追求而购买认证食品[①]。

五、本章小结

本章运用真实选择实验研究了消费者对“三品一标”四种农产品和两种品牌（合作社品牌、企业品牌）的支付意愿，并进一步考察了食品安全意识和环境意识对消费者支付意愿的影响，主要得出以下结论与建议：①消费者对“三品一标”农产品支付意愿的从高到低排序为：有机标志>绿色标志>地理标志>无公害标志。消费者对无公害苹果的支付意愿仅略高于常规苹果，无公害认证存在的价值可能会不断降低，建议相关部门考虑调整、合并甚至取消无公害认证。②相较于普通苹果，消费者普遍愿意为企业或合作社生产的品牌苹果支付更高的价格。因此，政府应该通过政策支持专业合作社和“企业+农户”等新型生产组织形式发展，引导分散农户通过专业合作社或与农业企业合作进行品牌生产。③“三品一标”四种认证标志与品牌之间的交叉效应是互补的，通过认证的苹果供应商实施品牌化战略或拥有品牌的苹果通过认证将更能提高消费者支付意愿，政府应该积极促进认证与品牌化耦合发展。④食品安全意识的提高会提升认证标志尤其是有机标志的消费者支付意愿，而环境意识引起的消费者支付意愿变化整体不大。因此，政府应致力于通过科普知识宣传与社会舆论引导等多种途径，提高消费者生态支付意愿。

---

① Yin S. J., Li Y., Xu Y. J., et al. Consumer Preference and Willingness to Pay for the Traceability Information Attribute of Infant Milk Formula: Evidence from a Choice Experiment in China [J]. *British Food Journal*, 2017, 119 (6): 1276-1288.

第八章　消费者对不同层次认证标签的拍卖出价差异及其影响因素研究

拍卖实验在模拟的市场环境中实现参与者的真实支付，通常被视作非假设性的现实性偏好，可以更好地揭示参与者的真实支付意愿。本章在前两章采用选择实验研究消费者陈述性偏好基础上，采用随机 n 价拍卖实验研究消费者对不同认证标签（无公害标签、绿色标签和有机标签）的支付意愿，进而运用多变量 Probit（MVP）模型分析消费者食品安全风险感知与环境意识等对消费者支付意愿的影响。

一、简要文献回顾

自 20 世纪末以来，我国建立了涵盖有机标签、绿色标签和无公害标签的、多层次的食品质量认证体系①，在提升食品安全水平、促进环境保护以及增加农民收入等方面，取得了显著成效②。与常规食品相比，由于认证食品生产遵循更加严格的标准，从而增加了成本，必然需要从市场上获得额外补偿（尹世久，2013）③。因此，食品质量认证体系的发展，归根结底要取决于它是否能得到消费者的认可，估计消费者对认证食品的支付意愿（Willingness to Pay，WTP），对于供应商进行市场预测、制定价格策略等经营决策具有重要意义，也由此成为学界的重要议题④。

---

① Yu X. H.，Gao Z. F.，Zeng Y. C. Willingness to Pay for the "Green Food" in China ［J］. *Food Policy*，2014，45（45）：80－87.

② 尹世久，高杨，吴林海．构建中国特色食品安全共治体系［M］．北京：人民出版社，2017.

③ 尹世久．信息不对称、认证有效性与消费者偏好：以有机食品为例［M］．北京：中国社会科学出版社，2013.

④ Breidert C.，Hahsler M.，Reutterer T. A Review of Methods for Measuring Willingness-to-pay ［J］. *Innovative Marketing*，2006，2（4）：8－32.

学者使用了不同的方法以评估消费者对认证食品的支付意愿[①②③④]。从现有研究来看，条件价值评估法、拍卖实验和选择实验等是最常使用的方法[⑤]。条件价值评估法和选择实验在假设的市场情境下导出消费者的陈述性偏好，依赖于消费者的主观判断，往往会因为消费者主观夸大或缩小他们的真实想法而造成策略性偏差[⑥⑦]。拍卖实验在模拟的市场环境中实现参与者的真实支付，通常被视作非假设性的现实性偏好，可以更好地揭示参与者的真实支付意愿，受到学界青睐[⑧⑨⑩]。

拍卖实验的有效性在很大程度上取决于拍卖机制的选择[⑪]。从学界现有研究来看，拍卖实验通常使用 Vickrey、BDM 和随机 n 价三种拍卖机制[⑫⑬⑭]。在

---

① Liu R., Pieniak Z., Verbeke W. Consumers' Attitudes and Behaviour towards Safe Food in China: A Review [J]. *Food Control*, 2013, 33 (1): 93-104.

② Tranter R. B., Bennett R. M., Costa L., et al. Consumers' Willingness-to-pay for Organic Conversion-grade Food: Evidence from Five EU Countries [J]. *Food Policy*, 2009, 34 (3): 287-294.

③ Napolitano F., Braghieri A., Piasentier E., et al. Effect of Information about Organic Production on Beef liking and Consumer Willingness to Pay [J]. *Food Quality and Preference*, 2010, 21 (2): 207-212.

④ Akaichi F., Nayga Jr, Rodolfo M., et al. Assessing Consumers' Willingness to Pay for Different Units of Organic Milk: Evidence from Multiunit Auctions [J]. *Canadian Journal of Agricultural Economics*, 2012, 60 (4): 469-494.

⑤ Breidert C., Hahsler M., Reutterer T. A Review of Methods for Measuring Willingness-to-pay [J]. *Innovative Marketing*, 2006, 2 (4): 8-32.

⑥ Lusk J. L. Using Experimental Auctions for Marketing Applications: A Discussion [J]. *Journal of Agricultural and Applied Economics*, 2003, 35 (2): 349-360.

⑦ Tsai M. H., Chang F. J., Kao L. S., et al. An Application of Composite Utility Evaluation Model for Irrigation Project [J]. *Journal of Taiwan Agricultural Engineering*, 2004, 50 (2): 112-123.

⑧ Akaichi F., Nayga Jr, Rodolfo M., et al. Assessing Consumers' Willingness to Pay for Different Units of Organic Milk: Evidence from Multiunit Auctions [J]. *Canadian Journal of Agricultural Economics*, 2012, 60 (4): 469-494.

⑨ Hellyer N. E., Fraser I., Haddock-Fraser J. Food Choice, Health Information and Functional Ingredients: An Experimental Auction Employing Bread [J]. *Food Policy*, 2012, 37 (3): 232-245.

⑩ Elbakidze L., Nayga R. M., Li H. Willingness to Pay for Multiple Quantities of Animal Welfare Dairy Products: Results from Random N th-, Second-Price, and Incremental Second-Price Auctions [J]. *Canadian Journal of Agricultural Economics*, 2013, 61 (3): 417-438.

⑪ Schott C., Kleef D. D. V., Steen T. P. S. The Combined Impact of Professional Role Identity and Public Service Motivation on Decision-making in Dilemma Situations [J]. *International Review of Administrative Sciences*, 2016, 84 (1): 1-40.

⑫ Vickrey W. Counters Peculation Auctions and Competitive Sealed Tenders [J]. *The Journal of finance*, 1961, 16 (1): 8-37.

⑬ Becker G. M., DeGroot M. H., Marschak J. Measuring Utility by a Single-response Sequential Method [J]. *Behavioral Science*, 1964, 9 (3): 226-232.

⑭ Shogren J. F., Margolis M., Koo C., et al. A Random Nth-price Auction [J]. *Journal of Economic Behavior and Organization*, 2001, 46 (4): 409-421.

Vickrey 拍卖机制中，所有参与者需要同时报价，出价最高的参与者获胜并且以第二高的价格进行真实支付①。从 20 世纪 90 年代开始，学界主要使用 Vickrey 拍卖机制研究消费者对含有不同质量信息属性食品的支付意愿②③。Akaichi 等的 Vickrey 机制实验研究结果表明，美国消费者对于有机牛奶的支付意愿随着拍卖轮数的增加而下降④。然而，Vickrey 机制可能会导致参与者报价过低，从而导致实验结果与真实偏好之间的偏差⑤⑥。继 Vickrey 机制之后，BDM 机制逐步成为拍卖实验更加常用的方法。BDM 机制较好地避免了在同一组实验中参与者信息关联的缺点，因此更适用于个体的实验。BDM 机制可以避免报价的“非真诚性”。然而，给定出价者并非在真实市场环境出价的情况下，由于缺乏竞争性的市场环境，BDM 机制难以满足激励相容的要求⑦。与其他拍卖机制相比，随机 n 价拍卖机制具有激励相容的基本特征，同时融合了 Vickrey 和 BDM 拍卖机制的优势，从而能够更加准确地估计消费者偏好⑧。

从现有研究来看，虽然已有少量采用随机 n 价拍卖实验研究可追溯食品等安全食品的消费者偏好的文献⑨⑩，但同时研究不同认证（有机/绿色/无公害）食品的消费者偏好的研究尚未见报道。鉴于此，本章以通过不同认证（有机/绿色/无公害）的番茄为实验标的物，在山东省青岛等城市邀请 286 位消费者实施随机 n 价拍卖实验，研究消费者对上述质量认证标签的支付意愿，进而运用多变量 Probit（MVP）模型分析消费者食品安全风险感知与环境意识对其支付意愿的影

---

① Sakurai Y. A Limitation of the Generalized Vickrey Auction in Electronic Commerce：Robustness against False-name Bids［J］. *Proc Sixteenth National Conference on Artificial Intelligence*, 1999, 13：431 –434.

② Hayes D. J. , Shogren J. F. , Shin S. Y. , et al. Valuing Food Safety in Experimental Auction Markets［J］. *American Journal of Agricultural Economics*, 1995, 77（1）：40 –53.

③ Lecocq S. T. Magnac M. C. , Pichery, et al. The Impact of Information on Wine Auction Prices：Results of an Experiment［J］. *Annales Déconomie Et De Statistique*, 2005, 96（77）：37 –57.

④ Akaichi F. , Nayga Jr. , Rodolfo M. , et al. Assessing Consumers' Willingness to Pay for Different Units of Organic Milk：Evidence from Multiunit Auctions［J］. *Canadian Journal of Agricultural Economics*, 2012, 60（4）：469 –494.

⑤ Ausubel L. M. , Milgrom P. The Lovely but Lonely Vickrey Auction［J］. *Discussion Papers*, 2004, 17（1）：13 –36.

⑥ List J. A. Using Random nth Price Auctions to Value Non-Market Goods and Services［J］. *Journal of Regulatory Economics*, 2003, 23（2）：193 –205.

⑦ Horowitz J. K. The Becker-DeGroot-Marschak Mechanism is not Necessarily Incentive Compatible, even for Non-random Goods［J］. *Economics Letters*, 2006, 93（1）：6 –11.

⑧ List J. A. Using Random nth Price Auctions to Value Non-Market Goods and Services［J］. *Journal of Regulatory Economics*, 2003, 23（2）：193 –205.

⑨ Alexander C. Designing Experimental Auctions for Marketing Research：The Effect of Values, Distributions, and Mechanisms on Incentives for Truthful Bidding［J］. *Review of Marketing Science*, 2007, 5（1）：3 –31.

⑩ Ji Y. L. , Han D. B. , Jr. R. M. N. , et al. Valuing Traceability of Imported Beef in Korea：An Experimental Auction ap Proach［J］. *Australian Journal of Agricultural and Resource Economics*, 2011, 55（3）：360 –373.

响，进而提出相应的政策建议。

二、实验设计与实施

（一）实验标的物

本书选择番茄为拍卖实验标的物，主要原因在于：①番茄是我国最常见的蔬菜种类之一[①][②]；②我国番茄生产者通常规模较小，大多没有品牌[③]，可以尽可能排除品牌对消费者选择的影响，更加准确地估计消费者对不同认证标签的支付意愿。在实验中，使用了三种番茄作为拍卖标的：无公害番茄（HT）、绿色番茄（GT）和有机番茄（OT）。实验使用的番茄均由同一生产商提供，以尽量避免品牌、产地等因素对消费者支付意愿的影响[④]。

（二）数据来源与样本特征

本书分别在山东省东部、中部、西部地区选择 2 个城市（东部：青岛和日照；中部：淄博和莱芜；西部：德州和菏泽）实施拍卖实验和相应的问卷调查。山东省东部、中部、西部地区的经济发展水平存在一定差异，具有较好的代表性。经验研究显示，我国消费者主要从超市和农贸市场购买番茄等蔬菜[⑤]。因此，本书从上述 6 个城市的超市和农贸市场采取拦截访问的方式招募受访者实施拍卖实验和相应的问卷调查，并且每次均选择邀请进入视线的第三位消费者参加实验（若该消费者拒绝接受访问，则继续邀请下一位消费者），以提高被调查者选取的随机性[⑥]。2017 年 12 月，在山东省日照市进行了预实验，对实验方案进行了相应的修改与调整。2018 年 1～3 月，在上述 6 个城市开展正式实验与调查。共招募 360 位参与者（每个城市 60 位），其中 286 名受访者有效地完成了所有实验和调查。实验开始前，没有告知参与者任何与实验内容相关的信息，以避免参与

---

① Chen M., Yin S., Xu Y., et al. Consumers' Willingness to Pay for Tomatoes Carrying Different Organic Labels［J］. British Food Journal, 2015, 117（11）: 2814－2830.

② 马兆红. 从生产市场需求谈我国番茄品种的变化趋势［J］. 中国蔬菜，2017（3）：1－5.

③ Chen M., Yin S., Xu Y., et al. Consumers' Willingness to Pay for Tomatoes Carrying Different Organic Labels［J］. British Food Journal, 2015, 117（11）: 2814－2830.

④ 实验中所用的番茄全部由山东省日照市的一家蔬菜生产商提供。为了避免广告嫌疑，我们在此隐去了生产商的名字。

⑤ Yin S. J., Chen M., Xu Y. J., et al. Chinese Consumers' Willingness to Pay for Safety Label on Tomato: Evidence from Choice Experiments［J］. *China Agricultural Economic Review*, 2017, 9（1）: 141－155.

⑥ Wu L., Yin S., Xu Y., et al. Effectiveness of China's Organic Food Certification Policy: Consumer Preferences for Infant Milk Formula with Different Organic Certification Labels［J］. *Canadian Journal Agricultural Economics*, 2014, 62（4）: 545－568.

偏差。样本中女性有159名（55.594%），这与我国家庭中食品采购者大多是女性的现实相符①。参与者的人口统计学特征如表8-1所示。

表8-1 样本基本特征描述

变量	分类指标	样本数	比重（%）
性别	女	159	55.594
	男	127	44.406
年龄	≤39岁	147	51.399
	≥40岁	139	48.601
教育程度	小学及以下	53	18.531
	中学	115	40.210
	大学及以上	118	41.259
家庭年收入	低收入（≤10万元）	223	77.972
	高收入（>10万元）	63	22.028
家中有18岁以下未成年人	是	142	49.650
	否	144	50.350

（三）拍卖实验实施过程

对三种认证番茄（有机番茄、绿色番茄和无公害番茄）分别进行三轮拍卖，在每一轮参与者被要求对该轮次被拍卖的番茄进行出价。具体实验实施过程如下。

第一步：受邀参与者到达指定实验地点后，给予每人一个ID号码，要求他们按照ID号码入座，并告知参与者相互之间禁止交流。实验组织者向每一个参与者发放15元作为补偿，同时赠送1千克番茄用于拍卖实验，并向参与者说明当前常规番茄市场价格大约是5元/千克，便于参与者出价时进行参考。实验组织者随后向参与者展示被拍卖的三种认证番茄，并说明所有番茄在颜色、大小等外观特征方面基本没有差别。进一步地，对拍卖实验程序进行了详细说明，确保每一位参与者熟知拍卖规则。

第二步：首先对无公害番茄进行随机n价拍卖。参与者对无公害番茄仔细观察之后，进行密封报价，报价代表参与者用常规番茄交换无公害番茄时所愿意支

① Wu L., Yin S., Xu Y., et al. Effectiveness of China's Organic Food Certification Policy: Consumer Preferences for Infant Milk Formula with Different Organic Certification Labels [J]. *Canadian Journal Agricultural Economics*, 2014, 62 (4): 545-568.

付的最高差价。

第三步：收集所有参与者的报价，对所有报价进行排序，从中随机选择一个价格作为第 n 高的报价，并且选择这个第 n 高的价格作为这一轮的交易价格，出价超过这个价格的参与者是这一轮拍卖的获胜者，公布获胜者的 ID 号码和相应的报价。之后以相同的程序实施第二轮和第三轮拍卖。在每一轮中，参与者的报价都可以为 0。

第四步：遵循与无公害番茄拍卖相同的程序，分别对绿色番茄和有机番茄实施三轮拍卖。拍卖实验结束后，所有参与者需要填写一份问卷，问卷内容主要包括参与者的个体特征（性别、年龄、教育背景、家庭年收入、家中是否有未成年人）以及他们的食品安全风险感知（RiskPercp）和环境意识（EnvAwa）。

三、理论框架和变量设置

（一）理论框架

消费者是否愿意为认证番茄支付更高价格？不同特征的消费者支付意愿是否存在差异？消费者对于不同认证番茄的支付意愿是否存在差异？对于这些问题的回答对于分析我国认证食品市场发展具有现实意义。与以往研究多局限于分析某一类型食品的消费者支付意愿及其影响因素不同，本章从三个层面分析、比较消费者对认证番茄的支付意愿及相应的影响因素：一是与常规番茄相比，消费者是否愿意为无公害番茄支付更高价格；二是与无公害番茄相比，消费者是否愿意为绿色番茄支付更高价格；三是与绿色番茄相比，消费者是否愿意为有机番茄支付更高价格。

基于显示偏好原理和随机 n 价拍卖机制的激励相容特性：$WTP_{ij}=BID_{ij}$，BID_{ij} 是第 i 个消费者对第 j 种番茄的报价（$j=1, 2, 3$；特别地，当 $j=0$ 时，BID_{ij} 代表常规番茄的市场价格）。如果 $BID_{ij}>BID_{i(j-1)}$，第 i 个消费者对于第 j 种番茄的 WTP 高于对于（$j-1$）种番茄的 WTP。相比后者，消费者对前者有更高的 WTP。基于上述分析，构建二元离散选择模型如下：

$$Y_{ij}=\begin{cases}1 & BID_{ij}-BID_{i(j-1)}>0\\ 0 & BID_{ij}-BID_{i(j-1)}\leqslant 0\end{cases} \tag{8-1}$$

其中，$j=1$，表示第 i 个消费者对于第 j 种番茄的 WTP 高于其对于第（$j-1$）种番茄的 WTP；否则，$Y_{ij}=0$。

第 i 个消费者需要为 j 种番茄报价，因此 BID_{ij} 是一个 j 维的列向量，$BID_i=(BID_{i1}, BID_{i2}, \cdots, BID_{ij})'$。$BID_{ij}$ 受很多因素影响，如个体特征。因此，

$$BID_{ij}-BID_{i(j-1)}=DBID_{ij}=X_i\beta+\varepsilon_i \tag{8-2}$$

在式（8－2）中，$X_i = \begin{bmatrix} X_{i11} & \cdots & X_{i1m} & & & & & \\ & & & X_{i21} & \cdots & X_{i2m} & & \\ & & & & & \cdots & & \\ & & & & & & X_{ij1} \cdots & X_{ijm} \end{bmatrix}$

是一个 $j\times(j\times m)$ 维的准对角矩阵。X_{ijk} 代表第 i 个消费者在第 j 次报价中第 m 个独立变量。$\beta=(\beta_{11},\beta_{12},\cdots,\beta_{1m},\beta_{21},\beta_{22},\cdots,\beta_{2m},\cdots,\beta_{j1},\beta_{j2},\cdots,\beta_{jm})$ 是一个估计的参数向量，$\varepsilon_i=(\varepsilon_{i1},\varepsilon_{i2},\cdots,\varepsilon_{ij})'$ 是一个残差项。

第 i 个消费者对于全部 j 种番茄的 WTP 的概率可以被表述为：

$$\begin{aligned} Prob(Y_i=1) &= Prob(BID_{ij}-BID_{i(j-1)}>0) \\ &= F(\varepsilon_i>-X_i\beta)=1-F(-X_i\beta) \end{aligned} \quad (8-3)$$

如果 ε_i 满足正态分布，那么它满足 MVP 模型的假设。因此有：

$$Prob(Y_i=1)=1-\Phi(-X_i\beta)=\Phi(X_i\beta) \quad (8-4)$$

（二）变量设定

基于以上分析，本章共设置三个因变量：Y1、Y2 和 Y3。其中，Y1 表示消费者对无公害番茄的出价（BID_{HT}）是否高于常规番茄的市场价格（P_{CT}）；Y2 表示消费者对绿色番茄的出价（BID_{GT}）是否高于无公害番茄（BID_{HT}）；Y3 表示消费者对有机番茄的出价（BID_{OT}）是否高于绿色番茄（BID_{GT}）。除引入消费者性别、年龄、受教育程度、家庭年收入和家中是否未成年子女等个体特征变量外，还引入了食品安全风险感知（RiskPercp）和环境意识（EnvAwa）作为自变量（见表 8－2）。

引入这些自变量的原因主要在于：①大量经验研究表明，消费者年龄、性别、受教育程度和收入等个体特征对消费者的认证食品支付意愿往往有着显著影响[①②③]；②消费者往往认为，与常规食品相比，认证食品具有安全和生态等特点[④⑤]，消费者食品安全风险感知（RiskPercp）与环境意识（EnvAwa）对其支付

① Liu R., Pieniak Z., Verbeke W. Consumers' Attitudes and Behaviour towards Safe Food in China: A Review [J]. *Food Control*, 2013, 33 (1): 93－104.

② Tranter R. B., Bennett R. M., Costa L., et al. Consumers' Willingness-to-pay for Organic Conversion-grade Food: Evidence from Five EU Countries [J]. *Food Policy*, 2009, 34 (3): 287－294.

③ Onyango B. M., Hallman W. K., Bellows A. C. Purchasing Organic Food in US Food Systems: A Study of Attitudes and Practice [J]. *British Food Journal*, 2007, 109 (5): 399－411.

④ Loo E. J. V., Caputo V., Nayga R. M., et al. Consumers' Willingness to Pay for Organic Chicken Breast: Evidence from Choice Experiment [J]. *Food Quality and Preference*, 2011, 22 (7): 603－613.

⑤ Yiridoe E. K., Bonti-Ankomah S., Martin R. C. Comparison of Consumer Perceptions and Preference toward Organic Versus Conventionally Produced Foods: A Review and Update of the Literature [J]. *Renewable Agriculture and Food Systems*, 2005, 20 (4): 193－205.

意愿可能会产生不同程度的影响。

具体变量设置与定义描述如表 8－2 所示，共设置 21 个（3×7）自变量。

表 8－2　变量设置与描述

变量	定义	均值	标准差
Y1	若 $BID_{HT}>P_{CT}$，Y1 ＝ 1；否则 ＝ 0	0.696	0.500
Y2	若 $BID_{GT}>BID_{HT}$，Y2 ＝ 1；否则 ＝ 0	0.558	0.498
Y3	若 $BID_{OT}>BID_{GT}$，Y3 ＝ 1；否则 ＝ 0	0.381	0.500
性别（GE）	女性 ＝ 1；男性 ＝ 0	0.556	0.498
年龄（AG）	大于 40 岁 ＝ 1；否则，0	0.486	0.495
教育程度（ED）	接受高等教育 ＝ 1；否则，0	0.412	0.209
收入（IN）	高收入 = 1；否则，=0	0.221	0.299
未成年子女（KI）	有 18 岁以下未成年子女 = 1；否则，0	0.497	0.499
食品安全风感知（RiskPercp）	担忧 ＝ 1；否则，0	0.721	0.172
环境意识（EnvAwa）	担忧 ＝ 1；否则，0	0.691	0.393

四、结果与讨论

（一）消费者对不同认证番茄的拍卖出价

消费者对三种认证番茄的出价如表 8－3 所示，无公害番茄（HT）、绿色番茄（GT）和有机番茄（OT）的平均出价分别为 0.376 元、1.024 元和 2.487 元。如果把 2018 年 1 月当地常规番茄（CT）的市场价格（5.00 元/千克）作为参照，那么消费者对 HT、GT 和 OT 出价的溢价分别为 7.518%、20.481% 和 49.746%。

表 8－3　消费者对无公害番茄、绿色番茄和有机番茄的拍卖出价

竞价类别	最小值（元）	最大值（元）	均值（元）	标准差	标准误	价格溢价（%）
HT	0.000	2.931	0.376	0.101	0.221	7.518
GT	0.000	6.050	1.024	0.762	0.602	20.481
OT	0.000	6.873	2.487	2.201	0.943	49.746

表 8－3 数据表明，消费者对 HT 的出价略高于常规番茄价格，并且显著低于 GT 和 OT 的出价。拍卖实验要求参与者对三种认证番茄（HT、GT 和 OT）分别进行报价，本书采用 T 检验判断出价均值之间差异的显著性。T 检验结果表明，在 HT 出价均值和 CT 价格之间（$t=42.201$，$p=0.031$），在 GT 出价均值和 HT

出价均值之间（$t=27.124$，$p=0.0153$），在 OT 出价均值和 GT 出价均值之间（$t=31.506$，$p=0.0121$）均能观察到消费者出价均值之间存在显著差异，这在一定程度上反映了我国当前多层次的认证政策较好地满足了市场需求的多元化。

（二）MVP 模型估计结果

基于上述变量设置，相应的对数似然函数为：

$$\ln(L(\theta)) = \ln(\prod_{i=1}^{286} \phi(Y_i, \Delta BID_i \mid \beta, \Sigma)) = \sum_{i=1}^{286} \ln\{\phi(Y_i, \Delta BID_i \mid \theta)\} \quad (8-5)$$

其中，$\theta=(\beta, \Sigma)$ 是参数空间。本章使用 MATLAB（R2010b）进行 MVP 模型估计，在 10000 次采样时间和 500 次迭代后 MVP 模型满足 $\|\theta^{(t+1)}-\theta^{(t)}\| \leq 0.0001$。模型估计结果如表 8－4 所示。

表 8－4　MVP 模型估计结果

因变量	自变量	系数	标准误	T－统计量	P－值
*Y*1	GE1	0.153*	0.171	1.320	0.072
	AG1	0.145*	0.201	－1.290	0.133
	ED1	1.110**	0.207	3.190	0.032
	IN1	0.131**	0.261	0.351	0.049
	KI1	0.026***	0.171	1.170	0.018
	RiskPercp1	0.192**	0.342	0.556	0.031
	EnvAwa1	0.289*	0.105	1.550	0.091
*Y*2	GE2	0.188**	0.142	2.54	0.041
	AG2	0.517***	0.406	－3.510	<0.0001
	ED2	0.801**	0.184	－3.990	0.019
	IN2	0.417***	0.311	0.988	0.004
	KI2	0.108***	0.237	0.218	0.012
	RiskPercp2	0.531***	0.241	0.579	0.001
	EnvAwa2	0.287*	0.233	0.411	0.098
*Y*3	GE3	0.137*	0.183	1.650	0.090
	AG3	－0.200*	0.201	1.970	0.081
	ED3	0.607*	0.234	2.61	0.067
	IN3	0.019*	0.685	0.135	0.070
	KI3	0.165**	0.187	0.423	0.046
	RiskPercp3	0.599*	0.183	2.112	0.071
	EnvAwa3	0.408	0.271	0.299	0.135

续表

因变量	自变量	系数	标准误	T-统计量	P-值
统计模型检验	σ_{12}	0.893***	0.004	112.131	<0.0001
	σ_{13}	0.912***	0.005	96.722	<0.0001
	σ_{23}	0.906***	0.009	84.905	<0.0001
	-2LL	383	Cox and Snell R^2		0.846
	P-value	0.000	Nagelkerke R^2		0.873

注：*、**、***分别表示10%、5%、1%的显著性水平。

表8-4数据显示，-2LL：383，Cox and Snell R^2：0.846，Nagelkerke R^2：0.873，模型整体回归状况良好。表8-4数据还表明，$\sigma_{12}=0.893$，$\sigma_{13}=0.912$，以及$\sigma_{23}=0.906$，说明消费者三个层次支付意愿间具有高度相关性，使用MVP模型估计是合适的选择。根据表8-4数据，可以得出以下研究结果：

1. 性别变量的影响

性别变量（GE）对Y1、Y2和Y3均有显著影响。与男性相比，女性对三种认证番茄均具有更高的支付意愿。这一方面可归因于我国更多女性是家中的食物购买者或制作者；另一方面是因为女性在性格和行为方面往往更为谨慎，更加关注家庭成员的健康和营养状况，从而更加关注食品安全问题。该结果与以往一些学者的研究结果相似①②③。当然，也有学者认为女性和男性消费者对有机食品的支付意愿并无显著差异④。

2. 年龄变量的影响

年龄变量（AG）对Y1和Y2有显著的正向影响，但对Y3的影响却显著表现为负向。老年消费者更注重家庭成员及自己的身体健康，更倾向于购买HT或GT，对GT的出价（BID_{GT}）也明显高于对HT的出价（BID_{HT}）。对于年轻消费者来说，他们对于OT的出价（BID_{OT}）明显高于GT（BID_{GT}），这应该与年轻消费者更愿意尝试新鲜事物、更具创新精神有关，与无公害食品和绿色食品相比，有机食品在我国出现较晚，消费者认知率相对更低，尚属于新鲜事物。

① Dai D., Hu Z., Pu G., et al. Energy Efficiency and Potentials of Cassava Fuel Ethanol in Guangxi Region of China [J]. *Energy Conversion and Management*, 2006, 47 (13): 1686-1699.

② Onyango B. M., Hallman W. K., Bellows A. C. Purchasing Organic Food in US Food Systems: A Study of Attitudes and Practice [J]. *British Food Journal*, 2007, 109 (5): 399-411.

③ Gao Y., Niu Z. H., Yang H. R., et al. Impact of Green Control Techniques on Family Farms' Welfare [J]. *Ecological Economics*, 2019, 161: 91-99.

④ Loo E. J. V., Caputo V., Nayga R. M., et al. Consumers' Willingness to Pay for Organic Chicken Breast: Evidence from Choice Experiment [J]. *Food Quality and Preference*, 2011, 22 (7): 603-613.

3. 受教育程度变量的影响

受教育程度变量（ED）对 Y1、Y2 和 Y3 有显著影响。受过高等教育的消费者对食品安全和环境问题表现出极大的关注。这些消费者寻求高品质的生活，并愿意购买认证食品尤其是有机食品。这一结果也得到一些已有经验研究结论的支持①②③。

4. 收入变量的影响

收入变量（IN）对 Y1、Y2 和 Y3 有显著正向影响。IN 显著影响 Y1，说明与常规番茄相比，高收入组相比低收入组更偏好无公害番茄。IN 变量对 Y2 有显著影响，相应的估计参数为0.417，远高于 Y1（0.131），说明高收入群体更偏好 GT，并且收入在 HT 和 GT 出价差距之间的影响远高于其在 HT 和 CT 之间出价差距的影响。IN 虽然也显著影响 Y3，但相应的估计参数仅为0.019，这表明收入造成的 GT 和 OT 的出价差距并不是很大。绿色食品和有机食品的目标顾客群应定位于高收入群体，这也与一些学者的调查结论吻合，即大多数绿色食品和有机食品的消费者都是高收入者④⑤。

5. 未成年子女变量的影响

未成年子女变量（KI）对 Y1、Y2 和 Y3 有显著影响。从系数大小来看，Y2（0.108）高于 Y1（0.026），Y3（0.165）高于 Y2（0.108），这反映了我国消费者家庭更加关注子女的健康营养，往往会将子女的需求放在首位，甚至可能压低成年人消费以满足未成年子女的需求⑥。对于认证食品特别是绿色食品和有机食品供应商而言，未成年人应该成为重要的目标顾客群。

6. 食品安全风险感知变量的影响

食品安全风险感知变量（RiskPercp）对 Y1、Y2 和 Y3 有显著影响。这一结

---

① Gunduz O., Bayramoglu Z. Consumers Willingness to Pay for Organic Chicken Meat in Samsun Province of Turkey [J]. *Journal of Animal and Veterinary Advances*, 2011, 10 (3): 334–340.

② Rousseau S., Vranken L. Green Market Expansion by Reducing Information Asymmetries: Evidence for Labeled Organic Food Products [J]. *Food Policy*, 2013, 40 (2): 31–43.

③ Gao Y., Dong J., Zhang X., et al. Enabling for-profit Pest Control Firms Meet Farmers' Preferences for Cleaner Production: Evidence from Grain Family Farm in Huang-huai-hai Plain, China [J]. *Journal of Cleaner Production*, 2019, 227: 141–148.

④ 全世文，曾寅初．食品安全：消费者的标识选择与自我保护行为［J］．中国人口·资源与环境，2014（4）：77–85.

⑤ Dettmann R. L., Dimitri C. Who's Buying Organic Vegetables? Demographic Characteristics of U.S. Consumers [J]. *Journal of Food Products Marketing*, 2009, 16 (1): 79–91.

⑥ Chen M., Yin S., Xu Y., et al. Consumers' Willingness to Pay for Tomatoes Carrying Different Organic Labels: Evidence from Auction Experiments [J]. *British Food Journal*, 2015, 117 (11): 2814–2830.

果与有关研究关于食品安全风险感知可以显著影响消费者对有机食品的选择的结论一致[①][②]。从估计参数来看，Y2（0.531）高于 Y1（0.192），Y3（0.599）高于 Y2（0.531）。这些结果表明，具有高风险感知的消费者对于绿色番茄和有机番茄具有比无公害番茄更高的支付意愿。

7. 环境意识变量的影响

环境意识变量（EnvAwa）对 Y1 和 Y2 有显著影响，这表明环境意识较高的消费者更偏爱认证食品，尤其是绿色食品。一个令人意外的发现是，模型估计的结果表明环境意识对 Y3 没有显著影响，虽然有机食品比绿色食品的环境友好程度更高，但那些具有更强环境意识的消费者对有机食品并未表现出比绿色食品更高的支付意愿。可能的原因是很多消费者认为 GT 和 OT 的环境影响相差不大，甚至有些消费者由于缺乏对有机食品的足够了解而对有机食品的环境收益缺乏认识。这也从侧面反映消费者可能更多基于食品安全而非环境收益来购买有机食品[③]。

五、本章小结

本章使用随机 n 价拍卖实验评估了消费者对不同认证番茄的支付意愿，并运用 MVP 模型分析了消费者个体特征、食品安全风险感知与环境意识等对其支付意愿的影响。主要得出如下研究结论：①消费者对绿色番茄的支付意愿高于无公害番茄，对有机番茄的支付意愿高于绿色番茄。总体而言，与常规番茄相比，消费者普遍愿意为认证食品支付更高的价格，但对无公害番茄的支付意愿仅略高于常规番茄。随着食品与农产品生产技术的提高和公众食品安全与环境意识的提高，无公害认证存在的价值可能需要进一步评估，生产商应慎重选择无公害生产，政府也应该考虑取消或调整无公害认证。②具有不同个体特征的消费者的支付意愿存在显著异质性。与男性相比，女性消费者对认证番茄尤其是有机番茄具有更高的支付意愿。年轻消费者和受教育程度较高的群体相对更偏好有机番茄，而年长的消费者通常更倾向于选择绿色番茄和无公害番茄。家中有未成年子女的消费者通常更愿意为认证食品支付高价。生产供应通过认证尤其是绿色和有机认

---

① Liu R., Pieniak Z., Verbeke W. Consumers' Attitudes and Behaviour towards Safe Food in China: A Review [J]. *Food Control*, 2013, 33 (1): 93-104.

② Goldman B. J., Clancy K. L. A Survey of Organic Produce Purchases and Related Attitudes of Food Cooperative Shoppers [J]. *American Journal of Alternative Agriculture*, 1991, 6 (2): 89-96.

③ 尹世久. 信息不对称、认证有效性与消费者偏好：以有机食品为例［M］. 北京：中国社会科学出版社，2013.

证的儿童食品，可以成为食品生产商可以考虑的选择。③食品安全风险感知对认证食品的消费者偏好产生显著影响。相对而言，高风险感知的消费者群体最偏好有机番茄，其次是绿色番茄，最后是无公害番茄。消费者环境意识也能提高消费者对认证食品的支付意愿，但环境意识的变化并不会显著影响消费者在绿色食品和有机食品两者之间的选择。从扩大市场需求的角度来讲，认证食品供应商更应该将健康、安全等属性而非生态、环保属性作为广告诉求主题。总体而言，供应商在生产经营决策与营销战略中应充分考虑消费者偏好的异质性，满足多样化的市场需求；政府也应该基于消费者偏好特征与规律调整认证制度安排，更好地发挥市场机制的决定性作用。

第九章　认证标签是否存在来源国效应：来自 BDM 机制拍卖实验的证据

与无公害标签和绿色标签不同，我国有机认证体系是多元化认证并存，呈现认证主体多元、认证来源多样的特征。本章延续第八章的研究，继续采用拍卖实验研究消费者对认证标签的支付意愿。本章以中国有机认证标签、中国香港有机标签、日本有机标签、巴西有机标签和欧盟有机标签为例，采用 BDM 机制拍卖，研究消费者对不同来源国有机标签的支付意愿，并引入多项 Logit 模型（MNL）研究消费者对不同有机标签的偏好选择。

一、问题的提出

自 20 世纪末期以来，我国逐步构建起由无公害认证、绿色认证和有机认证组成的食品安全认证体系。无公害认证和绿色认证分别由农业部农产品质量安全中心和绿色食品发展中心承担，认证服务提供机构单一，而有机认证呈现认证主体多元、认证来源多样的特征。在我国市场销售的有机食品，既可能加贴我国国内有机标签，也可能加贴境外有机标签（如欧盟有机标签、日本有机标签、中国香港有机标签等）。这些不同来源国的有机认证标签是否存在来源国效应？如果存在，有哪些因素会影响来源国效应？探明这一系列问题的答案，对于我国食品安全认证制度与认证监管政策的进一步完善，具有指导意义。

20 世纪中后期以来，来源国（country of origin）效应日益引起学界重视，学者开始从不同的角度探讨来源国效应的定义，进而以消费者偏好为标准，采用实证的方法对来源国效应的大小进行测度[①]。现有研究大多以产地或品牌等的来源国研究消费者偏好的变化，而对于服务产品的来源国效应研究很少，张辉等以金融服务为例，探讨了服务来源国对于消费者服务评价的影响[②]。虽然已有一些学

①② 张辉，汪涛，刘洪深．服务产品也存在来源国效应吗？——服务来源国及其对消费者服务评价的影响研究［J］．财贸经济，2011（12）：127－133.

者开始关注消费者对有机标签的偏好差异①。但关注其来源国效应的文献未见报道。由于食品安全认证属于认证服务产品，与一般产品在特征、评价等方面有着很大差异，现有来源国文献很难解释认证服务领域的相关现象。

在消费者偏好研究方法中，拍卖实验（Auction Experiment，AE）采用真实的物品与金钱展开实验，可以模拟真实的市场环境，获取的数据非常接近消费者真实偏好②。在实施拍卖实验时，经常需要进行多轮拍卖，那些出价偏低的参与者可能会因为屡屡无法胜出而影响参与积极性，而出于应付心理其可能会出现竞价的“非真诚性”（No-sincerity），从而无法得到其真实的支付意愿③，而维克瑞（Vickrey）、BDM（Becker-DeGroot-Marschak）与随机 n 价拍卖等激励相容的演化拍卖机制能够有效解决参与者“非真诚性”问题④。其中，BDM 机制可以逐次选择单个参与者单独进行实验，在克服“非真诚性”问题的同时，又能避免参与者之间相互影响而造成的偏差⑤。

基于上述分析，本章以有机标签为例，以番茄为实验标的物，引入 BDM 机制拍卖研究不同来源国认证标签的消费者偏好，以检验认证标签的来源国效应，并通过多项 Logit 模型（Multinomial Logit，MNL）探究影响来源国效应的主要因素，这对我国食品安全认证政策改革与完善具有政策应用价值，也可为厂商的市场定位等营销战略提供理论指导。

二、研究方法与数据来源

食品与农产品、食品安全与食品安全风险等是本书中最重要、最基本的概念。本书在借鉴相关研究的基础上，进一步做出科学的界定，以确保研究的科学性。

---

① Janssen M., Hamm U. Product Labeling in the Market for Organic Food: Consumer Preferences and Willingness-to-pay for Different Organic Certification Logos [J]. *Food Quality and Preference*, 2012, 25 (1): 9-22.

② Jack B. K., Leimona B., Ferraro P. J. A Revealed Preference Approach to Estimating Supply Curves for Ecosystem Services: Use of Auctions to Set Payments for Soil Erosion Control in Indonesia [J]. *Conservation Biology*, 2010, 23 (2): 359-367.

③ Franciosi R., Isaac R. M., Pingry D. E., et al. An Experimental Investigation of the Hahn-noll Revenue Neutral Auction for Emissions Licenses [J]. *Journal of Environmental Economics and Management*, 1993, 24 (1): 1-24.

④ Akaichi F., Nayga Jr, Rodolfo M., et al. Assessing Consumers' Willingness to Pay for Different Units of Organic Milk: Evidence from Multiunit Auctions [J]. *Canadian Journal of Agricultural Economics*, 2012, 60 (4): 469-494.

⑤ Becker G. M., DeGroot M. H., Marschak J. Measuring Utility by a Single-response Sequential Method [J]. *Behavioral Science*, 1964, 9 (3): 226-232.

（一）拍卖实验

1. 实验标的物

番茄是我国居民常食用的蔬菜品种，2012 年全国产量超过 5000 万吨，居世界首位，约占世界总产量的 30%。因此，本章以番茄为实验标的物。为探究不同有机标签的来源国效应，具体实验标的物选定五种有机番茄，分别为加贴中国有机标签、中国香港有机标签、日本有机标签、巴西有机标签和欧盟有机标签（加贴上述五种有机标签的番茄在下文分别简写为 CNT、HKT、JNT、BRT 和 EUT）。如此选择的原因在于，欧盟和日本作为发达国家的代表，巴西作为发展中国家的代表，而香港有机标签与中国有机标签同属于国内，但经济和社会发展程度以及制度环境仍存在较大不同，将这些有机标签相互对比，可望具有一定代表性。在实验中，为控制品牌、产地等其他因素的影响，拍卖实验所使用的番茄皆来自当地一家取得欧盟等多家认证的有机蔬菜生产基地。

2. 拍卖机制选择

按照 BDM 拍卖机制的实验规则，首先由参与者对拍卖的番茄给出所愿意支付的价格，然后由实验员从事先设计好的随机发生器中抽取一个随机的价格，如果参与者给出的价格高于随机抽取的价格，参与者需要按照随机抽取的价格进行交易；反之则取消①。

3. 拍卖实验准备

在拍卖实验开始前，首先由实验员向参与者赠送 1 千克常规番茄（简写为 CT）作为参与奖励，并向参与者说明常规番茄的市场价格约为 3 元/千克。然后，实验员向参与者展示所竞拍的五种有机番茄（CNT、HKT、JNT、BRT 和 EUT），并向消费者说明，拍卖实验中交易的所有番茄在诸如色泽、大小等外观等方面基本无差别。为使消费者充分相信有机番茄的真实性，实验员要向参与者展示番茄生产厂商的有关资料，并根据厂商技术人员指导，提前在番茄上加贴对应的有机标签，参与者可凭标签上的有机码在电脑中查询到对应的有机认证信息，以提高参与者对标的物本身的信任，尽量避免因消费者对有机番茄真伪的质疑而降低出价。

4. 拍卖实验程序

共安排五轮拍卖，在每轮拍卖中参与者需要对本轮对应的有机番茄出价。五

---

① Becker G. M., DeGroot M. H., Marschak J. Measuring Utility by a Single-response Sequential Method [J]. *Behavioral Science*, 1964, 9 (3): 226 – 232.

轮拍卖全部结束后，由参与者采用随机抽签的方式从五轮拍卖中选取一轮作为最后的结算轮数，然后由电脑抽签系统随机抽取本轮电脑出价，如果消费者本轮出价高于电脑出价，则按照结算轮数对应的电脑出价进行交易，即将获赠 CT 补贴相应差价后换购结算轮数的有机番茄；反之则取消交易，参与者只得到获赠的 CT。实验的具体程序可参见图 9－1。

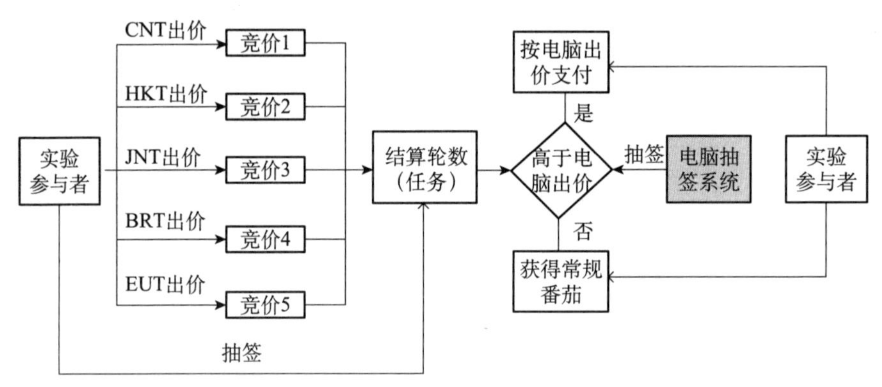

图 9－1 BDM 机制实验程序

5. 实验实施

本次实验地点选择在山东省。分别在山东省东部、中部和西部地区各选择三个城市（东部：威海、青岛、日照；中部：淄博、莱芜、泰安；西部：德州、聊城、菏泽）招募参与者，具体招募地点选择在当地的大型超市或农贸市场。主要原因在于，大量研究表明，超市和农贸市场是我国居民购买蔬菜的最重要场所①。

实验通过面对面直接访谈的方式进行，采取街头拦截的方式选择参与者，邀请进入实验员视线的第三个经过者参加实验，旨在最大限度地提高抽样的随机性②。具体实验在 2014 年 2～3 月进行，参与者同时需要填写一份结构化调查问卷，涵盖消费者个体特征、有机知识、食品安全意识与生态意识等问题。本次实验共招募到 907 位消费者（每个城市约 100 个），共有 867 个消费者完成了全部实验与调查问卷。参与实验的消费者统计特征汇总如表 9－1 所示，包括消费者年龄（AG）、性别（GE）、学历（ED）、收入（IN）及家庭是否有未成年子女（KI）等个体特征；以及为了研究需要，借鉴 Ortega 等的做法，采用消费者自我感知判断（采用 7 级里克特量表测度）的方式调研获得的数据，包括食品安全意

① 张磊，王娜，赵爽．中小城市居民消费行为与鲜活农产品零售终端布局研究——以山东省烟台市蔬菜零售终端为例［J］．农业经济问题，2013，34（6）：74－81.

② Wu L. H.，Xu L. L.，Zhu D.，et al. Factors Affecting Consumer Willingness to Pay for Certified Traceable Food in Jiangsu Province of China［J］. *Canadian Journal of Agricultural Economics*，2012，60（3）：317－333.

识（CO）、生态意识（EN）和有机知识（KN）①。

表 9-1　消费者基本特征与变量设置

变量	定义与赋值	比例（%）	变量	定义与赋值	比例（%）
消费者偏好选择（Y_i）	1：对 EUT 的出价最高	29.78	未成年子女（*KI*）	1：有	32.46
	2：对 BRT 的出价最高	19.45		0：无	67.54
	3：对 JNT 的出价最高	17.26	收入（*IN*）*	1：[5000～)	32.75
	4：对 HKT 的出价最高	22.17		0：[0，5000)	67.25
	5：对 CNT 的出价最高	11.34	食品安全意识（*CO*）	1：[1，3)	21.57
年龄（*AG*）	1：[0，30)	15.25		2：[3，6)	38.65
	2：[30，45)	32.14		3：[6，7]	39.78
	3：[45，60)	34.47	生态意识（*EN*）	1：[1，3)	23.51
	4：[60～)	18.14		2：[3，6)	45.64
学历（*ED*）	1：小学及以下	30.45		3：[6，7]	30.85
	2：中学	39.85	有机知识（*KN*）	1：[1，3)	41.01
	3：大学及以上	29.70		2：[3，6)	31.49
性别（*GE*）	1：女	56.28		3：[6，7]	27.50
	0：男	43.72	—	—	—

注：* 根据 2013 年国家统计局提出的收入划分标准，个人可支配收入超过 59319 元/年可归为高收入阶层，因此，此处将月收入超过 5000 元定义为高收入阶层。http：//news.hexun.com/2013-01-29/150680234.html。

（二）多项 Logit 模型设定

本书引入 MNL 模型研究消费者对不同有机标签的偏好选择。Logit 模型是应用最广泛的离散选择模型，适用于因变量为非连续变量的回归分析。Train 认为，选用 Logit 模型需要满足如下条件：①选择项之间具有排他性，即只能选择一个选项；②选择项必须具有完备性，即包含了决策者可选择的所有选项，决策者一定能够从中选择；③选择项的数量有限，一般为 3～5 项②。本书拟研究的消费者对不同有机标签的偏好选择符合上述要求，且偏好选择间是无序的，MNL 模型是适宜的选择。

① Ortega D. L.，Wang H. H.，Wu L.，et al. Modeling Heterogeneity in Consumer Preferences for Select Food Safety Attributes in China [J]. *Food Policy*，2011，36（2）：318-324.

② Train K. E. Discrete Choice Methods with Simulation [M]. Cambridge：Cambridge University Press，2003.

当解释变量仅包括个体特征变量，且效用函数的随机部分服从类型 I 的极值分布且独立时，运用 MNL 模型可以得到个体偏好选择为某一有机标签的概率：

$$P(Y_i = j \mid x_i) = \frac{e^{X_i'\beta_j}}{\sum_{k=1}^{J} e^{X_i'\beta_k}}, k = 1, 2, \cdots, J \qquad (9-1)$$

其中，若消费者 i 对于选择集 S 中第 j 项出价最高，则用 $Y_i = j$ 表示。$P(Y_i = j)$ 表示消费者 i 选择 j 的概率，各选择项的概率之和为 1，即 $\sum_{j=1}^{J} P(Y_i = j \mid x_i) = 1$；$x_i$ 为解释变量向量；β_k 为待估系数向量组。由于式（9－1）中无法直接识别所有的系数 β_k，$k = 1, 2, \cdots, J$，因此，估计时通常将 S 中某一选项设为“对照组”，然后令其系数向量为零向量。

本书中，选择集 S＝｛EUT，NZT，JNT，HKT，CNT｝，设定“消费者对 CNT 的出价最高”为对照组，即 $Y_i = 5$。此时，$\beta_5 = 0$。式（9－1）经过推导并令 $J = 5$，得到本章的待估计模型：

$$P(Y_i = j \mid x_i) = \begin{cases} \dfrac{1}{1 + \sum_{k=1}^{4} e^{X_i'\beta_k}} & (j = 5) \\ \dfrac{e^{X_i'\beta_j}}{1 + \sum_{k=1}^{4} e^{X_i'\beta_k}} & (j = 1,2,3,4) \end{cases} \qquad (9-2)$$

式（9－2）中解释变量向量 $x_i = (AG, GE, ED, IN, KI, CO, EN, KN)$。引入这些解释变量的理由是：①经验研究已经证实，消费者的年龄、性别、学历以及收入等个体特征会不同程度地影响其支付意愿①；②消费者普遍认为，有机食品因其采用更为安全、环保的技术而有别于常规食品②，食品安全意识与生态意识会影响消费者的偏好选择③；③产品知识对消费者支付意愿的影响已成为学界共识，有机食品也不例外④。

---

① Yiridoe E. K., Bonti-Ankomah S., Martin R. C. Comparison of Consumer Perceptions and Preference toward Organic Versus Conventionally Produced Foods: A Review and Update of the Literature [J]. *Renewable Agriculture and Food Systems*, 2005, 20 (4): 193-205.

② Hjelmar U. Consumers' Purchase of Organic Food Products: A Matter of Convenience and Reflexive Practices [J]. *Appetite*, 2011, 56 (2): 336-344.

③ Liu R. D., Pieniak Z., Verbeke W. Consumers' Attitudes and Behaviour towards Safe Food in China: A Review [J]. *Food Control*, 2013, 33 (1): 93-104.

④ Napolitano F., Braghieri A., Piasentier E., et al. Effect of Information about Organic Production on Beef liking and Consumer Willingness to Pay [J]. *Food Quality and Preference*, 2010, 21 (2): 207-212.

三、实证模型与分析结果

（一）消费者出价

参与者对 EUT、BRT、JNT、HKT 和 CNT 的出价如表 9－2 所示。表 9－2 数据显示，参与者对 EUT、BRT、JNT、HKT 和 CNT 的支付意愿的平均值依次为 6.2871元、5.1097 元、4.9842 元、5.9146 元、3.9631 元，分别为常规番茄价格（当地 2013 年 7 月市场均价 3 元/千克）的 209.57%、193.66%、166.14%、197.15%、132.10%，说明消费者普遍愿意为上述有机番茄支付更高的价格。

表 9－2　参与者对不同有机番茄出价的总体情况

出价类别	极小值（元）	极大值（元）	均值（元）	标准差	均值标准误	价格溢价（%）
EUT	3.7000	14.5000	6.2871	2.0476	0.8914	209.57
BRT	3.2000	13.7000	5.1097	1.3247	0.7435	193.66
JNT	3.0000	12.500	4.9842	1.2479	0.7628	166.14
HKT	3.0000	11.200	5.9146	1.358	0.7862	197.15
CNT	3.0000	7.0000	3.9631	1.0134	0.6875	132.10

进一步地，将 EUT、BRT、JNT、HKT、CNT 分别赋值为为 1、2、3、4、5，运用 SPSS20.0 对表 9－2 数据进行单因素方差分析，以探究参与者对不同有机番茄的出价间是否存在显著差异。表 9－3 所示的单因素方差分析结果表明，受访者对上述不同有机番茄出价均值间存在显著差异。

表 9－3　有机番茄类型对消费者出价的单因素方差分析结果

	离差平方和	自由度	方差	F 统计量	显著性 P
组间离差平方和	516.574	4	258.287	2.878	0.038
组内离差平方和	1346.186	15	89.746	—	—
离差平方总和	1862.760	17	—	—	—

表 9－2 和表 9－3 数据表明，从消费者出价均值来看，EUT 均值最高，之后依次为 HKT、BRT、JNT、CNT。消费者对 CNT 的出价均值最低，且与 EUT、HKT、BRT、JNT 均形成显著差距。主要的原因可能在于：①虽然改革开放以来，我国科技与经济发展水平有了飞速增长，但消费者可能还是普遍认为，与发达国家相比，管理、技术以及由此导致的产品质量等仍存在差距①；②屡屡曝光的食

① 刘洪深，王宁，徐岚．产品评价的来源国分解效应：欠发达国家视角［J］．商业经济与管理，2012（4）：56－63.

品丑闻，沉重打击了消费者对国内食品的信任，以2013年“贵州茅台假有机风波”为代表的认证投机事件，更是影响了消费者对国内认证的信心①。EUT和HKT的均值差距相对较小，参与者对JNT的出价均值不仅远低于EUT和HKT，而且低于BRT，可能与中日间较为复杂的外交关系和历史渊源有关。总体而言，消费者对EUT、HKT、BRT、JNT、CNT出价的均值之间存在显著差异，验证了有机标签存在显著的来源国效应。

（二）不同个体特征消费者出价的模型估计

本书采用MNL控制个体特征变量，以消费者选择CNT（对CNT出价最高）为对照组，运用NLOGIT 5.0统计软件，分析可能影响消费者对不同来源国认证标签偏好选择的主要因素。表9-4是利用MNL模型对消费者偏好选择进行参数估计的结果。

表9-4的回归结果显示，就年龄（AG）变量而言，青年人（30~45岁）对EUT或HKT出价最高的概率显著较高，反映了青年人对相对发达国家或地区的产品（或服务）更愿接受和相对更为开放的消费心态。但AG对于青年人JNT出价最高的影响为负，且在1%水平统计上显著，中日之间国际关系复杂而又微妙，而青年人往往对这种关系具有相对更为敏感而激烈的情绪，由此影响了其偏好选择。中年人（45~60岁）选择HKT或EUT的概率显著较高，反映出中年人对香港和欧盟有机认证较为认可，尤其是选择HKT的概率与其他年龄段消费者相比显著较高，应该与中年人更多了解香港的食品安全管理制度或具有更多的香港产品购买经历等有关。中年人（45~60岁）对BRT出价最高的概率和对JNT出价最高的概率均不显著，说明中年人对巴西和日本的认证服务评价低于香港和欧盟，但与其他年龄段消费者相比，中年人对JNT出价的影响不再显著为负，可能与其相对更为理性的消费态度有关。老年人（60岁以上）除选择JNT的概率显著较低外，对其他境外标签的偏好均不显著，这既可能与老年人相对更为保守、对国外产品（或服务）缺乏了解而形成的消费态度有关，也可能与老年人对中日近代战争有更多的认识与感受有关。可以得出，除老年人来源国效应相对较弱外，其他不同年龄段的消费者皆存在较强的来源国效应，但对不同国家（或地区）来源的群体性偏好存在较大差别。

学历（ED）对于中等学历消费者EUT、JNT和HKT出价最高的影响显著为正而对BRT的影响显著为负，可能是因为较低学历消费者更偏好相对发达国家或地区的产品（或服务），而对发展中国家有些排斥，这也与很多产品来源国效

① 尹世久．信息不对称、认证有效性与消费者偏好：以有机食品为例［M］．北京：中国社会科学出版社，2013.

应的经验研究结论吻合①。高学历（大学及以上）消费者选择 JNT 的概率显著为负，而选择 HKT 的概率显著为正。可能的原因是，具有较高学历的消费者可能会更为关心国家政策的制定，更愿意通过表述自身偏好的方式来影响宏观政策，这也与 Lusk 的研究结论吻合②。

性别（GE）对 EUT、HKT 或 JNT 出价最高的概率均显著较高，女性消费者更为关注食品安全与家人健康，对来自境外相对发达国家或地区的产品更为偏好，而对来自日本的 JNT 也较为偏好，可能也与女性对中日关系的反应更为缓和有关。收入（IN）对消费者选择 EUT、HKT 和 JNT 的概率显著为正，可能是因为高收入者往往更倾向于购买来自相对发达国家或地区的产品（往往价格较高）。家庭中有未成年子女的消费者选择 EUT、BRT、JNT 和 HKT 的概率均显著较高，这些消费者往往出于关注未成年子女健康的目的而更担心食品安全风险，尤其是乳制品领域频发的食品安全事件影响了公众对国产食品的消费信心，所以更为偏好来自境外的认证标签。

就食品安全意识（CO）对消费者偏好的影响而言，食品安全意识中等的消费者（$3 \leqslant CO < 6$）对 EUT 出价最高的概率显著较高，而对其他番茄的影响不显著；高食品安全意识的消费者（$CO > 5$）对 EUT、JNT 和 HKT 出价最高的概率均显著较高。因此，消费者食品安全意识越高，则越倾向于选择来自相对发达国家或地区的有机标签，来源国效应越高。

生态意识（EN）对消费者偏好的影响很微弱，除高生态意识消费者（$EN > 5$）对 EUT 出价最高的概率显著较高外，其他均不显著，说明消费者普遍认为，就有机生产而言，不同来源国有机标准的生态效益并无太大差别。高生态意识消费者对 EUT 出价最高的概率显著较高的原因可能在于，这些消费者群体认为欧盟有机认证更为严格且更注重有机生产的环境影响。总体而言，不同生态意识消费者群体间来源国效应并无太大差异。

有机知识（KN）对消费者偏好存在显著影响。与低知识消费者（$KN < 3$）相比，中等知识消费者（$3 \leqslant KN < 6$）对 EUT、JNT 和 HKT 出价最高的概率显著高于对 CNT 出价最高的概率。而高知识消费者（$KN > 5$）仅对 HKT 出价最高的概率显著高于对 CNT 出价最高的概率，且显著性降低，其他选择均不显著。可以看出，有机知识中等的消费者群体，有机标签来源国效应最强，而高有机知识消费者的来源国效应反而降低，原因可能在于高知识消费者更加了解我国有机认

---

① 才源源，何佳讯．高兴与平和：积极情绪对来源国效应影响的实证研究［J］．营销科学学报，2012（8）．

② Lusk J. L. Effects of Cheap Talk on Consumer Willingness-to-pay for Golden Rice［J］. *American Journal of Agricultural Economics*, 2003, 85（4）: 840 – 856.

证政策的某些现状，如欧盟等境外认证必须跟国内认证机构合作才可以在国内开展认证业务，这种合作可能降低了消费者对境外有机标签的认可度。

表 9-4　参与者偏好选择的 MNL 模型参数估计结果（对照组：CNT 出价最高）

变量与描述		EUT 出价最高 系数	BRT 出价最高 系数	JNT 出价最高 系数	HKT 出价最高 系数
AG	2：[30，45)	0.7480***	-0.6245	-0.5166***	0.3257*
	3：[45，60)	0.6291**	0.1381	-0.0264	0.4475***
	4：[60～)	0.4233	-0.1082	-0.2265***	0.3557
ED	2：中学	1.3514**	-1.0477*	0.2352*	0.8347*
	3：大学及以上	0.8212	0.5368	-0.2216**	0.7257**
GE	1：女	1.6543**	0.123	0.8427*	0.4245*
IN	1：[5000～)	2.3253**	0.4175	1.1247**	1.2564*
KI	1：有	2.4785**	0.4678*	0.8675**	1.3258**
CO	2：[3，6)	0.8674*	0.3541	0.5742	0.9854
	3：[6，7)	1.5342***	0.4751	0.4258*	0.8453**
EN	2：[3，6)	0.8641	0.4578	0.3574	0.4745
	3：[6，7)	0.7542*	0.5548	0.7515	0.6755
KN	2：[3，6)	0.7545***	0.2154	0.5867*	0.4575**
	3：[6，7)	0.6854	0.3245	0.4751	0.6845**
对数似然值		-1265.1423			
显著性水平		0.0000			
似然比统计量		453.47			

注：*、**、***分别表示在10%、5%和1%的统计水平上显著。

四、本章小结

本章以有机标签为例，实施拍卖实验，采用实证数据来验证了食品安全认证标签的来源国现象，将来源国效应的研究尝试性地从产品领域拓展到认证服务领域，但也仍存在若干不足之处。

（一）主要研究结论

基于上述分析，本书得出的主要结论有：①消费者对加贴欧盟有机标签番茄的出价最高，之后依次为香港有机标签、巴西有机标签、日本有机标签和中国有机标签，且消费者出价间存在显著差异，表明有机标签存在显著的来源国效应，消费者普遍更偏好来自发达国家（或地区）的有机标签。②有机标签在消费者中普遍存在来源国效应，但不同个体特征消费者群体的来源国效应普遍存在不同倾向。中青年、低学历、女性、高收入以及家庭中有未成年子女的消费者，来源国效应普遍较强，且往往更倾向于偏好来自相对发达国家或地区的有机标签。③有机知识与食品安全意识对消费者偏好具有较强影响，而生态意识的影响较弱。消费者食品安全意识越高，则越倾向于选择来自相对发达国家或地区的有机标签，有机标签的来源国效应越显著。但不同生态意识消费者群体间有机标签的来源国效应并无显著差异。有机知识变化对来源国效应的影响呈现 U 形，有机知识中等的消费者群体来源国效应最强。不同消费者群体间来源国效应普遍存在差异，不仅表现为效应大小不同，也表现为偏好倾向存在较大差别，这些差别应成为有机厂商目标市场选择和市场定位的重要参考依据。

（二）研究局限

由于研究方法存在难以避免的缺陷，以及研究难以摆脱的现实背景，本研究可能在以下方面仍存在不足：①本书是在因“钓鱼岛事件”导致中日经贸关系跌入低谷的背景下展开的，这一时代背景难免会在不同程度上影响消费者对日本产品或服务的消费态度与偏好倾向，日本有机标签的来源国效应仍有待更长时期的跟踪研究。②消费者有机知识、食品安全意识与生态意识的测定采用参与者主观判断的方法，必然有主观因素导致的偏差。开发将客观指标与主观指标相结合的成熟量表，以更为科学地测度消费者的有机知识与相关态度，方可更为准确地推断其对食品安全认证来源国效应的影响。

第十章 认证、品牌与产地效应：消费者偏好的联合分析

2008 年 9 月中国乳制品行业发生的“三聚氰胺事件”严重削弱了消费者对国产婴幼儿配方奶粉（Infant Milk Formula，IMF）的信心，IMF 市场份额发生了重大变化。一些国内 IMF 厂商为重振消费者信心，采取了构建认证体系、加强品牌合作、到海外投资建厂等诸多举措。这些举措效果如何，根本在于能否取得消费者的信任。本章以婴幼儿配方奶粉为例，运用联合分析方法研究有机认证标签、品牌和产地等质量信息属性对消费者偏好的影响，基于比较的视角来探究认证标签能否削弱产地和品牌来源国效应。

一、问题的提出

“三聚氰胺事件”等食品安全事件沉重打击了消费者对国产婴幼儿配方奶粉的信心，引发国人的海外奶粉抢购风潮[①]。近年来，质检部门对国内乳品企业监测已非常严格，但信息不对称引致的市场失灵成为消费者信任重建的“瓶颈”[②]。基于 Spence 提出的信息传递机制，促进质量信息传递与交流，成为缓解食品市场信息不对称的重要手段[③④]。尤其在信任品市场中，品牌、标签与产地等信息

① 费威. 不同食品安全监管主体的行为抵消效应研究［J］. 软科学，2013，27（3）：44 -49，64.

② 王常伟，顾海英. 基于委托代理理论的食品安全激励机制分析［J］. 软科学，2013，27（8）：65 -68，74.

③ Spence A. M. Market Signaling［M］. Boston：Harvard University Press，1974.

④ Probst L.，Houedjofonon E.，Ayerakwa H. M.，et al. Will They Buy It? The Potential for Marketing Organic Vegetables in the Food Vending Sector to Strengthen Vegetable Safety：A Choice Experiment Study in Three West African Cities［J］. *Food Policy*，2012，37（3）：296 -308.

往往发挥着更为重要的作用[①][②]。在食品上加贴认证标签成为厂商向消费者证明食品品质的有效手段[③]。

Lancaster 认为，消费者的效用（utility）来源于商品的具体属性[④]。食品可被视为口味等感官属性以及品牌等非感官属性的结合[⑤]。因此，开始有学者采用联合分析（Conjoint analysis，CA）研究消费者对不同食品属性的偏好。例如，Claret 等发现，相较于捕捞方式、储存方法和价格，产地是西班牙消费者选择鱼类产品时最为看重的属性[⑥]。Alphonce 和 Alfnes 以有机认证标签（Organic Certification Label，OCL）和产地为属性的研究表明，坦桑尼亚消费者更偏好产地为本国或经过有机认证的番茄[⑦]。Norwood 和 Lusk 对养殖条件属性的研究发现，美国消费者更偏好符合动物福利属性的食品[⑧]。

基于上述分析，可以发现：①品牌、OCL、产地等用于显示质量安全的非感官信息属性在消费者食品选择中发挥着重要作用，专门研究这些质量信息如何影响消费者食品选择的文献尚未见报道[⑨]；②CA 已成为研究消费者偏好的重要工具，但鲜见采用 CA 研究我国消费者食品偏好的文献。鉴于此，本研究拟以 IMF 为例，采用 CA 研究消费者对不同属性 IMF 的偏好，系统比较品牌、OCL[⑩] 与产

---

① Ares G., Gimenez A., Deliza R. Influence of Three Non-sensory Factors on Consumer Choice of Functional Yogurts over Regular Ones [J]. *Food Quality and Preference*, 2010, 21 (4): 361–367.

② Carrillo E., Varela P., Fiszman S. Packaging Information as a Modulator of Consumers' Perception of Enriched and Reduced-calorie Biscuits in Tasting and Non-tasting Tests [J]. *Food Quality and Preference*, 2010, 25 (2): 105–115.

③ Janssen M., Hamm U. Product Labelling in the Market for Organic Food: Consumer Preferences and Willingness to Pay for Different Organic Certification Logos [J]. *Food Quality and Preference*, 2012, 25 (1): 9–22.

④ Lancaster K. J. A New Approach to Consumer Theory [J]. *The Journal of Political Economy*, 1966, 74 (2): 132–157.

⑤ Tempesta T., Vecchiato D. An Analysis of the Territorial Factors Affecting Milk Purchase in Italy [J]. *Food Quality and Preference*, 2013, 27 (1): 35–43.

⑥ Claret A., Guerrero L., Aguirre E. Consumer Preferences for Sea Fish Using Conjoint Analysis: Exploratory Study of the Importance of Country of Origin, Obtaining Method, Storage Conditions and Purchasing Price [J]. *Food Quality and Preference*, 2012, 26 (2): 259–266.

⑦ Alphonce R., Alfnes F. Consumer Willingness to Pay for Food Safety in Tanzania: An Incentive-aligned Conjoint Analysis [J]. *International Journal of Consumer Studies*, 2012, 36 (4): 394–400.

⑧ Norwood F. B., Lusk J. L. A Calibrated Auction-conjoint Valuation Method: Valuing Pork and Eggs Produced Under Differing Animal Welfare Conditions [J]. *Journal of Environmental Economics and Management*, 2011, 62 (1): 80–94.

⑨ Probst L., Houedjofonon E., Ayerakwa H. M., et al. Will They Buy It? The Potential for Marketing Organic Vegetables in the Food Vending Sector to Strengthen Vegetable Safety: A Choice Experiment Study in Three West African Cities [J]. *Food Policy*, 2012, 37 (3): 296–308.

⑩ 从国内外实践与研究现状来看，OCL 是一种最为常用且常见的食品安全认证标签，这是本书选择 OCL 作为认证标签代表的原因所在。

地等在消费者偏好中的效应，旨在为厂商构建有效信息传递机制提供参考。

二、理论框架与计量模型

消费者通常将婴幼儿的健康置于极其重要的地位，对 IMF 的安全问题尤为关注，因此本章选择 IMF 为研究对象。依据 Lancaster，把 IMF 视为品牌、OCL、产地以及价格属性的集合，消费者将在预算约束条件下选择 IMF 的属性组合以最大化其效用①。

联合分析是研究产品属性对消费者的重要性及其所带来效用的有效统计方法②。最早由 Luce 和 Tukey 于 1964 年提出，之后 Green、Wind 和 Jain 等开始将其应用于消费者行为研究并取得了很好的效果③。CA 主要包括全轮廓法（Full Profile Approach，FPA）、适应性联合分析（Adaptive Conjoint Analysis，ACA）、自我阐释方法（Self-explicated Approach，SA）和基于选择的联合分析（Choice-based Conjoint，CBC）等，其中哪一种方法能更准确地反映消费者的内在价值选择并无定论④。在消费者对产品并不熟悉从而难以快速判断的情况下，若过于追求对产品的精准评价，反而可能导致信息偏差较大，此时采用 FPA 因便于受访者回答而成为更适宜的方法⑤。我国消费者对 OCL 认知率普遍较低，可供选择的有机食品种类和购买渠道相对有限⑥，消费者往往难以在不同 OCL 间作出精确判断。因此，本章选择 FPA 联合分析研究消费者对 OCL 等不同属性奶粉的偏好。

FPA 联合分析模型可以用如下效用函数表示：

$$U(X) = \alpha_0 + \sum_{i=1}^{m} \sum_{j=1}^{n_i} a_{ij} X_{ij} + \varepsilon \qquad (10-1)$$

式（10－1）表示考虑定义产品存在 $i = 1, \cdots, m$ 个产品属性；属性 i 有 $j = 1, \cdots, n_i$ 个层次；$U(X)$ 为该产品轮廓的效用总值；a_{ij} 表示 i 属性 j 层次的分值效用（part-worth）；X_{ij} 为虚拟变量，当属性 i 层次 j 存在时取值为 1，否则为 0。α_0 为常数项；ε 为残差。

---

① Lancaster K. J. A New Approach to Consumer Theory [J]. *The Journal of Political Economy*, 1966, 74 (2): 132－157.

② 王高，黄劲松，赵字君，等. 应用联合分析和混合回归模型进行市场细分 [J]. 数理统计与管理，2007，26（6）：941－950.

③ Green P., Srinivasan V. Conjoint Analysis in Consumer Research: Issues and Outlook [J]. *Journal of Consumer Research*, 1978, 5 (2): 103－123.

④⑤ 王高，黄劲松，赵字君，等. 应用联合分析和混合回归模型进行市场细分 [J]. 数理统计与管理，2007，26（6）：941－950.

⑥ 尹世久. 信息不对称、认证有效性与消费者偏好：以有机食品为例 [M]. 北京：中国社会科学出版社，2013.

对于第 i 个属性的重要性，首先由该属性下各层次最大和层次最小的部分效用值相减而得到效用全距：

$$I_i = \{\max_j(a_{ij}) - \min_j(a_{ij})\} \quad (10-2)$$

然后对效用全距进行标准化，得到属性 i 的相对重要性指标 W_i 如下：

$$W_i = I_i / \sum_{i=1}^{m} I_i \quad (10-3)$$

对于 m 个属性且属性 i 有 n_i 个层次的联合分析，除截距外，共需估计 $T = \sum_{i=1}^{m} n_i - m$ 个模型系数。对于每个属性的 n_i 个层次，需要选定一个层次做参照，将其系数限制为0，估计其余的 $n_i - 1$ 个系数。估计的属性层次的系数表示与参照的差异。

假设基于正交设计方法，每个受访者需要对 S 个产品轮廓进行打分，故每个人有 S 个数据点。对于受访者 h 和产品 s，$s = 1, \cdots, S$，其线性回归方程可表示为：

$$Y_{hs} = \beta_{0h} + \beta_{1h}X_{1hs} + \beta_{2h}X_{2hs} + \cdots + \beta_{Th}X_{Ths} + e_{hs} \quad (10-4)$$

其中，Y_{hs} 为受访者 h 对产品 s 的打分，X_{1hs} 至 X_{Ths} 为产品 s 不同属性层次的虚拟变量值。β_{0h} 至 β_{Th} 分别为受访者 h 的（$T+1$）个模型系数，β_{0h} 为模型的截距；β_{1h} 至 β_{Th} 为不同属性层次的效用系数，即部分效用；e_{hs} 是受访者 h 在产品 s 的模型残差。

三、调研设计与数据来源

（一）联合分析设计

联合分析的关键在于属性选择和属性层次设定。所确定的属性应为影响消费者偏好的突出属性，既不能太多而增加受访者负担，也不能太少致使关键信息丢失而降低模型的预测能力①。属性层次的确定在考虑减轻受访者负担的同时，又要保证参数估计的精度。一般而言，为避免层次数量效应（Number-of-level Effect），属性层次不宜超过四个②。

本书以相关文献为依据（见前文“问题的提出”部分），结合 FGD 相关结论与 IMF 市场实际，共设定 OCL、品牌（BRAND）、产地（ORIGIN）和价格（PRICE）四个属性。具体属性层次设置，则主要考虑了以下因素：

---

① Wittink D. R, Vriens M., Burhenne W. Commercial Use of Conjoint Analysis in Europe: Results and Critical Reflections [J]. *International Jounal of Research in Marketing*, 1994, 11 (1): 41-52.

② Loo E. J. V., Caputo V., Nayga R. M., et al. Consumers' Willingness to Pay for Organic Chicken Breast: Evidence from Choice Experiment [J]. *Food Quality and Preference*, 2011, 22 (7): 603-613.

（1）新西兰是我国最主要的进口奶粉来源国。“可瑞康”（KARICARE）是在我国广为公众熟知的新西兰奶粉品牌。“双氰胺事件”以及伊利新西兰投资建厂等事件，在我国引发公众广泛关注。因此，将“新西兰生产”（NZPRO）、“可瑞康”（KARICARE）和“新西兰有机认证标签”（NZOCL）作为属性层次引入。

（2）德国是全球有机食品市场最为成熟的国家①，采用的欧盟 OCL（EU-OCL）在国际上具有很大影响，且 FGD 结果显示，EUOCL 也是我国消费者认知率最高的国外 OCL。FGD 结果同时表明，消费者普遍认为，德国食品生产标准较为严格，“特福芬”（TOPFER）等品牌为世界知名品牌，在我国拥有较高的知名度与市场占有率。因此，分别将“德国生产”（GERPRO）、“TOPFER”和“EU-OCL”引入。

（3）作为本地供应商，有必要将中国生产（CNPRO）和中国 OCL（CNOCL）作为属性层次引入。而在品牌属性上选择了“A 品牌”（A-BRAND）作为我国知名品牌的代表②，并虚构了一个“得乐”（DELE）品牌作为非知名品牌的代表。

（4）我国市场销售的 IMF 存在从 400g 至 900g 的不同包装规格，为缩小价格差异，本书选择 400g 包装。依据市场价格，借鉴其他学者做法③，把价格属性设置高（HIGH）（150 元/400g）、常规（REGULAR）（100 元/400g）和低（LOW）（50 元/400g）。

基于上述考虑，最终设计的属性及相应层次如表 10－1 所示。

表 10－1　属性与属性层次的设定

属性	属性水平
有机标签（OCL）	中国认证（CNORG）、欧盟认证（EUORG）、新西兰认证（NZORG）
品牌（BRAND）	A 品牌（A）、得乐（DELE）、特福芬（TOPFER）、可瑞康（KARICARE）
原产地（ORIGIN）	中国生产（CNPRO）、德国生产（GERPRO）、新西兰生产（NZPRO）
价格（PRICE）	50 元/400 克（LOW）、100 元/400 克（REGULAR）、150 元/400 克（HIGH）

基于上述属性与属性层次设计方案，可产生 108（3×4×3×3）个产品轮廓。为降低受访者的负担，此处采用 SPSS19.0 软件进行正交试验得出 12 种虚拟

① 尹世久．信息不对称、认证有效性与消费者偏好：以有机食品为例［M］．北京：中国社会科学出版社，2013.

② 在调研中实际采用了一个现实的知名品牌，为避免广告和侵权嫌疑，本书写作中采用 A 品牌来代指。

③ Ares G.，Gimenez A.，Deliza R. Influence of Three Non-sensory Factors on Consumer Choice of Functional Yogurts over Regular Ones［J］. *Food Quality and Preference*，2010，21（4）：361－367.

IMF 轮廓。借鉴相关研究的做法①，以彩色图片方式向受访者展示要选择的 IMF 产品轮廓，并以文字进一步解释说明不同 IMF 的 OCL、品牌、产地与价格等信息，然后要求受访者根据自身偏好对每一个产品轮廓从 1 ~9 分进行打分。

（二）样本数据与描述

山东省东部沿海地区与中西部内陆地区形成了较大的发展差异，可近似视为我国东西部经济发展不均衡状态的缩影。笔者分别在山东省东中西部地区各选择三个城市（东部：青岛、威海、日照；中部：淄博、泰安、莱芜；西部：德州、聊城、菏泽）展开调研，可望较好地刻画处于不同经济发展区域消费者对 IMF 的消费偏好。

调研首先采取典型抽样法选择若干受访者进行焦点小组访谈（Focus Group Discussions，FGD），目的在于了解消费者对 IMF 属性偏好的总体情况②。2012 年 4 ~7 月，在上述城市依次组织了 9 次讨论，每次讨论用时 1.5 ~2 小时。每个讨论小组的人数为 8 ~10 人。访谈内容主要包括受访者的消费习惯、消费观念以及对 IMF 的态度与利益诉求等。

2012 年 10 ~12 月，在上述城市的超市及附近商业区先后招募受访者进行预调研和正式调研，约定以进入视线的第三个消费者作为采访对象，以保证样本选取的随机性③。2012 年 10 月在山东省日照市选取 100 个消费者样本展开预调研，对调研方案和问卷进行调整与完善。之后于 2012 年 11 ~12 月在上述 9 个城市展开正式调研，共有 1018 位消费者参加了调研，回收有效问卷 942 份，有效回收率为 92.53%。该阶段调研样本的统计特征如表 10 -2 所示。

表 10 -2 调研样本社会与经济特征描述

人口统计特征	分类指标	样本数	比重（%）
性别	男	380	40.34
	女	562	59.66
年龄	20 ~34 岁	435	46.18
	35 ~49 岁	213	22.61
	50 ~65 岁	294	31.21

① Lusk J. L., Schroeder T. C. Are Choice Experiments Incentive Compatible? A Test with Quality Differentiated Beef Steaks [J]. *American Journal of Agricultural Economics*, 2004, 86 (2): 467 -482.

② Alphonce R., Alfnes F. Consumer Willingness to Pay for Food Safety in Tanzania: An Incentive-aligned Conjoint Analysis [J]. *International Journal of Consumer Studies*, 2012, 36 (4): 394 -400.

③ Wu L. H., Xu L. L., Zhu D., et al. Factors Affecting Consumer Willingness to Pay for Certified Traceable Food in Jiangsu Province of China [J]. *Canadian Journal of Agricultural Economics*, 2012, 60 (3): 317 -333.

续表

人口统计特征	分类指标	样本数	比重（%）
教育水平	大学及以上	328	34.82
	中学或中专	414	43.95
	小学及以下	200	21.23
家庭年收入	<50000 元	256	27.18
	50000～100000 元	439	46.60
	>100000 元	247	26.22
是否有海外 IMF 购买经历	有	274	29.09
	没有	668	70.91

注：本书选取的受访者皆为对婴幼儿奶粉有需求的样本，因此性别、年龄、收入等人口结构与山东省总体人口结构并不完全一致，山东省人口结构数据见《山东省统计年鉴》（2012）。

四、实证分析结果与讨论

基于调研数据，利用式（10－1），通过 OLS 分解出受访者对 IMF 各属性层次的偏好值，即回归模型的估计系数，称为分值效用（Part-worth）。如果系数为正，表示该属性层次的效用比参照层次高；反之则低。然后，基于式（10－2）和式（10－3）计算各属性的相对重要性，该权数表明该属性对消费者决策的重要程度。上述过程通过 SPSS 19.0 软件中的联合分析模块实现，运行结果如表 10－3 所示，可以据此对受访者关于不同属性的效用值与相对重要性进行判断。

表 10－3　各属性的效用值及重要性

属性	属性水平	分值效用	相对重要性（%）
有机标签（OCL）	EUORG	0.1838	26.0843
	NZORG	0.1376	
	CNORG	－0.3214	
品牌（BRAND）	TOPFER	0.2469	23.0173
	KARICARE	0.1156	
	A-BRAND	－0.1636	
	DELE	－0.1989	
产地（ORIGIN）	GERPRO	0.3149	33.7619
	NZPRO	0.0241	
	CNPRO	－0.339	

续表

属性	属性水平	分值效用	相对重要性（%）
价格（PRICE）	HIGH	-0.0047	17.1365
	REGULAR	0.1683	
	LOW	-0.1636	
Constant =2.613；Pearson's R =0.981；Sig. =0.0000；Kendall's tau =0.914；Sig. =0.0000			

（1）由属性的相对重要性可以看出，ORIGIN 成为决定消费者 IMF 选择的首要属性（33.76%）；其次是 OCL（26.08%）和 BRAND（23.02%），最后为 PRICE（17.14%）。消费者在选购 IMF 时最看重 ORIGIN 属性，我国消费者的海外奶粉抢购行为得到解释。OCL 属性的重要性超过了 BRAND，其原因可能在于：一是消费者对 OCL 在传递质量信息方面的作用相对更为认可；二是不断曝光的"洋品牌"造假以及"三聚氰胺事件"等某些知名品牌曝出的质量丑闻，使消费者品牌认可度总体有所下降，品牌在提供质量保证方面的作用有所降低。消费者对价格并不太关注的主要原因在于：一是出于对孩子健康的高度关注，很多家庭宁愿压低其他支出而为质量安全的 IMF 支付更高价格；二是我国居民可支配收入的提高，使恩格尔系数不断下降，IMF 价格弹性系数更是降至较低水平。

（2）在 OCL 属性的不同层次中，EUOCL 的分值效用最高（0.184），NZOCL 次之（0.138），而 CNOCL 远低于前两者，仅为 -0.321。表明消费者对欧盟和新西兰的 OCL 非常认可，而对中国 OCL 的认可度较低，这可能受累于"茅台假有机"等有机认证造假事件。

在 BRAND 属性的不同层次中，TOPFER 和 KARICARE 的分值效用远高于 A-BRAND 和 DELE。A-BRAND 的分值效用虽略高于 DELE，但两者相差并不大（0.034），这表明消费者对国内知名品牌与非知名品牌之间的偏好差距迅速缩小。

在 ORIGIN 属性的不同层次中，消费者最偏好 GERPRO，其次为 NZPRO。值得注意的是，NZPRO 的分值效用仅为 0.024，远低于 GERPRO 的 0.315，这可能要归因于新西兰"双氰胺事件"带来的负面影响。CNPRO 的分值效用为 -0.339，不仅远低于 GERPRO，也远低于 NZPRO。

在 PRICE 属性的不同层次中，REGULAR 的效用值最高（0.1683），表明很多消费者已改变"高价格必定高质量""只选贵的，不选对的"的不成熟消费理念，尤其是一些"假洋品牌"事件，使消费者日趋理性。但 LOW 的分值效用仅为 -0.164，表明消费者认为过低价格可能难以保证 IMF 的质量。

总体来看，无论对于 BRAND、ORIGIN，还是 OCL，消费者更偏好来自国外尤其是发达国家的产品。原因可能在于：一是消费者普遍认为，受制于技术与管理水平相对落后等客观因素，发展中国家产品质量普遍低于发达国家①；二是“三鹿”等知名企业引发的行业丑闻，致使消费者对国产 IMF 质量普遍评价不高。

（3）根据表 10 - 3 和式（10 - 1），可以计算不同质量信息属性的 IMF 给消费者带来的效用。表 10 - 4 是以 A 品牌为例，计算出的 A 品牌定价为中等价格水平时（PRICE = 100 元/400g）在不同国家生产或取得不同有机认证时的效用。可以看出，A 品牌在国外生产或取得国外有机认证，皆可以显著增加消费者效用。

表 10 - 4　A 品牌不同属性产品轮廓的效用值（PRICE = 100 元/400g）

产地	中国有机（CNORG）	新西兰有机（NZORG）	欧盟有机（EUORG）
中国生产（CNPRO）	2. 1209	2. 5799	2. 6261
新西兰生产（NZPRO）	2. 4840	2. 9430	2. 9892
德国生产（GERPRO）	2. 7748	3. 2338	3. 2800

五、本章小结

本章以 IMF 为研究对象，采用 CA 测算了消费者对不同质量信息属性的分值效用与相对重要性，主要得出如下结论：①ORIGIN 是影响消费者进行 IMF 选择的首要属性，而 OCL 属性的重要性高于 BRAND 和 PRICE，同时发现知名品牌与非知名品牌分值效用已相差不大。食品厂商应积极考虑利用食品安全认证促进信息传递，以重建消费者信任。②无论对于 OCL、ORIGIN，还是 BRAND，消费者更偏好来自国外尤其是发达国家的产品。食品厂商应考虑通过获取国外有机认证或采用品牌联合及跨国生产等合作方式提升消费者效用。总之，厂商应准确把握消费者对不同属性偏好的异质性，合理安排质量信息的传递与交流，提高消费者认可与信任。

① 袁胜军，符国群．中国消费者对同一品牌国产与进口产品认知差异的原因及分析［J］．软科学，2012，26（6）：70 - 77.

第十一章　事前保证还是事后追溯：认证标签与可追溯信息的消费者偏好

食品安全认证体系和可追溯系统是缓解食品市场信息不对称、激励供应商自律进而提升食品安全水平的两种重要市场工具。本章融合随机 n 价拍卖实验和菜单选择实验各自优势，以番茄为例，研究消费者对认证标签（有机标签、绿色标签和无公害标签）和可追溯标签两类食品质量信息标签的支付意愿及标签间的交叉效应。

一、问题的提出

从经济学的角度来看，信息不对称导致的市场失灵是食品安全风险的根源所在，尤其是在责任不可追溯的情形下，供应商就可能会利用其与消费者之间的信息不对称而做出欺骗等机会行为[①]。因此，通过食品质量认证向消费者提供事前质量保证，或者通过建立可追溯体系在事后实现责任追溯，都有助于提升消费者信任，缓解食品市场的信息不对称问题，成为督促、激励供应商自律进而防范食品安全风险的重要工具[②]。相比较而言，提供事前质量保证的认证体系与可实现事后责任溯源的可追溯体系，何者更受消费者的青睐？也即消费者更偏好取得认证的食品（以下简称认证食品）还是具有可追溯信息标签的食品（以下简称可追溯食品）？认证标签与可追溯信息标签是可以相互替代还是能相互促进？寻求上述相关问题的答案，成为本章拟解决的关键问题。

20 世纪末期以来，我国逐步构建起主要由无公害农产品、绿色食品和有机食品组成的食品质量认证体系。进入 21 世纪后，我国开始借鉴西方国家经验，在肉类、蔬菜和婴幼儿乳粉等重要食品种类试点建设可追溯体系。与普通食品相

---

① Darby M. , Karni E. Free Competition and the Optimal Amount of Fraud ［J］. *Journal of Law and Economics*, 1973, 16 (1): 67 – 88.

② Rijswijk W. V. , Frewer L. J. , Menozzi D. , et al. Consumer Perceptions of Traceability: A Cross-national Comparison of the Associated Benefits ［J］. *Food Quality and Preference*, 2008, 19 (5): 452 – 464.

比，认证食品与可追溯食品的供应商往往需要投入更高的成本。例如，认证食品的生产过程限制使用甚至禁用化学合成物和转基因技术等，往往会降低产量而增加劳动等要素的投入[①②③]；可追溯食品供应商需要收集、记录和标识可追溯信息，建立可追溯信息数据库与信息传递系统，并需要配备相应的生产和检测设备[④⑤⑥]。作为食品质量改善的直接受益者，消费者应当成为额外生产成本的主要承担者[⑦]。因此，消费者是否愿意为认证食品或可追溯食品支付比常规食品更高的价格，成为食品质量认证体系和可追溯系统建设的基础性问题。

二、文献综述

国内外学者围绕可追溯食品或认证食品的消费者偏好和支付意愿（Willingness to pay，WTP）展开了研究[⑧⑨]。Loureiro 和 Umberger 研究发现，相比原产地标识，美国消费者更偏好可追溯信息标签[⑩]。Menozzi 等在法国和意大利的调查表

---

① Altenbuchner C., Vogel S., Larcher M. Social, Economic and Environmental Impacts of Organic Cotton Production on the Livelihood of Smallholder Farmers in Odisha, India [J]. *Renewable Agriculture and Food Systems*, 2017, 33 (4): 1 – 13.

② Ram R. A., Verma A. K. Yield, Energy and Economic Analysis of Organic Guava (Psidium guajava) Production under Various Organic Farming Treatments [J]. *Indian Journal of Agricultural Sciences*, 2017, 87 (12): 1645 – 1649.

③ Hempel C., Hamm U. Local and/or Organic: A Study on Consumer Preferences for Organic Food and Food from Different Origins [J]. *International Journal of Consumer Studies*, 2016, 40 (6): 732 – 741.

④ Wilson W. W., Henry X., Dahl B. L. Costs and Risks of Conforming to EU Traceability Requirements: The Case of Hard Red Spring Wheat [J]. *Agribusiness*, 2010, 24 (1): 85 – 101.

⑤ Schroeder T. C., Tonsor G. T. International Cattle ID and Traceability: Competitive Implications for the US [J]. *Food Policy*, 2012, 37 (1): 31 – 40.

⑥ Resende-Filho M. A., Buhr B. L. A Principal-agent Model for Evaluating the Economic Value of a Traceability System: A Case Study with Injection-site Lesion Control in Fed Cattle [J]. *American Journal of Agricultural Economics*, 2008, 90 (4): 1091 – 1102.

⑦ 尹世久．信息不对称、认证有效性与消费者偏好：以有机食品为例 [M]．北京：中国社会科学出版社，2013.

⑧ Yiridoe E. K., Bonti-Ankomah S., Martin R. C. Comparison of Consumer Perceptions and Preference toward Organic Versus Conventionally Produced Foods: A Review and Update of the Literature [J]. *Renewable Agriculture and Food Systems*, 2005, 20 (4): 193 – 205.

⑨ Wu L., Wang H., Zhu D., et al. Chinese Consumers' Willingness to Pay for Pork Traceability Information-the Case of Wuxi [J]. *Agricultural Economics*, 2016, 47 (1): 71 – 79.

⑩ Loureiro M. L., Umberger W. J. A Choice Experiment Model for Beef: What US Consumer Responses Tell Us about Relative Preferences for Food Safety, Country-of-origin Labeling and Traceability [J]. *Food Policy*, 2007, 32 (4): 496 – 514.

明，消费习惯、信任、经验知识等因素显著影响消费者对可追溯食品的 WTP①。Wu 等和 Yin 等分别以猪肉和牛奶为案例的研究都表明，我国消费者更愿意为养殖环节的可追溯信息支付更高的价格②③。Jin 等研究发现，我国消费者普遍愿意为可追溯苹果支付价格溢价，且更偏好获得质量认证的可追溯苹果④。Boncinelli 等研究发现，意大利消费者愿意为含有捕捞区域可追溯信息的海产品额外支付 4.75% 的溢价，且高学历者、男性消费者更愿意支付溢价⑤。

在认证食品的消费者偏好研究中，由于认证体系的构成不同，国外学者多以有机食品为研究对象而国内学者则重点关注有机食品、绿色食品或无公害食品⑥⑦⑧。Olesen 等研究发现，挪威消费者愿意为有机三文鱼多支付 2 欧元/千克的价格溢价⑨。Van Loo 等比较了美国消费者对 USDA（美国农业部）有机标签和其他有机标签的支付意愿，发现消费者对前者的支付意愿要远高于后者⑩。Janssen 和 Hamm 研究发现，德国等国家消费者对不同来源国的有机标签的支付意愿存在很大差异⑪。Choi 的研究表明，即使在极不发达的国家马拉维，随着人均收入的增加，消费者对有机鸡肉的 WTP 也会显著增加⑫。Yin 等的调查表明，我国

---

① Menozzi D., Halawany-Darson R., Mora C., et al. Motives towards Traceable Food Choice: A Comparison between French and Italian Consumers [J]. *Food Control*, 2015 (49): 40 - 48.

② Wu L., Wang H., Zhu D., et al. Chinese Consumers' Willingness to Pay for Pork Traceability Information-the case of Wuxi [J]. *Agricultural Economics*, 2016, 47 (1): 71 - 79.

③ Yin S. J., Li Y., Xu Y. J., et al. Consumer Preference and Willingness to Pay for the Traceability Information Attribute of Infant Milk Formula: Evidence from a Choice Experiment in China [J]. *British Food Journal*, 2017, 119 (6): 1276 - 1288.

④ Jin S., Zhang Y., Xu Y. Amount of Information and the Willingness of Consumers to Pay for Food Traceability in China [J]. *Food Control*, 2017 (177): 163 - 170.

⑤ Boncinelli F., Gerini F., Neri B., et al. Consumer Willingness to Pay for Non-mandatory Indication of the Fish Catch Zone [J]. *Agribusiness*, 2018, 34 (4): 728 - 741.

⑥ 周洁红. 消费者对蔬菜安全的态度、认知和购买行为分析——基于浙江省城市和城镇消费者的调查统计 [J]. 中国农村经济, 2004 (11): 44 - 52.

⑦ Yiridoe E. K., Bonti-Ankomah S., Martin R. C. Comparison of Consumer Perceptions and Preference toward Organic Versus Conventionally Produced Foods: A Review and Update of the Literature [J]. *Renewable Agriculture and Food Systems*, 2005, 20 (4): 193 - 205.

⑧ Liu R. D., Pieniak Z., Verbeke W. Consumers' Attitudes and Behaviour towards Safe Food in China: A Review [J]. *Food Control*, 2013, 33 (1): 93 - 104.

⑨ Olesen I., Alfnes F., Rora M. B., et al. Eliciting Consumers' Willingness to Pay for Organic and Welfare-labelled Salmon In a Non-hypothetical Choice Experiment [J]. *Livestock Science*, 2010, 127 (2 - 3): 218 - 226.

⑩ Loo E. J. V., Caputo V., Nayga R. M., et al. Consumers' Willingness to Pay for Organic Chicken Breast: Evidence from Choice Experiment [J]. *Food Quality and Preference*, 2011, 22 (7): 603 - 613.

⑪ Janssen M., Hamm U. Product Labelling in the Market for Organic Food: Consumer Preferences and Willingness-to-pay for Different Organic Certification Logos [J]. *Food Quality and Preference*, 2012, 25 (1): 9 - 22.

⑫ Choi S. H. Consumers' Perceptions and Valuation of an Organic Chicken in Malawi [J]. *Korea Journal of Organic Agriculture*, 2018, 26 (1): 19 - 31.

消费者对有机番茄的支付意愿远远高于绿色番茄和无公害番茄①。Wang 等以猪肉为例的研究发现，我国消费者对有机食品、绿色食品、无公害食品的平均支付意愿分别为 26.78 元、20.22 元和 23.18 元②。

学界研究消费者偏好的方法包括显示性偏好（revealed preference）和陈述性偏好（stated preference）两类。由于获取显示性偏好需要使用事后的行为数据来估计消费者偏好，这对一些新上市或者未上市的产品而言缺乏现实可行性，拍卖实验（auction experiment）采用真实的物品与金钱，可以模拟真实的市场环境，可被近似视为显示性偏好③。但拍卖实验成本高，组织难度大且受样本量限制，测度多种产品属性的 WTP 时需要进行多轮实验，且无法观测属性间的交互关系④。选择实验（Choice Experiment）可以用来测量消费者对产品具体属性的支付意愿，且其基本原理符合随机效用理论（Random Utility Theory），成为学界消费者偏好研究的前沿工具⑤。但选择实验中可供消费者选择的虚拟产品轮廓是给定的，即使属性间存在替代关系，消费者也将被迫选择⑥，且只能从已给定价格的产品轮廓中进行选择，往往会因消费者对该产品轮廓价格的不敏感而导致实验结果的偏差⑦。菜单法选择实验可以采用完全列举法，根据消费者最终选择构建出相应的选择实验选择项，可更精确地测度消费者对价格的敏感性⑧，而且形成了远多于选择实验法的虚拟产品轮廓数，可有效避免属性间的替代效应与多任务的反映误差⑨⑩。但菜单选择实验与选择实验一样，实验参与者的选择环境完全

---

① Yin S. J., Hu W. Y., Chen Y. S., et al. Chinese Consumer Preferences for Fresh Produce: Interaction between Food Safety Labels and Brands [J]. *Agribusiness*, 2019, 35 (1): 53-68.

② Jianhua W., Jiaye G., Yuting M. Urban Chinese Consumers' Willingness to Pay for Pork with Certified Labels: A Discrete Choice Experiment [J]. *Sustainability*, 2018, 10 (3): 1-14.

③ Breidert C., Hahsler M., Reutterer T. A Review of Methods for Measuring Willingness-to-pay [J]. *Innovative Marketing*, 2006, 2 (4): 8-32.

④ Jaeger S. R., Lusk J. L., House L. O. The Use of Non-hypothetical Experimental Markets for Measuring the Acceptance of Genetically Modified Foods [J]. *Food Quality and Preference*, 2004, 15 (7): 701-714.

⑤ Breidert C., Hahsler M., Reutterer T. A Review of Methods for Measuring Willingness-to-pay [J]. *Innovative Marketing*, 2006, 2 (4): 8-32.

⑥ Ben-Akiva M., Gershenfeld S. Multi-featured Products and Services: Analysing Pricing and Bundling Strategies [J]. *Journal of Forecasting*, 1998, 17 (3-4): 175-196.

⑦ Ding M., Huber J. When is Hypothetical Bias a Problem in Choice Tasks, and What can We Do about It? [C]. Sequim: Sawtooth Software Conference Proceedings, 2009.

⑧ Orme B. K. Menu-based Choice Modeling Using Traditional Tools [C]. Sequim: Sawtooth Software Conference Proceedings, 2010.

⑨ Ben-Akiva M., Gershenfeld S. Multi-featured Products and Services: Analysing Pricing and Bundling Strategies [J]. *Journal of Forecasting*, 1998, 17 (3-4): 175-196.

⑩ Orme B. K. Task Order Effects in Menu-based Choice [C]. Sequim: Sawtooth Software, 2010.

是假想性的，消费者可能会回避或夸大表述自己的真实偏好①。因此，结合非假想性与假想性实验方法各自的优势，可能有助于更精确地测度消费偏好②。

基于上述分析，本书尝试性地融合随机 n 价拍卖实验和菜单选择实验各自优势，以番茄为例，估计消费者对具有事前质量保证功能的认证标签和事后责任溯源功能的可追溯信息标签的支付意愿，进而分析两类信息标签之间的交互效应，并采用对照实验研究了向参与者提供认证知识和可追溯知识的信息干预方式对消费者选择的可能影响。本书致力于在以下方面弥补现有研究的不足：①采用拍卖实验模拟真实的市场环境，采用菜单选择实验测量消费者对产品具体属性（认证标签和可追溯信息标签）的支付意愿及不同标签之间的交叉效应，从而有效融合非假想性与假想性实验方法各自的优势而弥补其各自的不足，对消费者偏好研究方法的发展做出有益探索。②虽然围绕认证食品或可追溯食品的消费者偏好已有较为丰富的研究，但对两种食品的消费者偏好进行比较的研究尚不多见，探究两类标签间交叉效应的研究尚未见报道。因此，本书详细讨论了认证标签之间、可追溯信息标签之间以及认证标签与可追溯信息标签之间的交叉效应。

三、实验设计与计量模型

本章在拍卖实验和菜单法选择实验中都选择番茄为实验标的物，原因主要在于：我国是蔬菜生产和消费大国，2016 年蔬菜产量达到 79779.71 万吨③。其中，番茄是居民常食用的蔬菜品种，2017 年全国产量达到 5962.69 万吨，约占世界总产量的 1/3④。

（一）随机 n 价拍卖实验

本书首先采用拍卖实验估计消费者对不同认证番茄和可追溯番茄的支付意愿。基于中国番茄市场的实际，选择三种认证番茄和两种可追溯番茄进行拍卖。根据我国食品质量安全认证体系实际，认证番茄选择有机番茄（ORG）、绿色番茄（GRE）和无公害番茄（HF）进行拍卖。我国可追溯体系建设尚处于试点阶段，可追溯信息中应该包含哪些内容尚存在一些争论。Wu 等认为，可追溯信息

---

① Lusk J. L., Schroeder F. T. C. Experimental Auctions Procedure: Impact on Valuation of Quality Differentiated Goods [J]. *American Journal of Agricultural Economics*, 2004, 86 (1): 389-405.

② Chang J. B., Lusk J. L., Norwood F. B. How closely do Hypothetical Surveys and Laboratory Experiments Predict Field Behavior? [J]. *American Journal of Agricultural Economics*, 2009, 91 (1): 518-534.

③ 数据来源于国家统计局的《中国统计年鉴（2016）》。

④ 数据来源于 FAO 网站，http://faostat.fao.org/DesktopDefault.aspx? PageID=339&lang=en&country=351。

应该涵盖可能发生食品安全风险的主要环节[①]。从供应链的角度看，番茄存在风险隐患的主要环节包括种植环节和含有销售环节。因此，本书把可追溯信息划分为种植环节可追溯信息和销售环节可追溯信息两个层次。相应地，在拍卖实验中选择两种可追溯番茄进行拍卖：含有种植环节可追溯信息的番茄（P-TRACE）和含有销售环节可追溯信息的番茄（S-TRACE）。

1. 信息干预与对照实验设计

我国认证食品市场尤其是有机食品市场尚处于起步阶段，可追溯系统建设也尚处于试点阶段。无论是认证食品还是可追溯食品，消费者的知晓率和认知程度总体都不高[②③]。产品知识对消费者偏好的影响已被经验研究所证实[④]，消费者关于认证或可追溯食品的知识会影响其支付意愿[⑤⑥]。

为探究认证知识和可追溯知识对消费者偏好的影响，本书参照 Xie 等的方法[⑦]，构建了两个版本的 BDM 拍卖实验进行对照实验：一个版本在正式的拍卖实验之前向参与者提供关于认证标签和可追溯食品的知识介绍[⑧]；另一个版本在实验之前不做任何介绍。相应地，全部参与者被随机划分为两组：第一组参与者使用第一个版本的实验方案，即提供知识介绍，本书称之为实验组；第二组参与者不接受任何信息，本书称之为参照组。由于某些参与者可能在参与实验之前就已经具有一定的认证知识或者可追溯知识，故实验组和参照组参与者的出价差异形成了信息效应的下界。

2. 拍卖机制的选择

拍卖实验在模拟的市场环境中实现参与者的真实支付，可以更好地接近消费

---

①③ Wu L. H. , Wang S. H. , Zhu D. , et al. Chinese Consumers' Willingness to Pay for Pork Traceability Information-the Case of Wuxi [J] . *Agricultural Economics*, 2016, 47 (1): 71 –79.

② 尹世久. 信息不对称、认证有效性与消费者偏好：以有机食品为例 [M] . 北京：中国社会科学出版社，2013.

④ Batte M. T. , Hooker N. H. , Haab T. C. , et al. Putting Their Money Where Their Mouths Are: Consumer Willingness to Pay for Multi-ingredient, Processed Organic Food Products [J] . *Food Policy*, 2007, 32 (2): 145 – 159.

⑤ Yiridoe E. K. , Bonti-Ankomah S. , Martin R. C. Comparison of Consumer Perceptions and Preference toward Organic Versus Conventionally Produced Foods: A Review and Update of the Literature [J] . *Renewable Agriculture and Food Systems*, 2005, 20 (4): 193 –205.

⑥ Wu L. H. , Wang S. H. , Zhu D. , et al. Chinese Consumers' Willingness to Pay for Pork Traceability Information-the Case of Wuxi [J] . *Agricultural Economics*, 2016, 47 (1): 71 –79.

⑦ Xie J. , Gao Z. , Swisher M. , et al. Consumers' Preferences for Fresh Broccolis: Interactive Effects between Country of Origin and Organic Labels [J] . *Agricultural Economics*, 2016, 47 (2): 181 – 191.

⑧ 在实验中，由统一培训的调查员以 PPT 演示为辅助，向实验参与者介绍有关食品安全认证和可追溯系统建设的有关知识，相关内容由课题组充分讨论，并广泛征求了学界和实务界有关人员的意见。感兴趣的读者可以向我们索取 PPT 材料。

者真实偏好[1][2]。维克瑞（Vickrey）机制、BDM 机制和随机 n 价拍卖机制是当前学界较为前沿和有效的实验拍卖机制[3]。与其他拍卖机制相比，随机 n 价拍卖机制具有激励相容的基本特征，所有的参与者都有获胜的机会，同时融合了 Vickrey 和 BDM 拍卖机制的优势，从而能够更加准确地估计消费者偏好[4][5]。因此，本书采用随机 n 价拍卖机制测度消费者对各种认证番茄和可追溯番茄的偏好。

3. 拍卖实验步骤

对三种认证番茄（ORG、GRE 和 HF）和两种可追溯番茄（P-TRACE 和 S-TRACE）分别进行三轮拍卖，在每一轮参与者被要求对该轮次被拍卖的番茄进行出价。具体实验实施过程如下。

第一步：受邀参与者到达指定实验地点后，给予每人一个 ID 号码，要求他们按照 ID 号码入座，并告知参与者相互之间禁止交流。实验组织者向每一个参与者发放 15 元作为补偿，同时赠送 1 斤番茄用于拍卖实验，并向参与者说明当前常规番茄市场价格大约是 2.5 元/斤，便于参与者出价时参考。实验组织者随后向参与者展示被拍卖的五种番茄，并说明所有番茄在颜色、大小等外观特征方面基本没有差别。进一步地，对拍卖实验程序进行详细说明，确保每一位参与者熟知拍卖规则。

第二步：首先对某种番茄（如无公害番茄）进行随机 n 价拍卖[6]。参与者对所拍卖的番茄仔细观察之后，进行密封报价，报价代表参与者用常规番茄交换该次被拍卖番茄（如无公害番茄）时所愿意支付的最高差价，该差价可近似视为

---

① Akaichi F., Nayga Jr, Rodolfo M., et al. Assessing Consumers' Willingness to Pay for Different Units of Organic Milk: Evidence from Multiunit Auctions [J]. *Canadian Journal of Agricultural Economics*, 2012, 60 (4): 469-494.

② Elbakidze L., Nayga R. M., Li H. Willingness to Pay for Multiple Quantities of Animal Welfare Dairy Products: Results from Random N th-, second-price, and Incremental second-price Auctions [J]. *Canadian Journal of Agricultural Economics*, 2013, 61 (3): 417-438.

③ Schott C., Kleef D. D. V., Steen T. P. S. The Combined Impact of Professional Role Identity and Public Service Motivation on Decision-making in Dilemma Situations [J]. *International Review of Administrative Sciences*, 2016, 84 (1): 1-40.

④ Alexander C. Designing Experimental Auctions for Marketing Research: The Effect of Values, Distributions, and Mechanisms on Incentives for Truthful Bidding [J]. *Review of Marketing Science*, 2007, 5 (1): 3-31.

⑤ Ji Y. L., Han D. B., Jr R. M. N., et al. Valuing Traceability of Imported Beef in Korea: An Experimental Auction Approach [J]. *Australian Journal of Agricultural and Resource Economics*, 2011, 55 (3): 360-373.

⑥ 我们共实施了 12 组拍卖实验，为避免反应—顺序效应，每组实验五种番茄的拍卖次序是随机的。

参与者为该种信息标签额外支付的价格①。

第三步：收集所有参与者的报价，对所有报价进行排序，从中随机选择一个价格作为第 n 高的报价，并且选择这个第 n 高的价格作为这一轮的交易价格，出价超过这个价格的参与者是这一轮拍卖的获胜者，公布获胜者的 ID 号码和相应的报价。之后以相同的程序实施第二轮和第三轮拍卖。在每一轮中，参与者的报价都可以为 0。

第四步：遵循相同的程序，分别对其他四种番茄各实施三轮拍卖。拍卖实验结束后，所有参与者需要填写一份问卷，问卷内容主要包括参与者的性别、年龄等个体特征。

（二）菜单选择实验

在采用拍卖实验获得消费者对五种信息标签（ORG、GRE、HF、P-TRACE 和 S-TRACE）支付意愿的基础上，进一步采用菜单选择实验评估认证标签和可追溯信息之间的交互效应。

1. 信息干预与实验分组

与 BDM 拍卖实验相似，我们也构建了两个版本的菜单选择实验。参与者根据是否提供认证知识和可追溯知识被分成了参照组和实验组。同时，与随机 n 价拍卖实验一样，每个菜单选择实验的参与者也被给予 15 元的货币补偿。

2. 信息标签价格层次的设定

通常菜单选择实验将价格设置为五个层次②。因此，本书依据随机 n 价实验对五种信息标签（ORG、GRE、HF、P-TRACE 和 S-TRACE）的实验结果，分别对每个信息标签属性设置五个价格层次：首先以平均值为中间价设定一个价格层次，分别上下浮动 0. 5 个和 1 个标准差，共设定四个价格层次。由于在随机 n 价拍卖实验中根据是否进行信息干预将参与者分成了参照组和实验组，且参照组和实验组消费者的出价存在差异，因此信息标签设定的价格层次也分为参照组和实验组（见表 11 – 1），据以设计两个版本的菜单选择实验任务，分别供参照组和实验组参与者使用。

---

① 若某参与者出价为 1 元/斤，则表示该参与者愿意用获赠的价值 2. 5 元/斤的常规番茄再补贴 1 元后换购 1 斤无公害番茄，即该参与者愿意为无公害番茄比常规番茄额外支付 1 元，可视作消费者对该重量番茄上的无公害标签的额外支付意愿为 1 元。

② Orme U. T. Software for Menu-based Choice Analysis［C］. Sequim：Sawtooth Software Conference Proceedings，2013.

表 11-1 信息标签属性的价格层次设定

单位：元/斤

信息标签	价格层次	参照组	实验组	信息标签	价格层次	参照组	实验组
ORG	*Price*1	1.0	1.1	*P-TRACE*	*Price*1	1.2	1.4
	*Price*2	1.6	1.7		*Price*2	1.6	1.9
	*Price*3	2.1	2.3		*Price*3	2.0	2.3
	*Price*4	2.7	3.0		*Price*4	2.4	2.7
	*Price*5	3.2	3.6		*Price*5	2.8	3.1
GRE	*Price*1	0.3	0.4	*S-TRACE*	*Price*1	0.58	0.7
	*Price*2	0.8	0.9		*Price*2	1.09	1.3
	*Price*3	1.3	1.4		*Price*3	1.60	1.8
	*Price*4	1.9	2.0		*Price*4	2.11	2.3
	*Price*5	2.4	2.5		*Price*5	2.62	2.8
HF	*Price*1	0.4	0.4	—			
	*Price*2	0.7	0.7				
	*Price*3	1.0	1.1				
	*Price*4	1.3	1.4				
	*Price*5	1.7	1.7				

注：根据拍卖实验结果，参与者出价的均值可以保留小数点后两位数字（货币单位可以具体到“分”），但考虑到在现实中，番茄的市场价格很少会具体到“分”，参与者对番茄价格的敏感性仅能体现到货币单位“角”。因此，价格层次设置在实验方案中只保留到小数点后一位数字（到“角”）。

3. 菜单选择实验任务设计

根据表 11-1 所示的参照组和实验组信息标签属性相应的价格层次，分别设计参照组菜单选择实验任务（任务 A）和实验组菜单选择实验任务（任务 B）。在菜单选择实验实施时，被随机分配到参照组的参与者将采用任务 A，而被随机分配到实验组的参与者将采用任务 B。由于本章菜单选择实验共设置了 5 个信息标签属性，每个信息标签属性设置了 5 个价格层次，如果按照完全析因设计方法，则共有 $625 = 5 \times 5 \times 5 \times 5$ 种实验方案，菜单法下每种实验方案对应一次任务选择，每次选择可产生 16 种选择轮廓。一般而言，参与者在辨别 15～20 个选择轮廓后将产生疲劳[①]。实验参与者在 $10000 = 625 \times 16$ 个选择轮廓中做出选择是不

① Allenby G. M., Rossi P. E. Marketing Models of Consumer Heterogeneity [J]. *Journal of Econometrics*, 1998, 89 (1-2): 57-78.

现实的，必须优化实验方案。因此，本章借鉴 Orme 的方法[①]，应用 Sawtooth MBC 1. 0. 10 软件，基于 Balanced Overlap 的随机任务数方法生成设计效率最高的 10 个版本 ×10 个菜单任务的问卷，总任务数满足了最低任务数和参与者实验效率保证的要求。图 11 -1 为根据参照组信息标签价格层次设计的菜单选择实验任务样例。

4. 菜单选择实验步骤

在菜单选择实验中，实验员向每个参与者出示一张如图 11 -1 所示的选择集图片，这张选择集图片是从所有选择集中随机抽取的。参与者需要从选择集中勾选偏好的信息标签（在相应标签左边的方框内画“✓”），并将信息标签对应的价格汇总后得出他愿意购买的番茄的总价格，例如，如果提供给某一参与者的是如图 11 -1 所示的选择集，该参与者的选择是“绿色标签”和“种植可追溯信息”，那么说明这个参与者愿意购买含有种植环节可追溯信息的绿色番茄，这种番茄价格比常规番茄要高 3. 76 元/斤。参与者也可以不选择任何信息标签，勾选选择集中的“以上信息，我都不需要”选项，这表明他只愿意购买价格为 2. 50 元/斤的常规番茄。

☐	有机标识	2.10元/斤
☐	绿色标识	1.34元/斤
☐	无公害标识	0.70元/斤
☐	种植可追溯信息	2.42元/斤
☐	销售可追溯信息	1.60元/斤
	总价：______+2.50=______元/斤	
☐	以上信息，我都不需要	

图 11 -1 参照组菜单选择实验任务样例

（三）计量模型

根据 Lancaster 的随机效用理论，消费者效用是由商品带来的具体属性决定的[②]。现有研究通常以相关属性所构成的产品轮廓作为建立效用函数的依据。因存在多个信息属性轮廓，故多元 Logit 模型成为主流估计工具。该模型的误差项

① Orme U. T. Software for Menu-based Choice Analysis [C]. Sequim: Sawtooth Software Conference Proceedings, 2013.

② Lancaster K. J. A New Approach to Consumer Theory [J]. *The Journal of Political Economy*, 1966, 74 (2): 132 -157.

服从独立同分布的Ⅰ型极值分布，且必须满足误差项不相关和独立性的假设，但现实通常难以满足这一假设。因此，本书选择了二元 Logit 模型来分析认证标签属性和可追溯信息属性的消费者偏好。令 U_{imt} 为消费者 i 在第 t 个情境中从菜单选项空间中选择第 m 类型信息属性所获得的潜效用，U_{imt} 可表达成效用影响因素的线性形式：

$$U_{imt} = \partial_{im} + \beta'_{im} X_{imt} + \varepsilon_{imt} \tag{11-1}$$

其中，∂_{im} 是常数项，β_{im} 为消费者 i 的参数向量，X_{imt} 为属性价格向量，ε_{imt} 是随机项。虽然不能被观测，但是可以通过参与者的选择进行甄别。令 Y_{imt} 为指示变量，构建二元选择模型：

$$\begin{aligned} Y_{imt} &= 1 \quad \text{if} \quad U_{imt} > 0 \\ Y_{imt} &= 0 \quad \text{if} \quad U_{imt} \leqslant 0 \end{aligned} \tag{11-2}$$

如果 $U_{imt} > 0$，则消费者 i 将选择在 t 情境中选择第 m 个属性，即 $Y_{imt} = 1$；如果 $U_{imt} \leqslant 0$，则相反；则消费者选择属性的相应条件概率可以写成：

$$\begin{aligned} P(Y_{imt} = 1 \mid X_{imt}) &= P(\varepsilon_{imt} > -\partial_{im} - \beta_{im} X_{imt}) \\ &= F(-\partial_{im} - \beta'_{im} X_{imt}) \\ &= 1 - F(\partial_{im} + \beta'_{im} X_{imt}) \end{aligned} \tag{11-3}$$

如果 ε_{imt} 服从 Logistic 分布，则上述条件概率公式可转换为：

$$P(Y_{imt} = 1 \mid X_{imt}) = \frac{e^{\partial_{im} + \beta'_{im} X_{imt}}}{1 + e^{\partial_{im} + \beta'_{im} X_{imt}}} \tag{11-4}$$

进行数学变换可得：

$$\ln[P/(1-P)] = \partial_{im} + \beta_{im} X_{imt} \tag{11-5}$$

式（11-4）可以利用调研获得的消费者选择数据来进行估计，参数可以用软件 Sawtooth MBC1.0.10 来进行估计。

四、数据来源

随机 n 价拍卖实验和菜单选择实验实施地点均在山东省，分别从山东省东部、中部、西部各选择两个城市（东部：青岛、日照；中部：潍坊、淄博；西部：德州、菏泽）。从我国食品市场实际来看，由于认证食品和可追溯食品的价格相对较高，上述食品主要是在城市销售，在农村地区的需求近乎为零。因此，本书实验参与者全部为城市居民。经验研究表明，大型超市是认证蔬菜或可追溯蔬菜的主要销售场所①。2018 年 5 月，在山东省日照市新玛特超市采用拦截访问

① Yin S. J., Chen M., Xu Y. J., et al. Chinese Consumers' Willingness to Pay for Safety Label on Tomato: Evidence from Choice Experiments [J]. *China Agricultural Economic Review*, 2017, 29 (1): 141-155.

法，先后邀请了约 40 名消费者实施了两组随机 n 价拍卖实验（每组约 20 人）；当年 6 月，仍在该超市邀请了大约 50 名消费者实施了菜单选择实验。基于上述预备性实验，对实验方案进行完善和调整。

正式实验于 2018 年 7 ~ 10 月在上述 6 个地级市实施，在上述 6 个地级市选择两个大型超市的食品销售区邀请参与者（一处超市位于该地级市的市区，另一处超市位于该地级市下属的 1 个县或县级市），实验具体地点为租用或无偿借用当地超市提供的场所。为提高样本选取的随机性，所有实验组织者共同约定邀请进入视线的第三个消费者作为采访对象①。2018 年 7 ~ 8 月在上述城市的 12 个超市招募消费者实施随机 n 价拍卖实验，每个超市招募 44 名参与者（参照组 22 名，实验组 22 名），共招募了 528 位参与者，剔除中途离开或者其他原因未能完成实验或问卷质量较差的样本，收集有效样本数 482 个（其中参照组 240 个，实验组 242 个），有效回收率为 91. 29% 。2018 年 9 ~ 10 月仍然在上述城市的相应超市实施菜单法选择实验，每个超市招募约 60 名参与者（参照组约 30 名，实验组约 30 名），共招募了 721 名参与者，回收有效问卷 685 份（其中参照组 346 个，实验组 339 个），有效回收率为 95. 14% 。样本的基本统计特征如表 11 – 2 所示，在各组参与实验的样本中，女性比例普遍高于男性比例，这与本研究从超市食品销售区选取样本有关，且与我国家庭食品购买者多为女性的实际情况相符。

表 11 – 2　实验参与者基本统计特征

统计特征	分类指标	随机 n 价拍卖实验				菜单选择实验			
		参照组		实验组		参照组		实验组	
		人数	比例（%）	人数	比例（%）	人数	比例（%）	人数	比例（%）
性别	男	84	35. 00	77	31. 81	94	27. 17	79	23. 30
	女	156	65. 00	165	68. 19	252	72. 83	260	76. 70
年龄	18 ~45 岁	101	42. 08	99	40. 91	127	36. 71	120	35. 40
	46 ~59 岁	52	21. 67	48	19. 83	80	23. 12	81	23. 89
	60 岁以上	87	36. 25	95	39. 26	139	40. 17	138	40. 71
受教育程度	高等教育	81	33. 75	84	34. 71	129	37. 28	134	39. 53
	中等教育	119	49. 58	123	50. 83	152	43. 93	180	50. 10
	初等教育	40	16. 67	35	14. 46	65	18. 79	25	10. 37

① Wu L. H. , Xu L. L. , Zhu D. , et al. Factors Affecting Consumer Willingness to Pay for Certified Traceable Food in Jiangsu Province of China［J］. *Canadian Journal of Agricultural Economics*, 2012, 60（3）: 317 – 333.

续表

统计特征	分类指标	随机 n 价拍卖实验				菜单选择实验			
		参照组		实验组		参照组		实验组	
		人数	比例（%）	人数	比例（%）	人数	比例（%）	人数	比例（%）
家庭年收入	<5 万元	68	28.33	73	30.17	124	28.20	86	25.37
	5 万~10 万元	106	44.17	106	43.80	131	44.13	165	48.67
	>10 万元	66	27.50	63	26.03	91	27.67	88	25.96

五、实证分析结果与讨论

（一）随机 n 价拍卖实验结果

如表 11 –3 所示为随机 n 价拍卖实验的结果，包括参照组和实验组参与者对认证标签和可追溯信息的出价均值以及其两组参与者出价均值之差。根据随机 n 价拍卖实验结果，我们分别比较并讨论消费者对不同认证标签和可追溯信息的支付意愿。

表 11 –3　消费者对各信息标签的支付溢价　　单位：元/斤

属性	参照组		实验组		均值差[a]
	均值	标准差	均值	标准差	
ORG	2.10	1.10	2.34	1.22	0.24***
GRE	1.34	1.08	1.43	1.04	0.09
HF	1.02	0.64	1.06	0.66	0.04
P-TRACE	2.02	0.80	2.26	0.82	0.24**
S-TRACE	1.60	1.02	1.77	1.04	0.17**

注：*、**、*** 分别表示 10%、5%、1% 的显著性水平；a 为实验组与参照组平均支付溢价之差。

表 11 –3 的数据和表 11 –4 的 T 检验结果显示，无论是参照组还是实验组，消费者对三种认证标签的支付意愿存在显著差异。在参照组，消费者对有机标签的支付溢价均值最高（2.10 元/斤），其次是绿色标签（1.34 元/斤）和无公害标签（1.02 元/斤）。在实验组，消费者仍然对有机标签的支付溢价均值最高（2.34 元/斤），其次是绿色标签（1.43 元/斤）和无公害标签（1.06 元/斤）。与参照组相比，实验组参与者对有机标签的支付溢价有显著增长，且实验组远高

于参照组；但对绿色标签和无公害标签的支付溢价仅略有增长，且不显著。这说明知识介绍这一信息干预方式显著影响了消费者对有机标签和绿色标签的支付意愿，但对无公害标签影响不大。其原因可能在于：与绿色食品和无公害食品相比，我国有机食品在发展初期更多地属于出口导向模式，虽然近年来国内市场份额增长速度较快，但公众知晓率和认知程度仍相对较低，加之“有机”的名称可能比“绿色”“无公害”更难以被普通消费者所理解①。

表 11－4　消费者对各信息标签支付溢价均值的 T 检验结果

属性	参照组				实验组			
	ORG	*GRE*	*HF*	*P-TRACE*	*ORG*	*GRE*	*HF*	*P-TRACE*
GRE	－1.21**	—	—	—	－1.37**	—	—	—
HF	－1.84**	－1.93**	—	—	－2.07**	－2.29***	—	—
P-TRACE	－1.72**	－1.99**	1.01**	—	－1.75*	2.81	1.62**	—
S-TRACE	－1.69**	－2.03*	0.83**	－1.72**	－1.81**	－2.32***	1.34*	－1.80**

注：*、**、*** 分别代表 10%、5%、1% 的显著性水平。表中的数字是各信息标签均值之间差异的 T 值 。

从表 11－3 的数据和表 11－4 的 T 检验结果可以看出，无论参照组还是实验组，参与者普遍愿意为可追溯番茄支付更高的价格，尤其是愿意为含有种植环节可追溯信息的番茄支付高价（参照组：2.02 元/斤；实验组：2.26 元/斤），这从侧面反映出消费者更关心蔬菜种植环节的食品安全风险（诸如农药施用等带来的风险）。表 11－3 的最后一列比较了参照组和实验组对各种信息标签支付溢价均值的差异，该处数据显示，信息干预给消费者支付意愿尤其是对种植可追溯信息的支付意愿带来显著增长，说明通过宣传和培训等方式向消费者提供更多关于可追溯的知识将有助于扩大可追溯食品的市场需求。

表 11－3 和表 11－4 数据还表明，无论参照组还是实验组，消费者对两种可追溯信息的支付意愿高于绿色标签和无公害标签，而略低于有机标签。如果考虑两种可追溯信息的组合，消费者对可追溯信息的支付意愿也将远高于有机标签。这可能与我国消费者对认证食品的信任普遍不高有关，尤其是一些认证造假等市场乱象沉重打击了消费信心。

（二）菜单选择实验中消费者选择结果

菜单选择实验中参与者对各认证标签或可追溯信息的选择频次及频率的统计

① 尹世久．信息不对称、认证有效性与消费者偏好：以有机食品为例［M］．北京：中国社会科学出版社，2013.

结果如表 11-5 所示。可以看出，无论是参照组还是实验组，参与者选择有机标签的频次最高，其次分别为种植可追溯信息、销售可追溯信息、绿色标签、无公害标签。虽然有机标签被设置的平均价格最高，但其仍具有最高的选择频率，说明消费者对有机标签最为偏好。这与如表 11-3 所示的随机 n 价拍卖实验结果基本一致。

进一步分析表明，与参照组相比，实验组选择各信息标签的频次都有所提高，但提高的幅度和显著性存在差异，可追溯信息和有机标签被选择的频次增幅相对较高且显著（x^2 检验均为 $p<0.05$），而绿色标签和无公害标签被选择的频次增幅相对较低且并不显著。这说明信息干预显著提高了可追溯信息和有机标签的消费者偏好，而对绿色标签尤其是无公害标签的消费者偏好影响不大。这可能与消费者对绿色食品和无公害食品已经普遍较为熟悉有关。这也可以与前文得出的随机 n 价拍卖实验结果相互验证。

表 11-5 最后一行所示的结果表明，有相当高比例（参照组：50.86%；实验组：39.53%）的消费者没有选择任何认证标签，有相当高比例（参照组：65.89%；实验组：53.10%）的消费者没有选择任何可追溯标签，但信息干预使这一比例大幅度降低。相当比例的消费者没有选择任何信息标签的原因可能主要在于以下两点：一是屡屡曝出的食品安全事件使相当比例的消费者对认证食品和可追溯食品的信任都较低，尤其是一些食品厂商投机与认证造假等事件打击了一些消费者的信心①；二是受制于收入水平，一些消费者并不愿意选择更高价格的认证食品或可追溯食品。

表 11-5　菜单选择实验中各信息标签被选择的频次及频率

属性	参照组			实验组		
	选择与否	选择频次	选择频率（%）	选择与否	选择频次	选择频率（%）
ORG	是	72	20.81	是	93	27.43
	否	274	79.23	否	246	72.57
GRE	是	55	15.90	是	60	17.70
	否	291	84.10	否	279	82.30
HF	是	43	12.43	是	52	15.34
	否	303	87.57	否	287	84.66

① Yin S. J., Chen M., Chen Y. S., et al. Consumer Trust in Organic Milk of Different Brands: The Role of Chinese Organic Label [J]. *British Food Journal*, 2016, 118 (7): 1769-1782.

续表

属性	参照组			实验组		
	选择与否	选择频次	选择频率（%）	选择与否	选择频次	选择频率（%）
P-TRACE	是	63	18.21	是	83	24.48
	否	283	81.79	否	256	75.52
S-TRACE	是	55	15.90	是	76	22.42
	否	291	84.10	否	263	77.58
未选择任何认证标识	否	103	50.86	否	134	39.53
未选择任何追溯标识	否	228	65.89	否	180	53.10

（三）信息标签间交互效应的Logit模型估计结果

将菜单选择实验数据进行编码后，利用Sawtooth MBC1.0.10软件进行Logit模型估计（估计结果见表11－6），R^2均大于0.6，说明总体拟合估计良好。根据表11－6所示Logit模型估计结果，绘制了图11－2以更加简洁地说明信息标签之间的交互效应。基于表11－6和图11－2，本书分别对三种认证标签之间、两种可追溯信息之间以及认证标签和可追溯信息之间的交互关系进行具体讨论。

1. 认证标签之间的交互效应

如表11－6所示的模型估计结果表明，三种认证标签两两之间具有不同的交互关系，具体表现在：①有机标签和绿色标签之间存在显著的双向替代关系。如表11－6所示的模型1和模型2显示，无论是参照组还是实验组，*ORG*与*Price of GRE*、*GRE*与*Price of ORG*之间的系数均显著为正。这一结果表明，随着绿色标签价格的提高，消费者会更倾向于选择有机标签而降低绿色标签的需求；而当有机标签价格上涨时，消费者会偏好于绿色标签和减少对有机标签的选择。②无公害标签与有机标签的关系以及无公害标签与绿色标签的关系在参照组和实验组并不相同。在参照组，无公害标签与有机标签之间、无公害标签与绿色标签之间的关系均为显著但程度不同的双向替代关系，而实验组则呈现出单向替代关系。表11－6中的模型1和模型2的估计结果表明，无论是参照组还是实验组，*ORG*与*Price of HF*、*GRE*与*Price of HF*之间的系数都显著为正。这表明当无公害标签价格上涨时，消费者更倾向于选择有机或绿色标签来替代无公害标签。根据模型3的估计结果，在参照组，*HF*与*Price of ORG*、*HF*与*Price of GRE*的估计系数均显著为正。这表明，当有机标签或绿色标签价格上涨时，消费者会倾向于选择无公害标签代替有机标签或绿色标签。但在实验组，*HF*与*Price of ORG*、*HF*与*Price of GRE*的系数仍然为正但不再显著，说明消费者可能不会因为有机标签（绿色标签）价格上涨而更多选择无公害标签。可能的原因在于：实验组的参与者由于获得了更多认证知识而更加清楚了三种认证标签的区别，尤其是对有机食品和绿色食品的安全性高于无公害食品有了更加清楚的认识，“棘轮效应”[①] 导致他们一旦选择有机番茄或者绿色番茄后，就不愿意降低消费标准再去消费相对低档的无公害番茄了。

2. 可追溯信息之间的交互效应

表 11－6 中模型 4、模型 5 显示了两种可追溯信息（*P-TRACE* 和 *S-TRACE*）之间存在显著的双向互补关系。无论是在参照组还是实验组，*P-TRACE* 和 *Price of S-TRACE*、*S-TRACE* 和 *Price of P-TRACE* 系数均显著为负值，说明两种可追溯信息属性之间存在显著的双向互补关系。与参照组相比，实验组的系数无论是在大小还是在显著性上，都有所提高。说明消费者在进一步了解了可追溯知识后，更加清楚地认识到建设可追溯的关键是提供涵盖全程供应链的信息，供应链上的任何一个环节可追溯性的增强均有利于提高食品安全水平。两种可追溯信息之间呈现互补关系的研究发现，可以从消费者偏好的角度反映出建设“从田间到餐桌”的全程可追溯体系的重要性和现实价值。

3. 认证标签与可追溯信息之间的交互效应

表 11－6 数据表明，三种认证标签与种植可追溯信息（*P-TRACE*）之间的系数与三种认证标签与销售可追溯信息（*S-TRACE*）之间的系数虽然大小略有差异，但正负符号与显著性完全相同。为节约篇幅，本章着重讨论三种认证标签与 *P-TRACE* 之间的交叉效应。

（1）有机标签和可追溯信息之间在参照组和实验组均存在显著的双向替代关系。表 11－6 中模型 1、模型 4 的估计结果表明，无论是参照组还是实验组，*ORG* 与 *Price of P-TRACE*、*P-TRACE* 与 *Price of ORG* 之间的系数均显著为正，这说明有机标签（*ORG*）与种植可追溯信息（*P-TRACE*）两者中的任意一者价格上升时，参与者会选择另外一者，即有机标签和种植可追溯信息之间存在显著的双向替代关系，与 Ubilava 和 Foster 得出的关于质量认证与产品可追溯性之间关系的研究结论相似[②]。对大部分消费者而言，有机标签可以用可追溯信息替代，这在一定程度上反映出这些消费者在购买有机食品时，可能更为关注其质量安全属性而非环保等属性，也与尹世久的研究发现一致[③]。因此，如果在食品包装上同时

① “棘轮效应”是指消费者的消费习惯形成之后有不可逆性，即易于向上调整，而难以向下调整。

② Ubilava D.，Foster K. Quality Certification vs Product Traceability：Consumer Preferences for Informational Attributes of Pork in Georgia［J］. *Food Policy*，2009，34（3）：305－310.

③ 尹世久. 信息不对称、认证有效性与消费者偏好：以有机食品为例［M］. 北京：中国社会科学出版社，2013.

加贴有机标签和可追溯信息标签，对消费者支付意愿的提高将无太大帮助。

表 11-6　Logit 模型估计结果

因变量	自变量	参照组			实验组		
		系数	标准差	T 值	系数	标准差	T 值
模型 1 *ORG*	*Price of ORG*	−0.658**	0.145	0.0434	−0.454***	0.253	0.0077
	Price of GRE	1.214**	0.264	0.0325	1.454**	0.224	0.0321
	Price of HF	1.044*	0.745	0.0852	1.374**	0.332	0.0472
	Price of P-TRACE	2.432*	0.452	0.0954	3.543*	0.432	0.0653
	Price of S-TRACE	3.431*	0.349	0.0642	5.532*	0.345	0.0687
	ASC	−2.231***	0.435	0.0003	−3.354***	0.136	0.0007
	R^2	0.6873			0.7234		
模型 2 *GRE*	*Price of ORG*	0.458**	0.406	0.0324	0.57**	0.356	0.0307
	Price of GRE	−1.324**	0.327	0.0243	−0.646***	0.322	0.0088
	Price of HF	0.034*	0.625	0.0534	0.185*	0.471	0.0735
	Price of P-TRACE	0.075	0.230	0.0453	1.102	0.078	0.0213
	Price of S-TRACE	0.112	0.314	0.0001	1.389	0.131	0.0327
	ASC	−5.343***	0.453	0.0011	−4.376***	0.090	0.0130
	R^2	0.7261			0.7472		
模型 3 *HF*	*Price of ORG*	1.244**	0.542	0.04372	0.232	0.087	0.1213
	Price of GRE	0.894***	0.312	0.0106	0.876	0.201	0.2057
	Price of HF	−3.322***	0.311	0.0023	−2.889***	0.332	0.0035
	Price of P-TRACE	1.423	0.243	0.1965	2.231	0.476	0.0831
	Price of S-TRACE	0.341	0.348	0.1762	0.524	0.334	0.0542
	ASC	−5.232***	0.161	0.0001	−3.321***	0.422	0.0015
	R^2	0.7165			0.8013		
模型 4 *P-TRACE*	*Price of ORG*	1.538**	0.239	0.0234	1.774***	0.209	0.0011
	Price of GRE	1.376**	0.243	0.018	2.326**	0.224	0.0693
	Price of HF	1.8731	0.456	0.0544	2.874*	0.626	0.0723
	Price of P-TRACE	−0.422***	0.047	0.0001	−1.731*	0.117	0.0544
	Price of S-TRACE	−3.611*	0.545	0.0523	−2.324*	0.875	0.0638
	ASC	−1.356***	0.077	0.0000	−3.314***	0.011	0.0011
	R^2	0.6325			0.7501		

续表

因变量	自变量	参照组			实验组		
		系数	标准差	T 值	系数	标准差	T 值
模型 5 *S-TRACE*	*Price of ORG*	1.442***	0.314	0.0003	1.537**	0.232	0.0169
	Price of GRE	1.554**	0.423	0.0314	1.546**	0.544	0.0001
	Price of HF	1.434	0.106	0.0921	2.215*	0.216	0.0805
	Price of P-TRACE	-0.027**	0.122	0.0642	-1.433**	0.137	0.0313
	Price of S-TRACE	-0.326***	0.261	0.0005	-1.345**	0.330	0.0321
	ASC	-5.214***	0.245	0.0000	-4.433***	0.019	0.0003
	R^2	0.6642			0.7364		

注：*、**、*** 分别表示 10%、5%、1% 的显著性水平。

进一步地，由模型 4 和模型 5 可知，无论参照组还是实验组，*P-TRACE* 与 *Price of ORG* 之间的系数要高于 *S-TRACE* 与 *Price of ORG* 之间的系数（参照组：1.538 > 1.442，实验组：1.774 > 1.537），说明当有机标签价格上升时，与销售可追溯信息相比，参与者更愿意选择种植可追溯信息来替代有机标签。在种植可追溯信息与销售可追溯信息两者之间，消费者更偏好前者，这也与表 11-3 显示的随机 n 价拍卖实验结果吻合。

（2）绿色标签与可追溯信息在参照组和实验组均表现为单向替代关系。模型 2 的估计结果表明，无论是参照组还是实验组，*GRE* 与 *Price of P-TRACE* 之间的系数虽然为正值但并不显著，说明即使当种植可追溯信息价格（*Price of P-TRACE*）上升时，消费者也不愿意选择绿色标签（*GRE*）来代替种植可追溯信息（*P-TRACE*）。模型 4 的估计结果表明，*P-TRACE* 与 *Price of GRE* 之间的系数显著为正，说明绿色标签价格（*Price of GRE*）上升时，消费者倾向于用种植可追溯信息（*P-TRACE*）来进行替代绿色标签（*GRE*）。

（3）无公害标签与可追溯信息在实验组呈现微弱地单向替代关系而在参照组无显著相关性。模型 3、模型 4 的估计结果表明，在参照组，*HF* 与 *Price of P-TRACE* 的系数、*P-TRACE* 与 *Price of HF* 的系数均为正值但不显著，说明在参照组无公害标签（*HF*）和种植可追溯信息（*P-TRACE*）之间并无显著的相关性。在实验组，模型 3 的估计结果显示，*HF* 与 *Price of P-TRACE* 的系数为正值但不显著，说明即使种植可追溯信息价格（*Price of P-TRACE*）上升时消费者也不会选择用无公害标签（*HF*）来进行替代种植可追溯信息（*P-TRACE*）；但模型 4 的估计结果显示，*P-TRACE* 与 *Price of HF* 的系数为正值且在 10% 水平上显著，说明当无公害标签价格（*Price of HF*）上升时，消费者会倾向于用种植可追溯信息

（*P-TRACE*）来替代无公害标签（*HF*）。

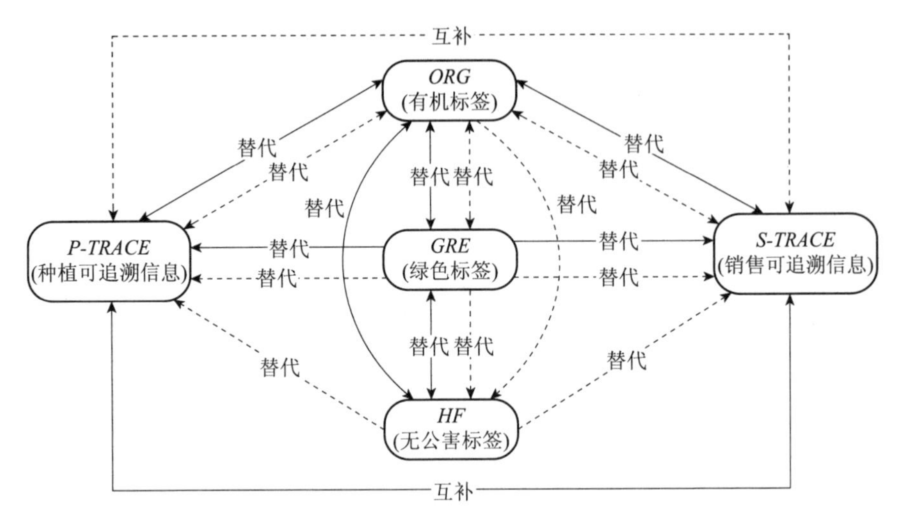

图 11－2　信息标签间交互效应

注：实线表示参照组各信息标识之间的关系，虚线表示实验组各信息标识之间的关系。

六、本章小结

本章以番茄为例，融合随机 n 价拍卖实验和菜单选择实验各自优势，研究了消费者对认证标签和可追溯信息的偏好及两种信息标签之间的交叉效应，主要得出以下结论：①消费者普遍愿意为认证食品和可追溯食品支付价格溢价。与认证食品相比，消费者相对更偏好可追溯食品。进一步地，经过认证知识与可追溯知识介绍这种信息干预后，可以显著提高消费者对有机食品和可追溯食品的支付意愿，而对绿色食品和无公害食品的消费者偏好影响相对较小。②有机标签、绿色标签和无公害标签两两之间均存在不同程度的替代关系，但在接受信息干预后，消费者将不再愿意用无公害食品替代有机食品和绿色食品的消费。③种植环节可追溯信息和销售环节可追溯信息之间存在显著的双向互补关系，且信息干预会强化两者之间的互补关系。④有机标签和可追溯信息之间呈现双向替代关系，绿色标签和可追溯信息之间呈现单向替代关系（愿意用可追溯信息替代绿色标签而不会用绿色标签替代可追溯信息），而无公害标签和可追溯信息之间仅在信息干预后才表现出微弱的单向替代关系。

基于上述结论，本书提出以下建议：①政府及厂商等相关方应加强认证食品和可追溯食品的宣传推广，这将有助于提升消费者偏好、扩大市场需求。②应该进一步加强可追溯系统和认证体系建设，而对可追溯体系建设而言，要努力覆盖食品供应链的主要环节，建立全程可追溯系统。③厂商在建设可追溯系统与认证决策时，应充分考虑信息标签之间的交互效应，以满足消费者的需求。例如，有机食品加贴可追溯信息标签基本无助于消费者偏好的提高；而绿色食品和无公害食品提供更多的可追溯信息可以提升消费者信任。

第十二章　消费者自述偏好与现实选择比较研究

与常规食品相比，有机食品具有更为显著的“信任品”特征和外部性效应，这决定了消费者的有机食品购买决策行为相较于常规食品更为复杂，增加了消费者自述偏好与显示偏好相偏离的可能性。因此，本章以有机食品为例，对消费者自述偏好与现实选择（显示偏好）展开对比，构建有序 Logistics 实证分析偏差影响因素，有利于更为准确地把握消费者的真实需求。对指导供应商如何促进潜在需求向现实需求转化，培育与开发市场具有积极的参考价值。

一、文献回顾与研究假设

（一）文献简要回顾

消费者自述偏好和显示偏好之间的关系日益引起国内外学者的研究兴趣。Hensher 等以交通工具选择为例的研究表明，SP 和 RP 数据之间具有互补性[①]。Kumar 等研究发现，利用 SP 数据可以提高现实选择数据预测精度[②]。Verhoef 等认为消费者 SP 和 RP 之间的相关性并不显著，把 SP 和 RP 结合起来考察消费者行为可能会更为有效[③]。韩青以猪肉为例比较研究了 SP 和 RP 之间的一致性，发现消费者学历、食品安全意识及认证知识等是影响差异的重要因素[④]。

虽然已有学者开始关注消费者 SP 和 RP 数据之间的不一致性问题，但进一步探究其内在影响因素的文献仍较为少见，韩青虽然对偏差成因的相关研究进行了

---

① Hensher D. A., Bradley M. Using Stated Response Choice Data to Enrich Revealed Preference Discrete Choice Models [J]. *Marketing Letters*, 1993, 4 (2): 139 – 151.

② Kumar M., Krishna Rao K. V. Stated Preference Study for a Car Ownership Model in the Context of Developing Countries [J]. *Transportation Planning and Technology*, 2006, 29 (5): 409 – 425.

③ Verhoef P. C., Franses P. H. Combining Revealed and Stated Preferences to Forecast Customer Behavior: Three Case Studies [J]. *International Journal of Market Research*, 2003, 45 (4): 467 – 474.

④ 韩青. 消费者对安全认证农产品自述偏好与现实选择的一致性及其影响因素——以生鲜认证猪肉为例 [J]. 中国农村观察，2011 (4).

率先尝试[1]，但其将因变量设置为“是否一致”的二项选择，致使偏差分析较为粗略，无法刻画SP与RP偏离的具体程度，难以避免地遗漏了偏差成因的更多信息。鉴于此，本章以有机牛奶为例，将SP与RP间的偏差设置为五个等级，并借助有序Logistics模型，更为细致地分析消费者自述偏好和现实选择间偏差及其可能成因。

（二）研究假设模型

基于消费者偏好有关文献的综述与梳理，本章将可能影响消费者对有机牛奶自述偏好与现实选择间偏差的主要因素归纳为个体特征（如性别、年龄等）、产品评价（如价格评价、产品知识等）及生活态度（如环境意识、食品安全意识等）等方面，并提出如图12-1所示的假设模型。

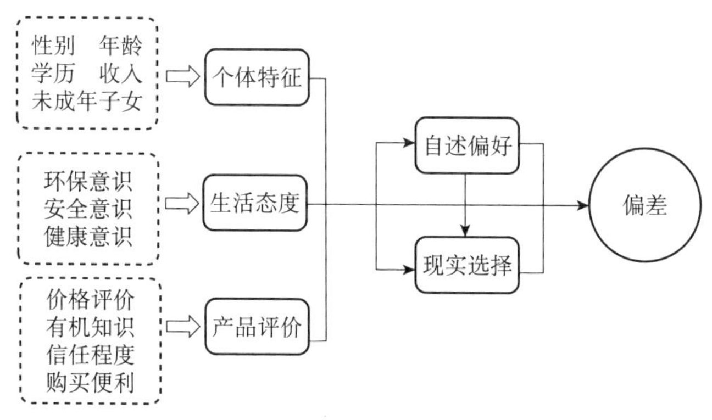

图12-1　研究假设模型

1. 个体特征变量

经验研究表明，消费者的性别、年龄、学历、收入及未成年子女状况等个体特征不仅会影响消费者对有机食品的自述偏好，而且也会影响他们的现实购买选择[2]，由此可能会导致自述偏好与现实选择之间的偏差。例如，高收入既能带来较高的消费能力和对生活品质的更高要求，又因收入提高导致消费者对价格的敏感程度降低，高收入消费者在购买高质高价的牛奶食品时，自述偏好与现实选择间出现偏差的可能性就会降低。

---

① 韩青．消费者对安全认证农产品自述偏好与现实选择的一致性及其影响因素——以生鲜认证猪肉为例［J］．中国农村观察，2011（4）．

② Roitner-Schobesberger B., Darnhofer I., Somsooks S., et al. Consumer Perceptions of Organic Foods in Bangkok, Thailand［J］. *Food Policy*, 2008, 33（2）: 112-121.

2. 产品评价变量

与回答自述偏好问题相比，消费者在做实际购买决策时，会更倾向于考虑实际预算，价格评价对实际购买行为的影响会比自述偏好要高①。与常规食品相比，有机食品的价格普遍较高，消费者对价格变化往往更为敏感。在其他条件相同的情况下，如果消费者认为有机食品的价格过高，自述偏好与现实选择间就更容易产生偏差。有机标识是厂商向买家传递食品品质信息的重要工具，也是在信息不对称条件下消费者鉴别有机食品真伪或质量的重要依据。消费者对有机食品的认证程序、质量安全控制和质量检测标准等的相关知识，会有效地降低交易风险感知，从而有助于促使购买意愿转化为购买行为②，自述偏好与现实选择出现偏差的可能性就越小。同时，消费者对有机食品越信赖，自述偏好就会越高，而消费者对有机食品的认可和信任程度也是决定其是否继续购买该产品的重要依据③，消费者对有机食品越信任，其自述偏好与现实选择间偏差可能就越小。那些能够较为方便地买到有机食品的消费者不仅在客观上增加了购买可行性，而且可以获取更多的产品知识，进而降低交易风险感知，从而更倾向于购买有机食品④，其自述偏好与现实选择间出现偏差的可能性也就越小。

3. 生活态度变量

与常规食品相比，有机食品由于采用生态生产技术（如禁用或限制使用化学品等）而具有健康、安全与生态环保等有别于常规食品的特性，那些有更强的食品安全意识或健康意识以及更为关注环境问题的消费者可能会更倾向于购买有机食品⑤，其自述偏好与现实选择间偏差可能会越小。

二、调查基本情况

（一）调研设计与数据来源

消费者偏好的经验研究中，测量消费者自述偏好的方法有假想价值评估法

---

① Azevedo C. D.，Herriges J. A.，Kling C. L. Combining Revealed and Stated Preference: Consistency Tests and Their Interpretations［J］. *American Journal of Agricultural Economics*, 2003, 85 (3): 525 - 537.

② Azevedo C. D.，Herriges J. A.，Kling C. L. Combining Revealed and Stated Preference: Consistency Tests and Their Interpretations［J］. *American Journal of Agricultural Economics*, 2003, 85 (3): 525 - 537.

③ 尹世久. 信息不对称、认证有效性与消费者偏好：以有机食品为例［M］. 北京：中国社会科学出版社，2013.

④ Briz T.，Ward R. W. Consumer Awareness of Organic Products in Spain: An Application of Multinominal Logit Models［J］. *Food Policy*, 2009, 34 (3): 295 - 304.

⑤ Bravo C. P.，Cordts A.，Schulze B.，et al. Assessing Determinants of Organic Food Consumption Using Data from the German National Nutrition Survey Ⅱ［J］. *Food Quality and Preference*, 2013, 28 (1): 60 - 70.

(Contingent Valuation Method, CVM)、联合分析、选择实验和拍卖实验等多种方法。CVM具备简单易行、便于消费者理解以及可直接与市场实际相比较等优势，在学术研究与实务界应用最广、影响最大，也是新兴产品市场消费者偏好研究常用的适宜方法①。因此，本书采用假想价值评估法原理，直接询问被调查者在现行市场价格下是否愿意购买有机牛奶以衡量消费者SP。对于消费者现实选择(RP)则采用市场数据法，直接调研被调查者的有机牛奶实际购买状况。有机食品种类繁多，本章选择有机牛奶为具体研究对象的原因在于：①随着我国居民收入与生活水平的提高，牛奶在食品消费结构中所占的比重不断上升，已成为越来越多家庭的生活必需品；②乳品行业频发的丑闻使消费者对牛奶的质量安全尤为关注。

调研地点选择在山东省。山东省位于我国东部沿海地区，且东部、中部、西部形成了较大的发展差异，可较好地反映我国东西部经济发展的不均衡状态。笔者分别在山东省东部、中部和西部地区各选择三个城市进行调研（东部：青岛、威海、日照；中部：淄博、泰安、莱芜；西部：德州、聊城、菏泽）。

2013年12月至2014年3月，在上述城市选取代表性超市及其附近商业区招募被调查者先后进行预调研和正式调研。经验研究表明，超市及商业区的专卖店等销售终端是有机牛奶的主要销售场所②。调研由经过训练的调查员通过面对面直接访谈的方式进行，并共同约定以进入视线的第三个消费者作为采访对象，以提高样本选取的随机性。首先于2013年12月在日照市选取约100个消费者样本展开预调研，对调研方案和问卷进行调整与完善。之后于2014年1~2月利用修订后的调查问卷再展开正式调研，共有607位消费者参加了调研，回收有效问卷586份，有效回收率为96.54%。在586个消费者样本中，女性比例约为56.14%，与我国家庭中食品购买者多为女性的现实相符。回收问卷的统计结果表明，从年龄、收入等人口学特征看，本次调查范围比较广泛，具有较好的代表性。

（二）偏差总体描述

借鉴Smith的研究③，本章首先将被调查者分为购买者和非购买者（包括从不购买或无意购买两种情况），然后进一步将购买者按照购买强度（有机牛奶购

---

① Breidert C., Hahsler M., Rertterer T. A Review of Methods for Measuring Willingness-to-Pay [J]. *Innovative Marketing*, 2006, 2 (4): 8-32.

② 尹世久. 信息不对称、认证有效性与消费者偏好：以有机食品为例 [M]. 北京：中国社会科学出版社，2013.

③ Smith A. C. Consumer Reactions to Organic Food Price Premiums in the United States [D]. *Iowa State University*, 2010.

买量占牛奶总购买量的比重）划分为偶尔购买者（10%以下）、轻度购买者（10%~30%）、中度购买者（30%~50%）和重度购买者（50%以上）。

在586个被调查者中，表示在现行价格水平下愿意购买有机牛奶即有自述偏好的样本数为348个，所占比例为59.39%（见表12-1）。在这些对有机牛奶有自述偏好的被调查者中，实际购买者达到210人，但其中大多数属于偶尔购买者或轻度购买者，两者比例之和高达50.29%，而重度购买者的比例仅为2.30%，自述偏好与现实选择间偏差总体较大。而在没有自述偏好的被调查者中，购买有机牛奶的比例很低，自述偏好与现实选择较为一致，本研究对这部分样本不再展开进一步分析。

表12-1 被调查者SP与RP间偏差的总体描述

购买者类型	有自述偏好			无自述偏好		
	样本数	百分比（%）	偏差	样本数	百分比（%）	偏差
非购买者	138	39.65	5（很大）	206	86.55	1（很小）
偶尔购买者	98	28.16	4（较大）	28	11.77	2（较小）
轻度购买者	77	22.13	3（一般）	4	1.68	3（一般）
中度购买者	27	7.76	2（较小）	0	0	4（较大）
重度购买者	8	2.30	1（很小）	0	0	5（很大）
合计	348	100	—	238	100	—

三、实证模型与变量设置

（一）模型选择

本书设定的被解释变量（Y）为消费者自述偏好与现实选择间的偏差，Y的取值为1~5的离散整数值，依次表示偏差从小到大的五个等级。被解释变量（Y）可以用一个多分类有序选择变量表示，考虑构建可将因变量设置为多项排序选择的有序Logistics模型。其模型形式为：

$$P(Y \leqslant j | x_i) = \exp(a_j + \sum_{i=1}^{k} \beta_i x_i) / [1 + \exp(a_j + \sum_{i=1}^{k} \beta_i x_i)] \quad (12-1)$$

式（12-1）中，Y为表示被调查者自述偏好与现实选择间偏差大小不同的五个等级，x_i为解释变量，α_j为截距，β_i为回归系数。

（二）变量设置

根据上文对不同类型购买者的划分及表8-2所示的自述偏好与现实选择差

异程度的等级设定，将被解释变量设置为五个等级，并将偏差“很小”“较小”“一般”“较大”和“很大”五个等级分别赋予为1～5的整数值。解释变量的设置主要依据前文的理论分析与研究假设，引入12个解释变量，其含义如表12－2所示。

表12－2　解释变量设置与描述

解释变量		变量定义	均值	标准差
个体特征	年龄（*AG*）	被调查者年龄	40.123	13.812
	性别（*GE*）	女＝0，男＝1	0.561	0.314
	受教育程度（*ED*）	小学及以下＝1；初中＝2；高中＝3；大学＝4；研究生及以上＝5	3.586	1.254
	年收入（*IN*）	被调查者家庭年收入	8.124	2.861
	未成年子女（*KI*）	有＝1，没有＝0	0.531	0.175
产品评价	价格评价（*PR*）	贵＝1；否则＝0	0.735	0.217
	有机知识（*KN*）	考察题目正确回答题数	2.458	1.240
	信任度（*TR*）	Liket 5级量表，1表示极不信任	2.135	0.871
	购买便利性（*CO*）	Liket 5级量表，1表示极不方便	2.684	0.185
生活态度	食品安全意识（*SA*）	Liket 5级量表，1表示极不关注	4.012	1.243
	健康意识（*HE*）	Liket 5级量表，1表示极不关注	3.018	0.924
	环境意识（*EN*）	Liket 5级量表，1表示极不关注	3.841	1.287

四、实证分析结果与讨论

将有自述偏好的348个样本数据，采用Eviews 6.0统计软件进行有序Logistics回归分析，结果如表12－3所示。从模型的卡方统计值等来看，模型整体检验结果较为显著，参数符号与预期基本相符。基于表12－3所示结果，对各变量对消费者SP与RP间偏差的影响方向与显著性情况分析讨论如下：

在个体特征类变量中，消费者受教育程度（*ED*）和年龄（*AG*）变量在5%的统计水平上影响偏差，但其符号相反，说明受教育程度较低或越年长的消费者，SP与RP间偏差越大。这与前文提出的研究假设相吻合，也可从相关经验研究中得到佐证①。家庭收入（*IN*）通过了1%统计水平的显著性检验，且系数为

① 尹世久．信息不对称、认证有效性与消费者偏好：以有机食品为例［M］．北京：中国社会科学出版社，2013.

负值，这支持现有文献普遍得出的高收入家庭更有可能购买有机食品的观点①。未成年子女（*KI*）变量通过了1%统计水平的显著性检验，且系数为负值。这与很多经验研究的结论相似，孩子的营养与健康往往备受消费者重视②，家庭中有未成年子女的消费者SP与RP间偏差较小。

表12-3　影响因素的有序Logistics回归结果

变量	系数	标准误	z统计量	变量	系数	标准误	z统计量
AG	-0.013**	0.017	0.145	*KN*	-0.213	0.293	0.785
GE	-0.021	0.198	0.134	*TR*	-0.125	0.284	2.251
ED	0.005**	0.054	0.097	*CO*	-0.876**	0.302	-4.457
IN	-0.141***	0.043	3.659	*SA*	-0.241**	0.211	1.492
KI	-1.315***	0.328	8.023	*HE*	-1.152*	0.317	-3.253
PR	0.017***	0.211	0.053	*EN*	0.385***	0.360	1.357
临界点（Limit Points）				模型整体检验统计量			
LIMIT_2：C（16）	2.325**	1.362	0.826	LR	198.453	SchwarzC	1.787
LIMIT_3：C（17）	3.131**	1.438	2.579	AIC	2.435	对数似然值	-0.874
LIMIT_4：C（18）	4.4108*	1.346	3.292	—	—	—	—
LIMIT_5：C（19）	3.864*	1.787	4.454	—	—	—	—

注：***、**和*分别表示相关关系在1%、5%和10%的统计水平上显著。

消费者对有机牛奶的价格评价（*PR*）通过了1%统计水平的显著性检验。消费者认为有机牛奶越贵，购买可能性就会越小，因而其自述偏好与现实选择出现偏差的可能性就越大。消费者有机知识（*KN*）对偏差的影响并不显著，未能支持前文提出的假设，也与韩青的研究结论相违背③。可能的原因在于，具有更多有机知识的消费者往往更了解屡屡曝出的认证造假与食品安全事件，由此提高的风险感知抵减了消费者的现实购买行为，这也从侧面反映了消费者对有机食品信任的普遍缺失④。消费者信任程度（*TR*）对偏差的影响并不显著。虽然消费者信任会提升其对有机牛奶的购买意愿与购买行为，但其对偏差并无显著影响，这与

① Loo E. J. V., Caputo V., Nayga R. M., et al. Consumers' Willingness to Pay for Organic Chicken Breast: Evidence from Choice Experiment [J]. *Food Quality and Preference*, 2011, 22 (7): 603-613.

② Liu R., Pieniak Z., Verbeke W. Consumers' Attitudes and Behaviour towards Safe Food in China: A Review [J]. *Food Control*, 2013, 33 (1): 93-104.

③ 韩青．消费者对安全认证农产品自述偏好与现实选择的一致性及其影响因素——以生鲜认证猪肉为例［J］．中国农村观察，2011（4）．

④ 尹世久．信息不对称、认证有效性与消费者偏好：以有机食品为例［M］．北京：中国社会科学出版社，2013.

韩青的研究结论相一致①。消费者购买便利性（*CO*）通过了5%统计水平的显著性检验，且其系数为负值。那些能更为方便买到有机牛奶的消费者SP与RP间偏差较小，与前文研究假设相吻合，购买的便利性是将购买意愿转化成购买行为的基本条件和前提。销售渠道滞后会成为消费者潜在需求向现实需求转化的障碍。

消费者的食品安全意识（*SA*）和健康意识（*HE*）变量分别在5%和10%的统计水平上显著影响偏差。随着消费者食品安全意识和健康意识的增强，他们将更加关注有机食品，进而强化其现实购买行为。因此，食品安全意识和健康意识越强，SP与RP间偏差越小，这验证了前文提出的假设。消费者的环境意识对偏差的影响在1%的统计水平上显著，符号为正，说明消费者环境意识越强，SP与RP间偏差却越大。欧美学者研究普遍表明，环境意识是影响消费者有机食品购买行为或支付意愿的重要因素②。近年来，我国消费者的环境意识虽有了较大幅度提高，但其生态支付意愿尚远不能与发达国家消费者相比，因而环境意识并未能有效提高其对有机食品的现实购买行为，导致SP与RP之间形成偏差。

五、本章小结

本章以有机牛奶为例，对消费者自述偏好和现实选择进行了比较，进而构建有序Logistics实证分析了相应影响因素。研究发现，有自述偏好的被调查者中，自述偏好与现实选择间普遍存在较大偏差。回归分析结果表明，消费者受教育程度、年龄、家庭收入及未成年子女状况是影响偏差的个体特征因素。此外，消费者对有机牛奶的价格评价、购买便利性、食品安全意识、健康意识和环境意识显著影响消费者自述偏好与现实选择间偏差。而消费者的有机知识、信任程度以及环境意识等未能通过显著性检验。

根据以上结论，可以得出以下政策含义：①降低有机食品价格，加强渠道建设以提高购买便利性是缩小消费者自述偏好与现实选择偏差的重要措施。为此，有机食品生产商和营销商在其生产和营销过程中，应有效地拓展营销渠道，降低有机食品产销成本，进而降低价格水平。②虽然公众环境意识不断提升，但在实际消费行为中的生态补偿支付意愿较低，应继续加强对公众的环境保护教育与引导，有效提升其“绿色”支付意愿。③公众不断提升的食品安全意识和健康意识，使有机食品日益受到消费者青睐，为促进有机市场发展提供了机遇，但应注

① 韩青．消费者对安全认证农产品自述偏好与现实选择的一致性及其影响因素——以生鲜认证猪肉为例［J］．中国农村观察，2011（4）．

② Breidert C., Hahsler M., Rertterer T. A Review of Methods for Measuring Willingness-to-pay［J］. *Innovative Marketing*, 2006, 4（2）.

意到以消费者自述偏好来推测其实际购买行为不太可靠，调查结果存在较高程度的夸大。对供应商而言，一方面应以新产品的市场需求调查结果为基础，适当调整关于购买意愿的调查数据，适当筛选消费人群，从而更有针对性地选择目标群体；另一方面应针对不同的消费者群体，采取相应的营销策略，以促使消费者自述偏好向现实购买转化。

第十三章　食品安全认证监管的基本思路与政策改革路径研究

本书上述各章系统研究了认证食品的消费者偏好的基本特征与一般规律，支付意愿与信任的缺失彰显食品安全认证政策仍然存在的若干缺陷。本章在归纳我国消费者对认证食品偏好与行为特征基本规律的基础上，讨论实施认证监管应遵循的基本思路，进而基于对现有认证政策缺陷的剖析和国际经验的概括，提出我国食品安全认证政策改革的基本路径。

一、主要研究结论与认证监管的基本思路

消费者偏好是关系认证食品市场发展的基础性问题，而食品市场的信息不对称使能否构建有效的认证体系成为关系认证食品行业发展的关键所在。基于本书上述各章的分析，可以概括消费者偏好的一般特征和规律性表现以评估我国食品安全认证政策的实施效果，并为政策改革与完善提供科学依据与实证支持。

（一）主要研究结论

进一步概括前文各章主要研究结果，本书得出的主要研究结论有：

1. 提高认证有效性的关键是建立有效的认证竞争机制

在竞争条件下，激烈的价格竞争迫使认证机构关注成本，从而使认证更有效率。然而，过度竞争的“低价揽客”行为，导致在位者相对于进入者具有成本优势。当市场处于均衡时，认证价格的变动不会影响认证质量的选择。如果市场价格未达到均衡水平，当认证价格高于均衡价格时，价格降低，认证质量提高；当认证价格低于均衡价格时，价格升高，认证质量提高。这意味着提高认证有效性的关键是建立有限的认证市场竞争机制。

2. 认证食品的消费者认知与行为表现

消费者对有机认证食品的认知行为，可表现为知晓、识别与使用三个层面。以绿色食品为例的实证研究发现，消费者对认证食品的认知能力总体较低，尤其

是我国长期“重宣传，轻标志”的策略，导致消费者在较高的使用层面的认知行为尤为不足。不同特征消费者在对认证食品的认知上表现出明显的异质性，为市场细分与阶梯发展提供了空间。

3. 消费者对认证食品的信任及其影响因素

基于山东省6个城市570个消费者样本数据的实证研究发现：消费者对有机牛奶总体较为信任，且对欧盟品牌或欧盟认证的信任高于国内品牌或国内认证；消费者受教育程度和收入对其信任影响显著，感知价值、有机知识及行业环境均为影响消费者信任的重要因素；行业环境对消费者信任影响显著，而食品安全意识和信息交流对消费者信任产生复杂影响。

4. 消费者对认证标签、可追溯标签以及品牌的支付意愿

选取食品安全认证标签、可追溯标签与品牌为属性，设计并实施选择实验的研究发现：消费者对食品安全认证标签、可追溯标签和品牌等属性的偏好均显著，食品安全认证标签、可追溯标签和品牌等可显著提升消费者效用；消费者愿意为食品安全认证标签支付更高价格，且对有机标签的支付意愿远超过绿色标签和无公害标签。消费者对可追溯标签的支付意愿远高于其他信息属性；随着消费者可追溯知识增加，其对可追溯标签的支付意愿不断提高。而对于食品安全认证标签，低认知组和高认知组的支付意愿普遍较低，而中等认知组则具有最高的支付意愿。

5. 消费者对“三品一标”和品牌的支付意愿及其交叉效应

运用真实选择实验对消费者对“三品一标”四种标签和两种品牌（合作社品牌、企业品牌）的支付意愿的研究发现：消费者对“三品一标”的支付意愿从高到低排序为：有机标志 > 绿色标志 > 地理标志 > 无公害标志，消费者对无公害苹果的支付意愿仅略高于常规苹果；相较于普通苹果，消费者普遍愿意为企业或合作社生产的品牌苹果支付更高的价格；“三品一标”四种认证标签与品牌之间的交叉效应是互补的，通过认证的苹果供应商实施品牌化战略或拥有品牌的苹果通过认证将更能提高消费者支付意愿；食品安全意识的提高会提升认证标签尤其是有机标签的消费者支付意愿，而环境意识引起的消费者支付意愿变化整体不大。

6. 消费者对认证食品的信任及其影响因素

以番茄为例，使用随机 n 价拍卖实验评估消费者对不同认证番茄的支付意愿的研究发现：消费者对绿色番茄的支付意愿高于无公害番茄，对有机番茄的支付意愿高于绿色番茄；具有不同个体特征的消费者的支付意愿存在显著异质性，女性消费者对认证番茄尤其是有机番茄具有更高的支付意愿，年轻消费者和受教育程度较高的群体相对更偏好有机番茄，而年长的消费者通常更倾向于选择绿色番茄和无公害番茄，家中有未成年子女的消费者通常更愿意为认证食品支付高价；食品安全风险感知对认证食品的消费者偏好产生显著影响。相对而言，高风险感知的消费者群体最偏好有机番茄，其次是绿色番茄，最后是无公害番茄。消费者环境意识也能提高消费者对认证食品的支付意愿，但环境意识的变化并不会显著影响到消费者在绿色食品和有机食品两者之间的选择。

7. 消费者对不同国家或地区有机标签的偏好

选取不同国家或地区有机标签作为案例的调查研究发现：消费者对加贴欧盟标签的番茄出价最高，之后依次为中国香港标签、巴西标签、日本标签和中国标签，且消费者出价间存在显著差异；有机标签在消费者中普遍存在来源国效应，但不同个体特征消费者群体的来源国效应普遍存在不同倾向，中青年、低学历、女性、高收入以及家庭中有未成年子女的消费者，来源国效应普遍较强，且往往更倾向于偏好来自相对发达国家或地区的有机标签；有机知识与食品安全意识对消费者偏好具有较强影响，而生态意识的影响较弱。消费者食品安全意识越高，则越倾向于选择来自相对发达国家或地区的有机标签，有机标签的来源国效应越显著。但不同生态意识消费者群体间有机标签的来源国效应并无显著差异。有机知识变化对来源国效应的影响呈现 U 形，有机知识中等的消费者群体来源国效应最强。

8. 消费者对认证食品的信任及其影响因素

以婴幼儿配方奶粉（IMF）为研究案例，采用联合分析方法的研究发现：产地来源国是影响消费者进行 IMF 选择的首要属性，而有机标签属性的重要性高于品牌和价格，同时知名品牌与非知名品牌分值效用已相差不大；无论是对于有机标签、产地来源国还是品牌，消费者更偏好来自国外尤其是发达国家的产品。

9. 消费者对认证食品的信任及其影响因素

本章以番茄为例，融合随机 n 价拍卖实验和菜单选择实验各自优势，对认证标签和可追溯信息的消费者偏好及两种信息标签之间的交叉效应的研究发现：消费者普遍愿意为认证食品和可追溯食品支付价格溢价，且消费者相对更偏好可追溯食品；经过认证与可追溯知识介绍这种信息干预后，消费者对有机食品和可追溯食品的支付意愿显著提高，而绿色食品和无公害食品的消费者偏好受到的影响相对较小；有机标签、绿色标签和无公害标签两两之间均存在不同程度的替代关系，但在接受信息干预后，消费者将不再愿意用无公害食品替代有机食品和绿色食品的消费；种植环节可追溯信息和销售环节可追溯信息之间存在显著的双向互补关系，且信息干预会强化两者之间的互补关系；有机标签和可追溯信息之间呈现双向替代关系，绿色标签和可追溯信息之间呈现单向替代关系（愿意用可追溯信息替代绿色标签而不会用绿色标签替代可追溯信息），而无公害标签和可追溯信息之间仅在信息干预后才表现出微弱的单向替代关系。

10. 消费者自述偏好和现实选择的比较研究

以有机牛奶为例，对消费者自述偏好和现实选择进行的比较研究发现：有自述偏好的被调查者中，自述偏好与现实选择间普遍存在较大偏差；消费者受教育程度、年龄、家庭收入及未成年子女状况是影响偏差的个体特征因素；消费者对有机牛奶的价格评价、购买便利性、食品安全意识、健康意识和环境意识显著影响消费者自述偏好与现实选择间偏差，而消费者的有机知识、信任程度以及环境意识等未能通过显著性检验。

（二）认证监管的基本思路

1. 改“防堵”式监管为“疏导为主”，注重发挥认证机构主观能动作用

认证市场出现的一些“乱象”，如低价恶性竞争、虚假认证等对认证的有效性构成了直接的威胁。政府采取了诸多措施严厉监管认证机构的低价竞争和虚假认证等行为，但是隐含在认证行业和获证组织这些市场行为背后的制度性缺陷，如消费者主体的缺位，诉讼机构不合理、认证机构的半企业化和事业单位化、内部治理机制等问题才是导致认证机构市场行为对认证有效性损害的根本原因。从目前来看，政府仍未能采取根本性的监管策略调整，比如对认证收费进行监管、禁止广告行为等。因此，对认证市场的监管思路必须要转换，应该以“疏导为主”，从制度上消除根源性问题，承认政府自身力量的有限性，更多地致力于建立能使微观行为主体相互激励、相容监控的制度安排。在制度改革中，要建立促使认证机构珍惜自身声誉、提升食品质量的自我激励机制，通过对认证机构的实体化与集中化，鼓励认证机构建立具有良好市场声誉的私有标识，使其成为统一认证标识的有益补充，以避免有机认证统一标识陷入“公地悲剧”。

2. 从维护认证行业利益向维护消费者利益目标调整，注重发挥消费者监督作用

政府政策运行受生产者驱动还是受消费者驱动，体现出体制的根本差别，也是“生产者中心”和“消费者中心”对立的根本原因所在。由于认证事业是一个强烈依赖于公众信任的事业，从认证事业的可持续发展来看，综合前面章节的分析，只有真正为消费者利益服务才可能建立起长效机制。

因此，国家认监委不应该仅定位成一个认证认可机构的行业主管部门，更不应是认证机构和企业合谋或分利的“替罪羊”。而应该依靠消费者的能动作用，来强化自己的认证监管责任。要自觉站在维护消费者利益和公众利益的角度而非站在维护认证行业的角度来行使职权，才有可能促动认证行业的真正繁荣和发展，最终实现生产者、消费者和认证机构等多方的共赢。这就要求国家认监委充分意识到消费者主体对食品质量安全的监督及其偏好所带来的市场激励作用，建立并完善通畅的消费者信息反馈与诉求通道，充分利用消费者协会、消费者维权委员会等机构来帮助消费者合理表达诉求，积极监督市场失范行为，建立良好、规范的市场环境，促使认证质量和有效性的根本改观。

3. 从偏重监管机构到重点监管人，加大对失范行为责任人的直接惩罚

政府监管对于改进认证机构行为、提高认证质量非常关键，监管力度越大，对不当行为的处罚越严，认证机构就会越规范，认证结果就会越真实。因此，加强对认证市场的监管很重要，也是必须的。监管要全面，不仅要将认证机构作为整体对其进行监管，而且要将经营者和认证检查员作为个体对其进行监管，这样约束的就不仅是法人的行为和信用，还包括了自然人个体的行为和信用，会形成法人与自然人之间相互约束、相互促进的机制。

长期以来，我们监管的对象往往是机构，而机构作为整体很难形成真正的责任追究机制，但实际上认证失信行为的主导者是个人，行动也是个人，不最终落实到人，监管效力就会大打折扣。因此，认证市场的监管必须是全面的监管，既要包括对认证机构的监管，更要加强对检查人员的监管，形成终身信用跟踪机制，强化个人的责任，这就如同证券市场的保荐人制度。实质上两者也有很多相似之处，都是揭示信息、识别信息的具体执行者[①]。

二、当前我国食品安全认证体系存在的主要问题

自20世纪末以来，我国逐步建立起与国情相符合的食品安全认证体系，认证管理制度不断完善，管理框架基本确立，结构趋于合理。但由于我国认证体系发展的时间较短，在认证体系的完整性和协调性、认证技术和能力、认证的普及程度以及与国际接轨等方面还存在不足。

（一）认证体系不完整，缺乏配套服务

完整的食品安全认证体系除认证机构外，还包括相应的认证咨询机构和培训机构。认证咨询机构和培训机构是认证机构高效运转的基础，也有利于保持认证机构的权威性。与欧美国家相比，目前我国认证咨询机构和培训机构仍相对缺乏，且服务水平参差不齐，缺少对认证申请者在标准化生产、科学化管理、规范化申报等方面的培训和指导，直接抑制了认证需求。

---

① 刘宗德．基于微观主体行为的认证有效性研究［D］．华中农业大学博士学位论文，2007.

（二）认证行政色彩明显，认证客观性、公正性有待提高

一方面，认证机构与管理机构之间存在千丝万缕的联系，甚至是政府职能部门直接组织认证（如绿色食品等认证），带有明显的行政色彩。另一方面，一些认证机构随意炒作“安全”“绿色”等概念，降低认证标准，在认证标识的使用上陷入“公地悲剧”，认证机构缺乏行业性自律，未能共同维护认证的权威性与公信力。

（三）专业技术和人才不足，难以保障认证质量

我国食品认证体系建立的时间不长，认证人才的培养与培训不足，导致一些认证机构在人员、资质等方面难以满足认证要求，认证能力较差，甚至形成个人私利驱动的投机行为，降低了认证质量。

（四）认证知识普及程度差，无法形成有效需求

虽然我国食品认证得到了较快发展，但由于长期瞄向国际市场，忽视了对国内市场的开发。在国内市场对食品认证知识的宣传力度仍然不够，且长期“重宣传，轻标志”，造成公众标志识别和使用能力较低，加之市场上涌现出的“虚假认证”等现象，使消费者对认证尚未建立起足够信心就先受到冲击，致使认证食品市场不能得到充分发育，难以形成有效需求，进而影响了企业认证的积极性。

（五）与国际接轨程度低，认证国际合作有待加强

受目前我国认证技术和认证水平的制约，在进行食品认证时对国际标准的采标率低，参与国际标准化活动和国际合作能力不强，导致食品认证方式和认证标准与国际接轨程度低，认证的结果不能得到国际认可，大量出口认证食品不得不以常规食品出口，而企业为出口国际市场，不得不高价请国外认证机构进行认证，提高了认证成本和难度。

三、我国食品安全认证政策改革路径研究

深化食品安全认证体系改革，保证认证的有效性，促进认证食品市场良性发展，关键在于发挥市场决定性作用，从多方面采取措施、形成合力、共同作用，形成良性循环的认证活动闭合系统，形成多方参与的社会共治格局。

（一）提高消费者认知，倡导绿色消费理念

认知是市场需求的基础和起点，提高消费者认知，是促进市场良性发展的重

要前提。应当利用相关媒体和各种渠道加大宣传和培训力度，让社会公众熟悉各种食品认证标志与生产规程，引导公众树立绿色消费理念，激发消费者生态补偿支付意愿。

（二）制定合理支持政策，高效安排财政补贴

由于财力的限制，政策的基点应该是把有限的财政支农资金用于关键环节的扶持和共性技术研发的补贴，诱导认证食品产销形成自我发展的良性循环机制，并对宣传推广、技术培训、品牌创建等方面给予必要的扶持。

（三）加强认证监管，提高消费者信任

从整个认证食品市场来看，优质优价的市场环境尚未真正建立，存在不同程度的“柠檬市场”现象。政府要进一步建立健全法规，完善认证制度体系，加大执法力度，加强认证监管。一是要不断加强认证机构自身制度体系建设，引导认证机构建立完善的自我评价和监控体系，增强自我监管能力，从认证源头上保证认证的有效性。二是要不断加强认证监管的制度体系建设，制定、修订相关的配套规章制度和规范性法律文件，完善督导检查制度，严格规范行政审批行为。三是要充分发挥认可的作用，创新认可技术手段，加强认证认可相关技术的研究，提高认证认可工作的有效性。

（四）培育认证机构的龙头企业，引导认证机构规范认证活动

根据“智猪博弈”原理，扶持龙头认证机构发展，可以促使龙头认证机构在市场开发中发挥主体作用，增强产业竞争力，有利于形成有影响力的认证“品牌”。我国认证机构数量的快速增长虽然在市场开发与拓展中发挥了重要作用，但近年来认证机构过多、认证主体复杂等带来的负面影响开始凸显，应该严格认证机构准入与监管，促使认证机构适度集中，鼓励认证机构自有标志权威性和公信力的提升，发挥自有标志与统一标志的互补作用，以避免认证市场陷入“公地悲剧”。

（五）发挥社会多方主体作用，建立诚信评估系统

加强对认证机构的社会监管，建立诚信评估系统。要建立消费者意见收集渠道，完善认证有效性市场调查机制，以建立认证的社会诚信体系。一是要建立群众共同参与市场监管和认证有效性的监督工作机制，完善申诉、投诉处理制度和程序，对群众的投诉做到处理及时、按章办事。二是要建立统一、公开透明的认证行为信息网站，强化社会监督机制。通过统一的公开信息披露，利用认证机构

之间、咨询机构之间和认证企业之间的相互监督，监控虚假认证行为。三是要提高对认证机构违规行为的曝光力度。要加强对认证机构的监管，强化认证连带责任制度，提高认证机构的法律风险。对认证机构的违规行为，除在行业内通报外，还应在新闻媒体上曝光，降低认证机构市场声誉，提高其违规行为的市场风险。

（六）充分发挥认证认可协会作用，正确引导企业的获证动机

在行业自律方面，要充分发挥认证认可协会的作用，以引导认证行业健康发展为重点，形成行业自律机制。要建立协调沟通渠道，发挥纽带服务作用，恪守职业道德准则，规范行业执业行为，完善自律诚信机制，提高认证认可信誉，建立行业诚信体系，促进行业内形成公平合理的竞争机制。协助认证监管和执法部门解决低价竞争、买证卖证等突出问题。各级政府和主管部门要通过电视和网络等各种媒体宣传认证知识，使企业正确认识认证的作用，积极引导企业不为认证而认证，促使企业关注认证的有效性，重视建立自我改进机制。引导企业在服务质量、地理位置、人员素质和获证后服务等方面综合评价后选择咨询和认证机构，鼓励企业采用公开招标的方式选择咨询和认证机构。同时，要通过宣传，使社会大众了解认证知识，发挥消费者对获证企业产品的市场监督作用和对企业的认证导向作用。

（七）加强国际合作与交流，提高认证证书的国际效力

促进和实现食品安全认证证书的国际互认，一方面可以提高认证证书的权威性和有效性，避免或减少企业为开展国际贸易而申请多个国家的认证，这有利于减轻企业负担，提高国际贸易的效率，从而有利于消除非关税贸易技术壁垒，有利于国际贸易的实现；另一方面，由于签署多边承认协议并保持签约方地位具有严格的条件，签约前需要按国际准则接受签约组织全面的同行评审，签约后还需要继续接受签约组织的监督性同行评审，这可以监督签约国改进和提高认证认可水平，保证认证的质量。当前，应致力于在更多的领域签署国际互认协议，促进认证结果的国际互认，从而促进认证活动在对外贸易中发挥更加积极的作用。同时要不断提高和增强我国在国际组织和相关标准与政策制定中的参与度和话语权，确保我国认证认可工作的国际水平和权威性。

参考文献

[1] Aaker D. A., Jacobson R. The Financial Information Content of Perceived Quality [J]. *Journal of Marketing Research*, 1994, 31 (2): 191-201.

[2] Aarset B., Beckmann S., Bigne E., et al. The European Consumers Understanding and Perceptions of the "Organic" Food Regime: The Case of Aquaculture [J]. *British Food Journal*, 2004, 106 (2): 93-105.

[3] Ahmad W., Anders S. The Value of Brand and Convenience Attributes in Highly Processed Food Products [J]. *Canadian Journal of Agricultural Economics*, 2012, 60 (1): 113-133.

[4] Ajzen I. Attitudes, Personality and Behavior [M]. Chicago: Dorsey Press, 1988.

[5] Ajzen I., Fishbein M. Understanding Attitudes and Predicting Social Behaviour [M]. Englewood Hills: Prentice-Hall, 1990.

[6] Akaichi F., Nayga Jr, Rodolfo M., et al. Assessing Consumers' Willingness to Pay for Different Units of Organic Milk: Evidence from Multiunit Auctions [J]. *Canadian Journal of Agricultural Economics*, 2012, 60 (4): 469-494.

[7] Akerlof G. A. The Market for "Lemons": Quality Uncertainty and the Market Mechanism [J]. *The Quarterly Journal of Economics*, 1970, 84 (3): 488-500.

[8] Alba J. W., Hutchinson J. W. Dimensions of Consumer Expertise [J]. *Journal of Consumer Research*, 1987, 13 (4): 411-454.

[9] Albersmeier F., Schulze H., Spiller A. System Dynamics in Food Quality Certifications: Development of an Audit Integrity System [J]. *International Journal of Food System Dynamics*, 2010, 1 (1): 69-81.

[10] Aldanondo-Ochoa A. M., Almansa-Sáez C. The Private Provision of Public Environment: Consumer Preferences for Organic Production Systems [J]. *Land Use Policy*, 2009, 26 (3): 669-682.

[11] Alexander C. Designing Experimental Auctions for Marketing Research: The

Effect of Values, Distributions, and Mechanisms on Incentives for Truthful Bidding [J]. *Review of Marketing Science*, 2007, 5 (1): 3 -31.

[12] Alfnes F. Stated Preferences for Imported and Hormone-treated Beef: Application of a Mixed Logit Model [J] . *European Review of Agricultural Economics*, 2004, 31 (1): 19 -37.

[13] Alfnes F. , Rickertsen K. European Consumers' Willingness to Pay for US Beef in Experimental Auction Markets [J] . *American Journal of Agricultural Economics*, 2003, 85 (2): 396 -405.

[14] Allenby G. M. , Rossi P. E. Marketing Models of Consumer Heterogeneity [J] . *Journal of Econometrics*, 1998, 89 (1 -2): 57 -78.

[15] Alphonce R. , Alfnes F. Consumer Willingness to Pay for Food Safety in Tanzania: Anincentive-aligned Conjoint Analysis [J] . *International Journal of Consumer Studies*, 2012, 36 (4): 394 -400.

[16] Altenbuchner C. , Vogel S. , Larcher M. Social, Economic and Environmental Impacts of Organic Cotton Production on the Livelihood of Smallholder Farmers in Odisha, India [J] . *Renewable Agriculture and Food Systems*, 2017, 33 (4): 1 -13.

[17] American Meat Institute (AMI), Food Marketing Institute (FMI) . The Power of Meat-An in-depth Look at Meat through the Shoppers' Eyes [R] . Joint Report from AMI/FMI, Arlington, VA. 77, 2010.

[18] Anderson J. C. , Narus C. A Model of Distrbutor Firm a Manufacturer Firm Working Partners [J] . *Journal of Marketing*, 1990, 54 (1): 42 -58.

[19] Anderson S. , Newell R. G. Simplified Marginal Effects in Discrete Choice Models [J] . *Economics Letters*, 2003, 81 (3): 321 -326.

[20] Annunziata A. , Vecchio R. Consumer Perception of Functional Foods: A Conjoint Analysis with Probiotics [J] . *Food Quality and Preference*, 2013, 28 (1): 348 -355.

[21] Ara S. Consumer Willingness to Pay for Multiple Attributes of Organic Rice: A Case Study in the Philippines [C] . The 25th International Conference on Agricultural Economics, Durban, 2004.

[22] Ares G. , Besio M. , Giménez A. , et al. Relationship between Involvement and Functional Milk Desserts Intention to Purchase: Influence on Attitude towards Packaging Characteristics [J] . *Appetite*, 2010, 55 (2): 298 -304.

[23] Ares G. , Gimenez A. , Deliza R. Influence of Three Non-sensory Factors on Consumer Choice of Functional Yogurts over Regular Ones [J] . *Food Quality and*

Preference, 2010, 21 (4): 361 - 367.

[24] Asami D. K., Hong Y. J., Barrett D. M., et al. Comparison of the Total Phenolic Content and Ascorbic Acid Content of Freeze-dried and Air-dried Marionberry, Strawberry, and Corn Grown using Conventional, Organic, and Sustainable Agicultural Practices [J]. *Journal of Agricultural and Food Chemistry*, 2003, 51 (5): 1237 - 1241.

[25] Ausubel L. M., Milgrom P. The Lovely but Lonely Vickrey Auction [J]. *Discussion Papers*, 2004, 17 (1): 13 - 36.

[26] Azadi H., Peter H. Genetically Modified and Organic Crops in Developing Countries: A Review of Options for Foods Ecurity [J]. *Biotechnology Advances*, 2010 (28): 160 - 168.

[27] Azevedo C. D., Herriges J. A., Kling C. L. Combining Revealed and Stated Preference: Consistency Tests and Their Interpretations [J]. *American Journal of Agricultural Economics*, 2003, 85 (3): 525 - 537.

[28] Barnes A. P., Vergunst P., Topp K. Assessing the Consumer Perception of the Term "Organic": A Citizens' Jury Approach [J]. *British Food Journal*, 2009, 111 (2): 64 - 155.

[29] Bartels J., Reinders M. J. Social Identification, Social Representations, and Consumer Innovativeness in an Organic Food Context: Across-national Comparison [J]. *Food Quality and Preference*, 2010, 21 (4): 347 - 352.

[30] Bateman I. J., Langford I. H., Kerry T., et al. Elicitation and Truncation Effects in Contingent Valuation Studies [J]. *Ecological Economics*, 1995, 12 (2): 161 - 179.

[31] Batte M. T., Hooker N. H., Haab T. C., et al. Putting Their Money Where Their Mouths Are: Consumer Willingness to Pay for Multi-ingredient, Processed Organic Food Products [J]. *Food Policy*, 2007, 32 (2): 145 - 159.

[32] Batt P. J., Giblett M. A Pilot Study of Consumer Attitudes to Organic Fresh Fruit and Vegetables in Western Australia [J]. *Food Australia*, 1999, 51 (11): 549 - 550.

[33] Bech-Larsen T., Grunert K. G. The Perceived Healthiness of Functional Foods: A Conjoint Study of Danish, Finnish and American Consumers' Perception of Functional Foods [J]. *Appetite*, 2003, 40 (1): 9 - 14.

[34] Becker G. M., DeGroot M. H., Marschak J. Measuring Utility by a Single-response Sequential Method [J]. *Behavioral Science*, 1964, 9 (3): 226 - 232.

[35] Bellows A. C., Onyango B. Understanding Consumer Interest in Organics: Production Values vs Purchasing Behavior [J]. *Journal of Agricultural and Food Industrial Organization*, 2008, 6 (1): 213 - 244.

[36] Ben-Akiva M., Gershenfeld S. Multi-featured Products and Services: Analysing Pricing and Bundling Strategies [J]. *Journal of Forecasting*, 1998, 17 (3 - 4): 175 - 196.

[37] Bentler P. M. On the Fit Models to Covarianee and Methodology to the Bulletin [J]. *Psychology Bulletin*, 1992, 112 (3): 400 - 404.

[38] Berlin L. S. Understanding Consumers' Attitudes and Perceptions Regarding Organic Food [J]. *Friedman School of Nutrition Science and Policy*, 2006 (7): 231 - 242.

[39] Bhattacharya R., Devinney T. M., Pillutla M. M. A Formal Model of Trust Based on Outcomes [J]. *Academy of Management Review*, 1998, 23 (3): 459 - 472.

[40] Blaine T. W., Lichtkoppler F. R., Jones K. R. An Assessment of Household Willingness to Pay for Curbside Recycling: A Comparison of Payment Card and Referendum Approaches [J]. *Journal of Environmental Management*, 2005, 76 (1): 15 - 22.

[41] Boncinelli F., Gerini F., Neri B., et al. Consumer Willingness to Pay for Non-mandatory Indication of the Fish Catch Zone [J]. *Agribusiness*, 2018, 34 (4): 728 - 741.

[42] Bonti-Ankomah S., Yiridoe E. K. Organic and Conventional Food: A Literature Review of the Economics of Consumer Perceptions and Preferences [C]. Report for Organic Agriculture Centre of Canada, 2006.

[43] Bowman S. A., Gortmaker C. B. Effects of Fast-food Consumption on Energy Intake and Diet Quality among Children in a National Household Survey [J]. *Pediatrics*, 2004, 113 (1): 112 - 118.

[44] Brakus J. J., Schmitt B. H., Zarantonello L. Brand Experience: What is it? How is it Measured? Does It Affect Loyalty? [J]. *Journal of Marketing*, 2009, 73 (3): 52 - 68.

[45] Bravo C. P., Cordts A., Schulze B., et al. Assessing Determinants of Organic Food Consumption Using Data from the German National Nutrition Survey II [J]. *Food Quality and Preference*, 2013, 28 (1): 60 - 70.

[46] Bredahl L. Determinants of Consumer Attitudes and Purchase Intentions with

Regard to Genetically Modified Food-results of a Cross National Survey [J]. *Journal of Consumer Policy*, 2001, 24 (1): 23-61.

[47] Breidert C., Hahsler M., Reutterer T. A Review of Methods for Measuring Willingness-to-pay [J]. *Innovative Marketing*, 2006, 2 (4): 8-32.

[48] Briz T., Ward R. W. Consumer Awareness of Organic Products in Spain: An Application of Multinominal Logit Models [J]. *Food Policy*, 2009, 34 (3): 295-304.

[49] Brown E., Dury S., Holdsworth M. Motivations of Consumers that Use Local, Organic Fruit and Vegetable Boxes Chemes in Central England and Southern France [J]. *Appetite*, 2009, 53 (2): 183-188.

[50] Brucks M. The Effects of Product Class Knowledge on Information Search Behavior [J]. *Journal of Consumer Research*, 1985, 12 (1): 1-16.

[51] Buzzell R. D., Gale B. T., Sultan R. G. M. Market Share-a Key to Profitability [J]. *Harvard Business Review*, 1975: 97-106.

[52] Buzzell R. D., Wiersema F. D. Modelling Changes in Market Share: A Cross-sectional Analysis [J]. *Strategic Management Journal*, 1981, 2 (1): 27-42.

[53] Candel M. J. M. Consumers' Convenience Orientation towards Meal Preparation: Conceptualization and Measurement [J]. *Appetite*, 2001, 36 (1): 15-28.

[54] Capon N., Farley J. U., Hoenig S. Determinants of Financial Performance: A Meta-analysis [J]. *Management Science*, 1990, 36 (10): 1143-1159.

[55] Capon N., Farley J. U., Hoenig S. What We Know (or Think We Know) about the Causes of Superior Financial Performance [M]. //Toward an Integrative Explanation of Corporate Financial Performance. Dordrecht: Kluwer Academic Publishers, 1996.

[56] Carbonaro M., Mattera M., Nicoli S., et al. Modulation of Antioxidant Compounds in Organic vs Conventional Fruit (Peach, Prunus Persica L., and Pear, Pyrus communis L.) [J]. *Journal of Agricultural and Food Chemistry*, 2002, 50 (19): 5458-5462.

[57] Carboni R., Vassallo M., Conforti P., et al. Indagine Sulle Attitudini Di Consumo, La Disponibilita'a Pagare e La Certificazione Dei Prodotti Biologici: Spunti Di Riflessione e Commento Deirisultati Scaturiti [J]. *La Rivista Italiana di Scienza dell' Alimentazione*, 2000, 29 (3): 12-21.

[58] Carrillo E., Varela P., Fiszman S. Packaging Information as a Modulator of Consumers' Perception of Enriched and Reduced-calorie Biscuits in Tasting and Non-tas-

ting Tests [J]. *Food Quality and Preference*, 2012, 25 (2): 105 - 115.

[59] Carson R. T., Flores N. E., Martin K. M., et al. Contingent Valuation and Revealed Preference Methodologies: Comparing the Estimates for Quasi Public Goods [J]. *Land Economics*, 1996, 72 (1): 80 - 99.

[60] Cerda A. A., Garcia L. Y., Ortega-Farias S., et al. Consumer Preferences and Willingness to Pay for Organic Apples [J]. *Ciencia e Investigacion Agraria*, 2012, 39 (1): 47 - 59.

[61] Chang J. B., Lusk J. L., Norwood F. B. How Closely Do Hypothetical Surveys and Laboratory Experiments Predict Field Behavior? [J]. *American Journal of Agricultural Economics*, 2009, 91 (2): 518 - 534.

[62] Chen J., Lobo A. C. Organic Food Products in China: Determinants of Consumers' Purchase Intentions [J]. *The International Review of Retail, Distribution and Consumer Research*, 2012, 22 (3): 293 - 314.

[63] Chen M. F. Consumers Attitudes and Purchase Intention in Relation to Organic Food in Taiwan: Moderating Effects of Food-related Personality Traits [J]. *Food Quality and Preferences*, 2007 (18): 1008 - 1021.

[64] Chen M. F. Consumer Trust in Food Safety: A Multidisciplinary Approach and Empirical Evidence from Taiwan [J]. *Risk Analysis*, 2008, 28 (6): 1553 - 1569.

[65] Chen M., Yin S. J., Xu Y. J., et al. Consumers' Willingness to Pay for Tomatoes Carrying Different Organic Labels [J]. British Food Journal, 2015, 117 (11): 2814 - 2830.

[66] Chen R., Yeager W. A Distributed Trust Model for Peer-to-Peer Networks [J]. JXTA Security Project White Paper, 2001.

[67] Chin W. W. The Partial Least Squares Approach to Structural Equation Modeling: Modern Methods for Business Research [M]. New Jersey: Lawrence Erlbaum Associates, 1998.

[68] Choi S. H. Consumers' Perceptions and Valuation of an Organic Chicken in Malawi [J]. *Korea Journal of Organic Agriculture*, 2018, 26 (1): 19 - 31.

[69] Choi Y. W., Ji Y. L., Han D. B., et al. Consumers' Valuation of Rice-grade Labeling [J]. *Canadian Journal of Agricultural Economics*, 2018, 66 (3): 511 - 531.

[70] Chryssohoidis G. M., Krystallis A. Organic Consumers' Personal Values Research: Testing and Validating the List of Values (LOV) Scale and Implementing a Value-based Segmentation Task [J]. *Food Quality and Preference*, 2005, 16 (7):

585 – 599.

[71] Ciriacy-Wantrup S. V. Capital Returns from Soil Conservation Practices [J]. *Journal of Farm Economics*, 1947, 29 (3): 1181 – 1196.

[72] Claret A., Guerrero L., Aguirre E., et al. Consumer Preferences for Sea Fish Using Conjoint Analysis: Exploratory Study of the Importance of Country of Origin, Obtaining Method, Storageconditions and Purchasing Price [J]. *Food Quality and Preference*, 2012, 26 (2): 259 – 266.

[73] Clarke N., Cloke P., Barnett C., et al. The Spaces and Ethics of Organic Food [J]. *Journal of Rural Studies*, 2008, 24 (3): 219 – 230.

[74] Coase R. Discussion [J]. *American Economic Review*, 1964, 54 (3): 194 – 197.

[75] Cordell V. V. Effects of Consumer Preferences for Foreign Sourced Products [J]. *Journal of International Business Studies*, 1992, 23 (2): 251 – 269.

[76] Cornish R. Statistics: Factor Analysis [R]. Mathematics Learning Support Centre, 2007.

[77] Cowling K., Cubbin J. Price, Quality, and Advertising Competition: An Econometric Investigation of the United Kingdom Car Market [J]. *Economica*, 1971, 38 (152): 378 – 394.

[78] Craig C. S., Douglas S. P. Strategic Factors Associated with Market and Financial Performance [J]. *The Quarterly Review of Economics and Business*, 1982, 22 (2): 101 – 112.

[79] Crosby R. B. Quality is Free [M]. New York: McGraw-Hill, 1979.

[80] Dai D., Hu Z., Pu G., et al. Energy Efficiency and Potentials of Cassava Fuel Ethanol in Guangxi Region of China [J]. *Energy Conversion and Management*, 2006, 47 (13 – 14): 1686 – 1699.

[81] Darby M., Karni E. Free Competition and the Optimal amount of Fraud [J]. *Journal of Law and Economics*, 1973, 16 (1): 67 – 88.

[82] Davidson A., Monika J., Bower J. The Importance of Origin as a Quality Attribute for Beef: Results from a Scottish Consumer Survey [J]. *International Journal of Consumer Studies*, 2003, 27 (2): 91 – 98.

[83] Davies A., Titterington A. J., Cochrane C. Who Buys Organic Food? A Profile of the Purchasers of Organic Food in Northern Ireland [J]. *British Food Journal*, 1995, 97 (10): 17 – 23.

[84] Dawes R. M., Corrigan B. Linear Models in Decision Making [J]. *Psycho-*

logical Bulletin, 1974, 81 (2): 95 – 106.

[85] Denver S., Christensen T., Krarup S. How Vulnerable is Organic Consumption to Information? [C]. Paper Presented at Nordic Consumer Policy Research Conference towards a New Consumer? Helsinki, 2007.

[86] Dettmann R. L., Dimitri C. Who's Buying Organic Vegetables? Demographic Characteristics of U. S. Consumers [J]. *Journal of Food Products Marketing*, 2009, 16 (1): 79 – 91.

[87] Ding M., Huber J. When is Hypothetical Bias a Problem in Choice Tasks, and What Can We Do About It? [J]. Sequim: Sawtooth Software Conference Proceedings, 2009.

[88] Doney P. M., Cannon J. P., Mullen M. R. Understanding the Influence of National Culture on the Development of Trust [J]. *Academy of Management Review*, 1998, 23 (3): 601 – 620.

[89] Dunn J. R., Schweitzer M. E. Feeling and Believing: The Influence of Emotion on Trust [J]. *Journal of Personality and Social Psychology*, 2005, 88 (5): 736 – 748.

[90] Easton G. S., Jarrell S. L. The Effects of Total Quality Management on Corporate Performance: An Empirical Investigation [J]. *Journal of Business*, 1998, 71 (2): 253 – 307.

[91] Ehmke M. D., Lusk J. L., Tyner W. Measuring the Relative Importance of Preferences for Country of Origin in China, France, Niger, and the United States [J]. *Agricultural Economics*, 2008, 38 (3): 277 – 285.

[92] Elbakidze L., Nayga R. M., Li H. Willingness to Pay for Multiple Quantities of Animal Welfare Dairy Products: Results from Random N th-, Second-Price, and Incremental Second-Price Auctions [J]. *Canadian Journal of Agricultural Economics*, 2013, 61 (3): 417 – 438.

[93] Engel F., Blackwell R. D. Consumer Behaviour (4th edition) [M]. Chicago: Dryden Press, 1982.

[94] Engel J. F., Blackwell R. D, Miniard P. W. Consumer Behavior: Intemational Edition [M]. Orlando: Dryden Press, 1995: 125 – 132.

[95] Falguera V., Aliguer N., Falguera M. An Integrated Approach to Current Trends in Food Consumption: Moving toward Functional and Organic Products? [J]. *Food Control*, 2012, 26 (2): 274 – 281.

[96] FAO. What is Organic Agriculture [EB/OL]. [2007 – 02 – 04]. www.

fao. org/organicag/frame1-e. htm.

[97] Feddersen J., Gilligan W. Saints and Markets: Activities and the Supply of Credence Goods [J]. *Journal of Economics and Management Strategies*, 2001, 10 (1): 149-171.

[98] Food Processing Center. Attracting Consumers with Locally Grown Products [EB/OL]. Institute of Agriculture and Natural Resources, University of Nebraska-Lincoln. http://www. foodmap. unl. edu/report_ files/local. htm, 2007-03-06.

[99] Fotopoulos C., Krystallis A. Organic Product Avoidance: Reasons for Rejection and Potential Buyers' Identification in a Countrywide Survey [J]. *British Food Journal*, 2002, 104 (3-5): 233-260.

[100] Franciosi R., Isaac R. M., Pingry D. E., et al. An Experimental Investigation of the Hahn-noll Revenue Neutral Auction for Emissions Licenses [J]. *Journal of Environmental Economics and Management*, 1993, 24 (1): 1-24.

[101] Frewer L., Howard C., Hedderley D., et al. What Determines Trust in Information about Food-related Risks? Underlying Psychological Constructs [J]. *Risk Analysis*, 1996, 16 (4): 473-486.

[102] Froehlich E. J., Carlberg J. G., Ward C. E. Willingness-to-pay for Fresh Brand Name Beef [J]. *Canadian Journal of Agricultural Economics*, 2009, 57 (1): 119-137.

[103] Furst T., Connors M., Bisogni C., et al. Food Choice: A Conceptual Model of the Process [J]. *Appetite*, 1996, 26 (3): 247-265.

[104] Gale B. T., Branch B. S. Concentration Versus Market Share: Which Determines Performance and Why Does It Matter? [J]. *The Antitrust Bulletin*, 1982, 27 (1): 83-105.

[105] Gao Y., Dong J., Zhang X., et al. Enabling for-profit Pest Control Firms Meet Farmers' Preferences for Cleaner Production: Evidence from Grain Family Farm in Huang-huai-hai Plain, China [J]. *Journal of Cleaner Production*, 2019 (227): 141-148.

[106] Gao Y., Li P., Wu L. H., et al. Support Policy Preferences of For-profit Pest Control Firms in China [J]. *Journal of Cleaner Production*, 2018 (181): 809-818.

[107] Gao Y., Niu Z. H., Yang H. R., et al. Impact of Green Control Techniques on Family Farms' Welfare [J]. *Ecological Economics*, 2019 (161): 91-99.

[108] Gao Y., Zhang X., Lu J., et al. Adoption Behavior of Green Control

Techniques by Family Farms in China: Evidence from 676 Family Farms in Huang-huaihai Plain [J] . *Crop Protection*, 2017 (99): 76 – 84.

[109] Gao Y., Zhang X., Wu L., et al. Resource Basis, Ecosystem and Growth of Grain Family Farm in China: Based on Rough Set Theory and Hierarchical Linear Model [J] . *Agricultural Systems*, 2017 (154): 157 – 167.

[110] Gao Z. F., Schroeder T. C. Effects of Label Information on Consumer Willingness-to-pay for Food Attributes [J] . *American Journal of Agricultural Economics*, 2009, 91 (3): 795 – 809.

[111] Gefen D., Straub K. D. W. Trust and TAM in Online Shopping: An Integrated Model [J] . *MIS Quarterly*, 2003, 27 (1): 51 – 90.

[112] George M., Chryssohoidis, Athanassios K. Organic Consumers Personal Values Research: Testing and Validating the List of Values (LOV) Scale and Implementing Avalue-based Segmentation Task [J] . *Food Quality and Preference*, 2005, 16 (7): 585 – 599.

[113] Gerrard C. L., Janssen M., Smith L., et al. UK Consumer Reactions to Organic Certification Logos [J] . *British Food Journal*, 2013, 115 (5): 727 – 742.

[114] Gifford K., Bernard J. C. The Impact of Message Framing on Organic Food Purchase Likehood [J] . *Journal of Food Dsitribution Research*, 2004, 35 (3): 19 – 28.

[115] Gil J. M., Gracia A., Sanchez M. Market Segmentation and Willingness to Pay for Organic Food Products in Spain [J] . *International Food and Agribusiness Management Review*, 2000, 3 (2): 207 – 226.

[116] Ginon E., Chabanet C., Combris P., et al. Are Decisions in a Real Choice Experiment Consistent with Reservation Prices Elicited with BDM "Auction"? The Case of French Baguettes [J] . *Food quality and preference*, 2014, 31 (1): 173 – 180.

[117] Golan E., Kuchler F., Mitchell L., et al. Economics of Food Labeling [J] . *Journal of Consumer Policy*, 2001, 24 (2): 117 – 184.

[118] Goldman B. J., Clancy K. C. A Survey of Organic Produce Purchases and Related Attitudes of Food Cooperatives Shoppers [J] . *Amercian Journal of Alternative Agriculture*, 1991, 6 (2): 89 – 96.

[119] Gracia A., Magistris T. D. The Demand for Organic Foods in the South of Italy: A Discrete Choice Model [J] . *Food Policy*, 2008, 33 (5): 386 – 396.

[120] Gracia R. A., Magistris T. D. Organic Food Product Purchase Behavior: A

Pilot Study for Urban Consumers in the South of Italy [J]. *Spanish Journal of Agricultural Research*, 2013, 5 (4): 439 – 451.

[121] Grconroos C. A Service Quality Model and Its Marketing Implications [J]. *European Journal of Marketing*, 1984, 18 (4): 36 – 44.

[122] Green P., Srinvasan V. Conjoint Analysis in Consumer Research: Issues and Outlook [J]. *Journal of Consumer Research*, 1978, 5 (2): 103 – 123.

[123] Groote H., Narrod C., Kimenju S. C., et al. Measuring Rural Consumers' Willingness to Pay for Quality Labels using Experimental Auctions: The Case of Aflatoxin-free Maize in Kenya [J]. *Agricultural economics*, 2016, 47 (1): 33 – 45.

[124] Guielford J. P. Fundamental Statics in Psychology and Education [M]. New York: Mc Graw-Hill, 1965.

[125] Gummenson E. Implementation Requires a Relationship Marketing Paradigm [J]. *Journal of the Academy of Marketing Science*, 1998, 26 (3): 242 – 249.

[126] Gunduz O., Bayramoglu Z. Consumer's Willingness to Pay for Organic Chicken Meat in Samsun Province of Turkey [J]. *Journal of Animal and Veterinary Advances*, 2011, 10 (3): 334 – 340.

[127] Haim A. Does Quality Work? A Review of Relevant Studies [C]. New York: The Conference Board Inc, Repert No. 1043, 1993.

[128] Hair J. F., Tatham R. L., Anderson R. E., et al. Multivariate Data Analysis [M]. Upper Saddle River, NJ: Prentice-Hall International, 1998.

[129] Hanemann W. M. Valuing the Environment Through Contingent Valuation [J]. *Journal of Economic Perspectives*, 1994, 8 (4): 19 – 43.

[130] Han J. H. The Effects of Perceptions on Consumer Acceptance of Genetically Modified (GM) Foods [D]. Louisiana: The Louisiana State University, 2006.

[131] Han J-H., Harrison R. W. Factors Influencing Urban Consumers' Acceptance of Genetically Modified Foods [J]. *Review of Agricultural Economics*, 2007, 29 (4): 700 – 719.

[132] Harper G. C., Makatouni A. Consumer Perception of Organic Food Production and Farm Animal Welfare [J]. *British Food Journal*, 2002, 104 (3/4/5): 287 – 299.

[133] Harris B., Burress D., Eicher S. Demands for Local and Organic Produce: A Brief Review of the Literature [R]. University of Kansas: Institute for Public Policy and Business Research, Report No. 254A, 2000: 189 – 193.

[134] Hartmman H., Wright D. Marketing to the New Natural Consumer: Undes-

tanding Trends in Wellness [M]. Bellevue, WA: The Hartman Group, Inc., 1999: 342-356.

[135] Hayes D. J., Shogren J. F., Shin S. Y., et al. Valuing Food Safety in Experimental Auction Markets [J]. *American Journal of Agricultural Economics*, 1995, 77 (1): 40-53.

[136] Hellyer N. E., Fraser I., Haddock-Fraser Janet. Food Choice, Health Information and Functional Ingredients: An Experimental Auction Employing Bread [J]. *Food Policy*, 2012, 37 (3): 232-245.

[137] Hempel C., Hamm U. Local and/or Organic: A Study on Consumer Preferences for Organic Food and Food from Different Origins [J]. *International Journal of Consumer Studies*, 2016, 40 (6): 732-741.

[138] Hendricks K. B., Singhal V. R. Quality awards and the Market Value of the Firm: An Empirical Investigation [J]. *Management Science*, 1996, 42 (3): 415-436.

[139] Hensher D. A., Bradley M. Using Stated Response Choice Data to Enrich Revealed Preference Discrete Choice Models [J]. *Marketing Letters*, 1993, 4 (2): 139-151.

[140] Hill H., Lynchehaun F. Organic Milk: Attitudes and Consumption Patterns [J]. *British Food Journal*, 2002, 104 (7): 526-542.

[141] Hjelmar U. Consumers' Purchase of Organic Food Products: A Matter of Convenience and Reflexive Practices [J]. *Appetite*, 2011, 56 (2): 336-344.

[142] Hole A. R. A Comparison of Approaches to Estimating Confidence Intervals for Willingness to Pay Measures [J]. *Health Economics*, 2007, 16 (8): 827-840.

[143] Hollebeek L. D., Jaeger S. R., Brodie R. J., et al. The Influence of Involvement on Purchase Intention for New World Wine [J]. *Food Quality and Preference*, 2007 (18): 1033-1049.

[144] Horowitz J. K. The Becker-DeGroot-Marschak Mechanism is not Necessarily Incentive Compatible, even for Non-random Goods [J]. *Economics Letters*, 2006, 93 (1): 6-11.

[145] Huang C. L. Consumer's Preferences and Attitudes towards Organically Grown Produce [J]. *European Review of Agricultural Economics*, 1996, 23 (3): 331-342.

[146] Jack B. K., Leimona B., Ferraro P. J. A Revealed Preference Approach to Estimating Supply Curves for Ecosystem Services: Use of Auctions to Set Payments for Soil Erosion Control in Indonesia [J]. *Conservation Biology*, 2010, 23 (2): 359-367.

[147] Jacobson R., Aaker D. A. The Strategic Role of Product Quality [J]. *Journal of Marketing*, 1987 (51): 31-44.

[148] Jaeger S. R., Lusk J. L., House L. O. The Use of Non-hypothetical Experimental Markets for Measuring the Acceptance of Genetically Modified Foods [J]. *Food Quality and Preference*, 2004, 15 (7): 701-714.

[149] James J. S., Rickard B. J., Rossman W. J. Product Differentiation and Market Segmentation in Applesauce: Using a Choice Experiment to Assess the Value of Organic, Local, and Nutrition Attributes [J]. *Agricultural and Resource Economics Review*, 2009, 38 (3): 357-370.

[150] Janssen M., Hamm U. Product Labelling in the Market for Organic Food: Consumer Preferences and Willingness-to-pay for Different Organic Certification Logos [J]. *Food Quality and Preference*, 2012, 25 (1): 9-22.

[151] Jensen J. M., Hansen T. An Empirical Examination of Brand Loyalty [J]. *Journal of Product and Brand Management*, 2006, 15 (7): 2-9.

[152] Jianhua W., Jiaye G., Yuting M. Urban Chinese Consumers' Willingness to Pay for Pork with Certified Labels: A Discrete Choice Experiment [J]. *Sustainability*, 2018, 10 (3): 1-14.

[153] Jin S., Zhang Y., Xu Y. Amount of Information and the Willingness of Consumers to Pay for Food Traceability in China [J]. *Food Control*, 2017 (177): 163-170.

[154] Ji Y. L., Han D. B., Jr. R. M. N., et al. Valuing Traceability of Imported Beef in Korea: An Experimental Auction Approach [J]. *Australian Journal of Agricultural and Resource Economics*, 2011, 55 (3): 360-373.

[155] John R., Vithala R. Conjoint Analysis, Related Modeling, and Applications [J]. *Advances in Marketing Research: Progress and Prospects*, 2002 (9): 9-23.

[156] Jolankai P., Toth Z., Kismanyoky T. Combined Effect of N Fertilization and Pesticide Treatments in Winter Wheat [J]. *Cereal Research Communications*, 2008 (36): 467-470.

[157] Jolly D. A. Differences between Buyers and Nonbuyers of Organic Produce and Willingness to Pay Organic Price Premiums [J]. *Journal of Agribusiness*, 1991, 9 (1): 97-111.

[158] Jolly D. A., Schutz H. G., Diag-Knauf K. V., et al. Organic Foods: Consumer Attitudes and Use [J]. *Food Technology*, 1989, 43 (11): 60-66.

[159] Jonge J. D., Trijp H. V., Renes R. J., et al. Understanding Consumer

Confidence in the Safety of Food: Its Two-Dimensional Structure and Determinants [J]. Risk Analysis, 2007, 27 (3): 729 – 740.

[160] Juhl H. J., Poulsen C. S. Antecedents and Effects of Consumer Involvement in Fish as a Product Group [J]. *Appetite*, 2000 (34): 261 – 267.

[161] Juran J. M., Gryna F. M. Quality Planning and Analysis [M]. New York: McGraw-Hill, 1980.

[162] Jussaume R. A., Higgins L. Attitudes towards Food Safety and the Environment: A Comparison of Consumers in Japan and the U. S. [J]. *Ruaal Sociology*, 1998, 63 (3): 394 – 411.

[163] Kaiser H. F. An Index of Factorial Simplicity [J]. *Psychometrika*, 1974, 39 (1): 31 – 36.

[164] Kallas Z., Lambarraa F., Gil J. M. A Stated Preference Analysis Comparing the Analytical Hierarchy Process versus Choice Experiments [J]. *Food Quality and Preference*, 2011, 22 (2): 181 – 192.

[165] Katrin Z., Ulrichl H. Consumer Preferences for Additional Ethical Attributes of Organic Food [J]. *Food Quality and Preference*, 2010, 21 (5): 495 – 503.

[166] Kerselaers E., Cock L. D., Ludwig L., et al. Modelling Farm-level Economic Potential for Conversion to Organic Farming [J]. *Agricultural Systems*, 2007 (94): 671 – 682.

[167] Krinsky I., Robb A. L. On Approximating the Statistical Properties of Elasticities [J]. *The Review of Economics and Statistics*, 1986, 68 (4): 715 – 719.

[168] Kristrom B. A Non-parametric Approach to the Estimation of Wellfare Mearsure in Discrete Response Valuation Studies [J]. *Land Economics*, 1990, 66 (2): 135 – 139.

[169] Kroll M., Wright P., Heiens R. A. The Contribution of Product Quality to Competitive Advantage: Impacts on Systematic Variance and Unexplained Variance in Returns [J]. *Strategic Management Journal*, 1999, 20 (4): 375 – 384.

[170] Krom M. P. M. M. D., Mol A. P. J. Food Risks and Consumer Trust: Avian Influenza and the Knowing and Non-knowing on UK Shopping Floors [J]. *Appetite*, 2010, 55 (3): 671 – 678.

[171] Krom M. P. M. M. D. Understanding Consumer Rationalities: Consumer Involvement in European Food Safety Governance of Avian Influenza [J]. *Sociologia Ruralis*, 2009, 49 (1): 1 – 19.

[172] Krystallis A., Fotopoulos C., Zotos Y. Organic Consumers' Proile and

Their Willingness to Pay (WTP) for Selected Organic Food Products in Greece [J]. *Journal of International Consumer Marketing*, 2006, 19 (1): 81 –106.

[173] Kumar M., Krishna Rao K. V. A Stated Preference Study for a Car Ownership Model in the Context of Developing Countries [J]. *Transportation Planning and Technology*, 2006, 29 (5): 409 –425.

[174] Lancaster K. J. A New Approach to Consumer Theory [J]. *The Journal of Political Economy*, 1966, 74 (2): 132 –157.

[175] Lassoued R., Hobbs J. E. Consumer Confidence in Credence Attributes: The Role of Brand Trust [J]. *Food Policy*, 2015 (52): 99 –107.

[176] Lassoued R., Hobbs J. E., Micheels E., et al. Consumer Trust in Chicken Brands: A Structural Equation Model [J]. *Canadian Journal of Agricultural Economics*, 2015, 63 (4): 621 –647.

[177] Lea E., Worsley T. Australians' Organic Food Beliefs, Demographics and Values [J]. *British Food Journal*, 2005, 107 (11): 855 –869.

[178] Lecocq S. T., Magnac M. C., Pichery, et al. The Impact of Information on Wine Auction Prices: Results of an Experiment [J]. *Annales Déconomie Et De Statistique*, 2005, 96 (77): 37 –57.

[179] Lim K. H., Hu W. Y., Maynard L. J., et al. U. S. Consumers' Preference and Willingness to Pay for Country-of-Origin-Labeled Beef Steak and Food Safety Enhancements [J]. *Canadian Journal of Agricultural Economics*, 2013, 61 (1): 93 –118.

[180] List J. A. Using Random nth Price Auctions to Value Non-market Goods and Services [J]. *Journal of Regulatory Economics*, 2003, 23 (2): 193 –205.

[181] Li T., Bernard J. C., Johnston Z. A., et al. Consumer Preferences before and after a Food Safety Scare: An Experimental Analysis of the 2010 Egg Recall [J]. *Food policy*, 2017, 66 (8): 25 –34.

[182] Liu R. D., Pieniak Z., Verbeke W. Consumers' Attitudes and Behaviour towards Safe Food in China: A review [J]. *Food Control*, 2013, 33 (1): 93 –104.

[183] Lockie S., Lyons K., Lawrence G., et al. Choosing Organics: A Path Analysis of Factors Underlying the Selection of Organic Food among Australian Consumers [J]. *Appetite*, 2004, 43 (2): 135 –146.

[184] Lockshin L., Jarvis W., d'Hauteville F., et al. Using Simulations from Discrete Choice Experiments to Measure Consumer Sensitivity to Brand, Region, Price, and Awards in Wine Choice [J]. *Food Quality and Preference*, 2006, 17 (3 –4):

166 – 178.

[185] Lo M., Matthews D. Results of Routine Testing of Organic Food for Agro-chemical Residues [C] //Powell J. UK Organic Resesrch: Proceedings of the COR Conference, Aberystwyth, 2002: 61 – 64.

[186] Loo E. J. V., Caputo V., Nayga R. M., et al. Consumers' Willingness to Pay for Organic Chicken Breast: Evidence from Choice Experiment [J]. *Food Quality and Preference*, 2011, 22 (7): 603 – 613.

[187] Loomis J. An Investigation into the Reliability of Intended Visitation Behavior [J]. *Environmental and Resource Economics*, 1993, 3 (2): 183 – 191.

[188] Loomis J. T., Brown B., George P. Improving Validity Experiments of Contingent Valuation Methods: Results of Efforts to Reduce the Disparity of Hypothetical and Actual Willingness to Pay [J]. *Land Economics*, 1996, 72 (9): 450 – 461.

[189] Loureiro M. L., McCluskey J. J., Mittelhammer R. C. Assessing Consumer's Preferences for Organic, Eco-labeled, and Regular Apples [J]. *Journal of Agricultural and Resource Economics*, 2001, 26 (2): 404 – 416.

[190] Loureiro M. L., McCluskey J. J., Mittelhammer R. C. Are Stated Preferences Good Predictors of Market Behavior? [J]. *Land Economics*, 2003, 79 (1): 44 – 45.

[191] Loureiro M. L., Umberger W. J. Estimating Consumer Willingness to Pay for Country-of-origin Labeling [J]. *Journal of Agricultural and Resource Economics*, 2003, 28 (2): 287 – 301.

[192] Loureiro M. L., Umberger W. J. A Choice Experiment Model for Beef: What US Consumer Responses Tell Us about Relative Preferences for Food Safety, Country-of-origin Labeling and Traceability [J]. *Food Policy*, 2007, 32 (4): 496 – 514.

[193] Louviere J. J., Hensher D. A., Swait J. D. Stated Choice Methods: Analysis and Applications [M]. Cambridge University Press, 2000.

[194] Luce R. D. On the Possible Psychophysical Laws [J]. *Psychological Review*, 1959, 66 (2): 81 – 95.

[195] Lusk J. L. Effects of Cheap Talk on Consumer Willingness-to-pay for Golden Rice [J]. *American Journal of Agricultural Economics*, 2003, 85 (4): 840 – 856.

[196] Lusk J. L. Using Experimental Auctions for Marketing Applications: A Discussion [J]. *Journal of Agricultural and Applied Economics*, 2003, 35 (2): 349 – 360.

[197] Lusk J. L., Brown J., Mark T., et al. Consumer Behavior, Public Policy,

and Country-of-origin Labeling [J] . *Applied Economic Perspectives and Policy*, 2006, 28 (2): 284 -292.

[198] Lusk J. L. , Coble K. H. Risk Perceptions, Risk Preference, and Acceptance of Risky Food [J] . *American journal of agricultural economics*, 2005, 87 (2): 393 -405.

[199] Lusk J. L. , Roosen J. , Fox J. Demand for Beef from Cattle Administered Growth Hormones or Fed Genetically Modified Corn: A Comparison of Consumers in France, Germany, the United Kingdom, and the United States [J] . *American Journal of Agricultural Economics*, 2003, 85 (1): 16 -29.

[200] Lusk J. L. , Schroeder F. T. C. Experimental Auction Procedure: Impact on Valuation of Quality Differentiated Goods [J] . *American Journal of Agricultural Economics*, 2004, 86 (2): 389 -405.

[201] Lusk J. L. , Schroeder T. C. Are Choice Experiments Incentive Compatible? A Test with Quality Differentiated Beef Steaks [J] . *American Journal of Agricultural Economics*, 2004, 86 (2): 467 -482.

[202] Ma Y. , Zhang L. Analysis of Transmission Model of Consumers' Risk Perception of Food Safety based on Case Analysis [J] . *Research Journal of Applied Sciences: Engineering and Technology*, 2013, 5 (9): 2686 -2691.

[203] Magnusson M. K. , Arvola A. , Hursti U-K K. Attitudes towards Organic Foods among Swedish Consumers [J] . *British Food Journal*, 2001, 103 (3): 209 -226.

[204] Magnusson M. K. , Arvola A. , Hursti K. U-K. , et al. Choice of Organic Produce is Related to Perceived Consequences for Human Health and to Environmentally Friendly Behavior [J] . *Appetite*, 2003, 40 (2): 109 -117.

[205] Makatouni A. The Consumer Message: What Motivates Parents to Buy Organic Food in the UK? Results of a Qualitative Study [C] //W. Lockeretz and B. Geier et al. Quality and Communication for the Organic Market. 6th IFOAM Organic Trade Conference, Florence/Italy, October 20th-23rd, 1999: 231 -237.

[206] Marshall D. , Bell R. Relating the Food Involvement Scale to Demographic Variables, Food Choice and Other Constructs [J] . *Food Quality and Preference*, 2004, 15 (7 -8): 871 -879.

[207] Marvin T. B. , Neal H. H. , Timothy C. H. , et al. Putting Their Money Where Their Mouths Are: Consumer Willingness to Pay for Multi-ingredient, Processed Organic Food Products [J] . *Food Policy*, 2007, 32 (2): 145 -159.

［208］ Mazzocchi M. ，Lobb A. ，Traill W. B. ，et al. Food Scares and Trust：A European Study ［J］ . *Journal of Agricultural Economics*，2008，59 （1）：2 –24.

［209］ McAfee R. P. ，McMillan J. Auctions and Bidding ［J］ . *Journal of Economic Literature*，1987 （25）：699 –738.

［210］ Mceachern M. G. ，Willock J. Producers and Consumers of Organic Meat：A Focus on Attitudes and Motivations ［J］ . *British Food Journal*，2004，106 （7）：534 –552.

［211］ McKnight D. H. ，Cummings L. L. ，Norman L. Initial Trust Formation in New Organizational Relationships ［J］ . *Academy of Management Review*，1998，23 （3）：473 –490.

［212］ Mead P. S. ，Slutsker L. ，Dietz V. ，et al. Food-related Illness and Death in the United States ［J］ . *Emerging Infectious Diseases*，1999，5 （5）：607.

［213］ Menozzi D. ，Halawany-Darson R. ，Mora C. ，et al. Motives towards Traceable Food Choice：A Comparison between French and Italian Consumers ［J］ . *Food Control*，2015，49：40 –48.

［214］ Michaelidou N. ，Hassan L. M. Modeling the Factors Affecting Rural Consumers'Purchase of Organic and Free-range Produce：A Case Study of Consumers' from the Island of Arran in Scotland，UK ［J］ . *Food Policy*，2010，35 （2）：130 –139.

［215］ Misra S. ，Huang C. L. ，Ott S. L. Georgia Consumers' Preference for Organically Grown Fresh Produce ［J］ . *Journal of Agribusiness*，1991，9 （2）：53 –65.

［216］ Moellering G. ，Bachmann R. ，Lee S. H. Introduction：Understanding Organizational Trust-foundations，Constellations，and Issues of Operationalisation ［J］. *Journal of Managerial Psychology*，2004，19 （6）：556 –570.

［217］ Moen D. The Japanese Organic Farming Movement：Consumers and Farmers United ［J］ . *United Bulletin of Concerned Asian Scholars*，1997，29 （3）：14 –22.

［218］ Mojduszka E. M. ，Caswell J. A. A Test of Nutritional Quality Signaling in Food Markets Prior to Implementation of Mandatory Labeling ［J］ . *American Journal of Agricultural Economics*，2000，82 （2）：298 –309.

［219］ Moon W. ，Balasubramanian S. K. Public Attitudes toward Agrobiotechnology：The Mediating Role of Risk Perceptions on the Impact of Trust，Awareness，and Outrage ［J］ . *Review of Agricultural Economics*，2004，26 （2）：186 –208.

［220］ Morganr M. ，Hunt S. D. The Commitment Trust Theory of Relationship Marketing ［J］ . *Journal of Marketing*，1994，58 （3）：20 –38.

［221］ Moschitz H. , Stolze M. The Influence of Policy Networks on Policy Output: A Comparison of Organic Farming Policy in the Czech Republic and Poland ［J］. *Food Policy*, 2010, 35 (3): 247 -255.

［222］ Moser R. , Raffaelli R. , Notaro S. Testing Hypothetical Bias with a Real Choice Experimentusing Respondents' Own Money ［J］ . *European Review of Agricultural Economics*, 2014, 41 (1): 25 -46.

［223］ My N. H. D. , Loo E. J. V. , Rutsaert P. , et al. Consumer Valuation of Quality Rice Attributes in a Developing Economy: Evidence from a Choice Experiment in Vietnam ［J］ . *British Food Journal*, 2018, 120 (5): 1059 -1072.

［224］ Napolitano F. , Braghieri A. , Piasentier E. , et al. Effect of Information about Organic Production on Beef Liking and Consumer Willingness to Pay ［J］ . *Food Quality and Preference*, 2010, 21 (2): 207 -212.

［225］ Nilsson T. , Foster K. , Lusk J. L. Marketing Opportunities for Certified Pork Chops ［J］ . *Canadian Journal of Agricultural Economics*, 2006, 54 (4): 567 - 583.

［226］ Northen J. R. Using Farm Assurance Schemes to Signal Food Safety to Multiple Food Retailers in the U. K. ［J］ . *International Food and Agribusiness Management Review*, 2001, 4 (1): 37 -50.

［227］ Norwood F. B. , Lusk J. L. A Calibrated Auction-conjoint Valuation Method: Valuing Pork and Eggs Produced Under Differing Animal Welfare Conditions ［J］ . *Journal of Environmental Economics and Management*, 2011, 62 (1): 80 -94.

［228］ O'Donovan P. , McCarthy M. Irish Consumer Preference for Organic Meat ［J］ . *British Food Journal*, 2002, 104 (3/4/5): 353 -370.

［229］ Olesen I. , Alfnes F. , Røra M. B. , et al. Eliciting Consumers' Willingness to Pay for Organic and Welfare-labelled Salmon in a Non-hypothetical Choice Experiment ［J］. *Livestock Science*, 2010, 127 (2/3): 218 -226.

［230］ Olsen S. O. Consumer Involvement in Seafood as Family Meals in Norway: An Application of the Expectancy-value Approach ［J］ . *Appetite*, 2001, 36 (2): 173 -186.

［231］ Olynk N. , Tonsor G. , Wolf C. Consumer Willingness to Pay for Livestock Credence Attribute Claim Verification ［J］ . *Journal of Agricultural and Resource Economics*, 2010, 35 (2): 261 -280.

［232］ Onyango B. M. , Hallman W. K. , Bellows A. C. Purchasing Organic Food in U. S. Food Systems: A Study of Attitudes and Practice ［J］ . *British Food Journal*,

2007, 109 (5): 399 - 411.

[233] Orme B. K. Menu-based Choice Modeling Using Traditional Tools [C]. Sequim: Sawtooth Software Conference Proceedings, 2010.

[234] Orme B. K. Task Order Effects in Menu-based Choice [C] . Sequim: Sawtooth Software, 2010.

[235] Orme U. T. Software for Menu-based Choice Analysis [C] . Sequim: Sawtooth Software Conference Proceedings, 2013.

[236] Ortega D. L. , Wang H. H. , Wu L. , et al. Modeling Heterogeneity in Consumer Preferences for Select Food Safety Attributes in China [J] . *Food Policy*, 2011, 36 (2): 318 - 324.

[237] Ouma E. , Abdulai A. , Drucker A. Measuring Heterogeneous Preferences for Cattle Traits Among Cattle-keeping Households in East Africa [J] . *American Journal of Agricultural Economics*, 2007, 89 (4): 1005 - 1019.

[238] Øvrum A. , Alfnes F. , Almli V. , et al. Health Information and Diet Choices: Results from a Cheese Experiment [J] . *Food Policy*, 2012, 37 (5): 520 - 529.

[239] Padel S. , Foster C. Exploring the Gap between Attitudes and Behaviour [J]. *British Food Journal*, 2005, 107 (8): 606 - 625.

[240] Phillips L. W. , Chang D. R. , Buzell R. D. Product Quality, Cost Position and Business Performance: A Test of Some Key Hypotheses [J] . *Journal of Marketing*, 1983, 47 (2): 26 - 43.

[241] Pieniak Z. , Aertsens J. , Verbeke W. Subjective and Objective Knowledge as Determinants of Organic Vegetables Consumption [J] . *Food Quality and Preference*, 2010, 21 (6): 581 - 588.

[242] Powell T. C. Total Quality Management as Competitive Advantage: A Review and Empirical Study [J] . *Strategic Management Journal*, 1995, 16 (1): 15 - 37.

[243] Probst L. , Houedjofonon E. , Ayerakwa H. M. , et al. Will They Buy It? The Potential for Marketing Organic Vegetables in the Food Vending Sector to Strengthen Vegetable Safety: A Choice Experiment Study in Three West African Cities [J] . *Food Policy*, 2012, 37 (3): 296 - 308.

[244] Rahman A. A. , Hailes S. M. V. A Distributed Trust Model [C]. Proceedings of the 1997 Workshop on New Security Paradigms, 1997: 48 - 60.

[245] Ram R. A. , Verma A. K. Yield, Energy and Economic Analysis of Organic Guava (Psidium Guajava) Production under Various Organic Farming Treatments [J].

Indian Journal of Agricultural Sciences, 2017, 87 (12): 1645 - 1649.

[246] Ready R. C., Buzby J. C., Hu D. Differences between Continuous and Discrete Contingent Value Estimates [J]. *Land Economics*, 1996, 72 (3): 397 - 411.

[247] Reeves C. A., Bednar D. A. Defining Quality: Alternatives and Implications [J]. *Academy of Management Review*, 1994, 19 (3): 419 - 445.

[248] Resende-Filho M. A., Buhr B. L. A Principal-agent Model for Evaluating the Economic Value of a Traceability System: A Case Study with Injection-site Lesion Control in Fed Cattle [J]. *American Journal of Agricultural Economics*, 2008, 90 (4): 1091 - 1102.

[249] Revelt D., Train K. E. Customer-specific Taste Parameters and Mixed Logit [D]. University of California, Berkeley, 1999.

[250] Rick B., Marshall D. W. The Construct of Food Involvement in Behavioral Research: Scale Development and Validation [J]. *Appetite*, 2003, 40 (3): 235 - 244.

[251] Rijswijk W. V., Frewer L. J., Menozzi D., et al. Consumer Perceptions of Traceability: A Cross-national Comparison of the Associated Benefits [J]. *Food Quality and Preference*, 2008, 19 (5): 452 - 464.

[252] Rimal A. P., Moon W., Balasubramanian S. Agro-biotechnology and Organic Food Purchase in the United Kingdom [J]. *British Food Journal*, 2005, 107 (2): 84 - 97.

[253] Roe B., Shelldon I. Credence Good Labeling: The Efficiency and Distributional Implications of Several Policy Approaches [J]. *American Journal of Agricultural Economics*, 2007, 89 (4): 1020 - 1033.

[254] Roheim C. A., Gardiner L., Asche R. Value of Brands and Other Attributes: Hedonic Analysis of Retail Frozen Fish in the UK [J]. *Marine Resource Economics*, 2007, 22 (3): 53 - 239.

[255] Roitner-Schobesberger B., Darnhofer I., Somsook S., et al. Consumer Perceptions of Organic Foods in Bangkok, Thailand [J]. *Food Policy*, 2008, 33 (2): 112 - 121.

[256] Roosen J., Fox J. A., Hennessy D. A., et al. Consumers' Valuation of Insecticide Use Restrictions: An Application to Apples [J]. *Journal of Agricultural and Resource Economics*, 1998, 23 (2): 367 - 384.

[257] Roosen J., Lusk J. L., Fox J. A. Consumer Demand for and Attitudes Toward Alternative Beef Labeling Strategies in France, Germany, and the UK [J]. *Agri-*

business: *An International Journal*, 2003, 19 (1): 77 -90.

[258] Rotter J. B. Generalized Expectancies for Interpersonal Trust [J]. *American Psychologist*, 1971, 26 (5): 443 -452.

[259] Rousseau D. M., Sitkin S. B., Burt R. S., et al. Not so Different after All: A cross Discipline View of Trust [J]. *Academy of Management Review*, 1998, 23 (3): 393 -404.

[260] Rousseau S., Vranken L. Green Market Wxpansion by Reducing Information Asymmetries: Evidence for Labeled Organic Food Products [J]. *Food Policy*, 2013 (40): 31 -43.

[261] Rozin P., Fischler C., Imada S., et al. Attitudes to Food and the Role of Food in Life in the USA, Japan, Flemish, Belgium and France: Possible Implications for the Diet-health Debate [J]. *Appetite*, 1999 (33): 163 -180.

[262] Rust R. T., Zahorik A. J., Keiningham T. L. Return on Quality (ROQ): Making Service Quality Financially Accountable [J]. *Journal of Marketing*, 1995, 59 (2): 58 -70.

[263] Saba A., Messina F. Attitudes towards Organic Foods and Risk/benefit Perception Associated with Pesticides [J]. *Food Quality and Preference*, 2003, 14 (8): 637 -645.

[264] Saher M., Lindeman M., Hursti U. K. Attitudes towards Genetically Modified and Organic Foods [J]. *Appetite*, 2006, 46 (3): 324 -331.

[265] Sakurai Y., Makoto Y., Matsubara S. A Limitation of the Generalized Vickrey Auction in Electronic Commerce: Robustness Against False-name Bids [J]. Proc Sixteenth National Conference on Artificial Intelligence, 1999 (13): 431 -434.

[266] Samson D., Terziovski M. The Relationship between Total Quality Management Practices and Operational Performance [J]. *Journal of Operations Management*, 1999, 17 (4): 393 -409.

[267] Sattler H., Nitschke T. Ein Empirischer Vergleich von Instrumenten zur Erhebung von Zah-lungsbereitschaften [J]. *Zeitschrift für Betriebswirtschaftliche Forschung (ZfbF)*, 2003 (55): 364 -381.

[268] Scarpa R., Thiene M. Organic Food Choices and Protection Motivation Theory: Addressing the Psychological Sources of Heterogeneity [J]. *Food Quality and Preference*, 2011, 22 (6): 532 -541.

[269] Schifferstein H. N. J., Oude Ophuis P. A. M. Health-related Determinants of Organic Food Consumption in the Netherlands [J]. *Food Quality and Preference*,

1998, 9 (3): 119 - 133.

[270] Schott C., Kleef D. D. V., Steen T. P. S. The Combined Impact of Professional Role Identity and Public Service Motivation on Decision-making in Dilemma Situations [J]. *International Review of Administrative Sciences*, 2016, 84 (1): 1 - 40.

[271] Schott L., Bernard J. Comparing Consumer's Willingness to Pay for Conventional, Non-certified Organic and Organic Milk from Small and Large Farms [J]. *Journal of Food Distribution Research*, 2015, 46 (3): 186 - 205.

[272] Schroeder T. C., Tonsor G. T. International Cattle ID and Traceability: Competitive Implications for the US [J]. *Food Policy*, 2012, 37 (1): 31 - 40.

[273] Schutz H. G., Lorenz O. A. Consumer Preferences for Vegetables Grown under "Commericial" and "Organic" Conditions [J]. *Journal of Food Science*, 1976, 41 (1): 70 - 73.

[274] Sheng J. P., Shen L., Qiao Y. H., et al. Market Trends and Accreditation System for Organic Food in China [J]. *Trends in Food Science and Technology*, 2009, 20 (9): 396 - 401.

[275] Shogren J. F., Margolis M., Koo C., et al. A Random nth-price Auction [J]. *Journal of Economic Behavior and Organization*, 2001, 46 (4): 409 - 421.

[276] Siegrist M., Earle T. C, Gutscher H. Test of a Trust and Confidence Model in the Applied Context of Electromagnetic Field (EMF) Risks [J]. *Risk Analysis*, 2003, 23 (4): 705 - 716.

[277] Smith A. C. Consumer Reactions to Organic Food Price Premiums in the United States [D]. Iowa: Iowa State University, 2010.

[278] Smith T. A., Huang C. L., Lin B. H. Does Price or Income Affect Organic Choice? Analysis of US Fresh Produce Users [J]. *Journal of Agricultural and Applied Economics*, 2009, 41 (3): 731 - 744.

[279] Soler F., Gil J. M., Sánchez M. Consumers' Acceptability of Organic Food in Spain: Results from an Experimental Auction Market [J]. *British Food Journal*, 2002, 104 (8): 670 - 687.

[280] Spence A. M. Market Signaling [M]. Boston: Harvard University Press. 1974: 156 - 193.

[281] Spitzer R. D. Valuing TQM through Rigorous Financial Analysis [J]. *Quality Progress*, 1993, 26 (7): 49 - 54.

[282] Steve-Garmon J., Huang, Chung L., Lin, Biing-Hwan. Organic Demand: A Profile of Consumers in the Fresh Produce Market [J]. *Choices*, 2007, 22 (2):

109 – 115.

[283] Stobbelaar D. J., Casimir G., Borghuis J., et al. Adolescents' Attitudes towards Organic Food: A Survey of 15-to 16-Year Old School Children [J]. *International Journal of Consumer Studies*, 2007, 31 (4): 56 – 349.

[284] Stranieri S., Banterle A. Fresh Meat and Traceability Labelling: Who cares? [C]. International European Forum, Austria: Innsbruck-Igls, February 15 – 20, 2009.

[285] Swan J. E., Bowers M. R., Richardson L. D. Customer Trust in the Salesperson: An Integrative Review and Meta-analysis of the Empirical Literature [J]. *Journal of Business Research*, 1999, 44 (2): 93 – 107.

[286] Tarkiainen A., Sundqvist S. Subjective Norms, Attitudes and Intentions of Finnish Consumers in Buying Organic Food [J]. *British Food Journal*, 2005, 107 (11): 808 – 822.

[287] Tempesta T., Vecchiato D. An Analysis of the Territorial Factors Affecting Milk Purchase in Italy [J]. *Food Quality and Preference*, 2013, 27 (1): 35 – 43.

[288] Terziovski M., Samson D., Dow D. The Business Value of Quality Management Systems Certification: Evidence from Australia and New Zealand [J]. *Journal of Operations Management*, 1997, 15 (1): 1 – 18.

[289] Teuber R., Dolgopolova I., Nordström J. Some Like it Organic, Some Like It Purple and Some Like it Ancient: Consumer Preferences and WTP for Value-added Attributes in Whole Grain Bread [J]. *Food Quality and Preference*, 2016, 52 (2): 244 – 254.

[290] Thompson G. D., Kidwell J. Explaining the Choice of Organic Produce: Cosmetic Defects, Prices and Consumer Preferences [J]. *American Journal of Agricultural Economics*, 1998, 80 (2): 277 – 287.

[291] Thompson P., DeSouza G., Gale B. T. The Strategic Management of Service Quality [J]. *Quality Progress*, 1985, 18 (6): 20 – 25.

[292] Tonsor G. T., Olynk N., Wolf C. Consumer Preferences for Animal Welfare Attributes: The Case of Gestation Crates [J]. *Journal of Agricultural and Applied Economics*, 2009, 41 (3): 713 – 730.

[293] Torjusen H., Lieblein G., Wandel M., et al. Food System Orientation and Quality Perception among Consumers' and Producers of Organic Food in Hedmark County, Norway [J]. *Food Quality and Preference*, 2001, 12 (3): 207 – 216.

[294] Train K. E. Discrete Choice Methods with Simulation (Second Edition)

[M]. Cambridge University Press, 2009.

[295] Tranter R. B., Bennett R. M., Costa L., et al. Consumers' Willingness-to-pay for Organic Conversion-grade Food: Evidence from Five EU Countries [J]. *Food Policy*, 2009, 34 (3): 287-294.

[296] Tsai M. H., Chang F. J., Kao L. S., et al. An Application of Composite Utility Evaluation Model for Irrigation Project [J]. *Journal of Taiwan Agricultural Engineering*, 2004, 50 (2): 112-123.

[297] Tsakiridou E., Mattas K., Tzimitra-Kalogianni I. The Influence of Consumer Characteristics and Attitudes on the Demand for Organic Olive Oil [J]. *Journal of International Food and Agribusiness Marketing*, 2006, 18 (3-4): 23-31.

[298] Ubilava D., Foster K. Quality Certification vs Product Traceability: Consumer Preferences for Informational Attributes of Pork in Georgia [J]. *Food Policy*, 2009, 34 (3): 305-310.

[299] Ureña F., Bernabéu R., Olmeda M. Women, Men and Organic Food: Differences in Their Attitudes and Willingness to Pay: A Spanish Case Study [J]. *International Journal of Consumer Studies*, 2008, 32 (1): 18-26.

[300] Van H. G., Aertsens J., Verbeke W., et al. Personal Determinants of Organic Food Consumption: A Review [J]. *British Food Journal*, 2009, 111 (10): 1140-1167.

[301] Van Loo E. J., Caputo V., Nayga R. M., et al. The Effect of Organic Poultry Purchase Frequency on Consumer Attitudes Toward Organic Poultry Meat [J]. *Journal of Food Science*, 2010, 75 (5): S384-S397.

[302] Venkatachalam L. The Contingent Valuation Method: A Review [J]. *Environment Impact Assessment Review*, 2004, 24 (1): 89-124.

[303] Verhoef P. C. Explaining Purchase of Organic Meat by Dutch Consumers' [J]. *European Review of Agricultural Economics*, 2005, 32 (2): 245-267.

[304] Verhoef P. C., Franses P. H. Combining Revealed and Stated Preferences to Forecast Customer Behavior: Three Case Studies [J]. *International Journal of Market Research*, 2003, 45 (4): 467-474.

[305] Vetter W., Schröder M. Concentrations of Phytanic Acid and Pristanic Acid are Higher in Organic than in Conventional Dairy Products from the German Market [J]. *Food Chemistry*, 2010, 119 (2): 746-752.

[306] Vickrey W. Counters Peculation Auctions and Competitive Sealed Tenders [J]. The Journal of finance, 1961, 16 (1): 8-37.

[307] Vitterso G., Tangeland T. The Role of Consumers in Transitions towards Sustainable Food Consumption: The Case of Organic Food in Norway [J]. *Journal of Cleaner Production*, 2015, 92 (7): 91-99.

[308] Wandel A., Bugge A. Nutrition Information in the Market: Food Labeling as an Aid to the Consumer [J]. *Journal of Consumer Studies and Home Economics*, 1996, 20 (3): 215-228.

[309] Wang G., Wu J. Multi-dimensional Evidence-based Trust Management with Multi-trusted Paths [J]. *Future Generation Computer Systems*, 2011, 27 (5): 529-538.

[310] Wang Q., Sun J. Consumer Preference and Demand for Organic Food: Evidence from a Vermont Survey [C]. American Agricultural Economics Association Annual Meeting, 2003.

[311] Wilcock A., et al. Consumer Attitudes, Knowledge and Behavior: A Review of Food Safety Lssues [J]. *Trends in Food Science and Technology*, 2004, 15 (2): 56-66.

[312] Wilkins J. L., Hillers V. N. Influences of Pesticide Residue and Environmental Concerns on Organice Food Preference among Food Cooperative Members and Non-members in Washington State [J]. *Journal of Nutrition Education*, 1994, 26 (1): 26-33.

[313] Williams C. M. Nutritional Quality of Organic Food: Shades of Grey or Shades of Green [J]. *Proceedings of the Nutrition Society*, 2002, 61 (1): 19-24.

[314] Williams P. R. D., Hammitt J. K. A Comparison of Organic and Conventional Fresh Produce Buyers in the Boston Area [J]. *Risk Analysis*, 2000, 20 (5): 735-746.

[315] Wilson W. W., Henry X., Dahl B. L. Costs and Risks of Conforming to EU Traceability Requirements: The Case of Hard Red Spring Wheat [J]. *Agribusiness*, 2010, 24 (1): 85-101.

[316] Wittink D. R., Vriens M., Burhenne W. Commercial Use of Conjoint Analysis in Europe: Results and Critical Reflections [J]. *International Jounal of Research in Marketing*, 1994, 11 (1): 41-52.

[317] Wolf C. A Theory of Nonmarket Failure: Framework for Implementation Analysis [J]. *Journal of law and economics*, 1979, 22 (1): 114-133.

[318] Wolf M. M. An Analysis of the Impact of Price on Consumer Interest in Organic Grapes and a Profile of Organic Purchasers [C]. Long Beach, California:

American Agricultural Economics Association Annual Meeting, 2002.

[319] Wu L. H., Wang H. S., Zhu D. Analysis of Consumer Demand for Traceable Pork in China Based on a Real Choice Experiment [J]. *China Agricultural Economic Review*, 2015, 7 (2): 303 –321.

[320] Wu L. H., Wang H. S., Zhu D., et al. Chinese Consumers' Willingness to Pay for Pork Traceability Information-the Case of Wuxi [J]. *Agricultural Economics*, 2016, 47 (1): 71 –79.

[321] Wu L. H., Xu L. L., Zhu D., et al. Factors Affecting Consumer Willingness to Pay for Certified Traceable Food in Jiangsu Province of China [J]. *Canadian Journal of Agricultural Economics*, 2012, 60 (3): 317 –333.

[322] Wu L. H., Yin S. J., Xu Y. J., et al. Effectiveness of China's Organic Food Certification Policy: Consumer Preferences for Infant Milk Formula with Different Organic Certification Labels [J]. *Canadian Journal of Agricultural Economics*, 2014, 62 (4): 545 –568.

[323] Xie J., Gao Z. F., Swisher M., et al. Consumers' Preferences for Fresh Broccolis: Interactive Effects between Country of Origin and Organic Labels [J]. *Agricultural economics*, 2016, 47 (2): 181 –191.

[324] Yang S., Mallenby G. Modeling Interdependent Customer Preferences [J]. *Journal of Marking Research*, 2003, 40 (3): 282 –294.

[325] Yee W. M. S., Yeung R. M. W., Morris J. Food Safety: Building Consumer Trust in Livestock Farmers for Potential Purchase Behaviour [J]. *British Food Journal*, 2005, 107 (10): 841 –854.

[326] Yin S. J., Chen M., Chen Y. S., et al. Consumer Trust in Organic Milk of Different Brands: The Role of Chinese Organic Label [J]. *British Food Journal*, 2016, 118 (7): 1769 –1782.

[327] Yin S. J., Chen M., Xu Y. J., et al. Chinese Consumers' Willingness to Pay for Safety Label on Tomato: Evidence from Choice Experiments [J]. *China Agricultural Economic Review*, 2017, 9 (1): 141 –155.

[328] Yin S. J., Hu W. Y., Chen Y. S., et al. Chinese Consumer Preferences for Fresh Produce: Interaction between Food Safety Labels and Brands [J]. *Agribusiness*, 2019, 35 (1): 53 –68.

[329] Yin S. J., Li Y., Chen Y. S., et al. Public Reporting on Food Safety Incidents in China: Intention and Its Determinants [J]. *British Food Journal*, 2018 (11): 2615 –2630.

[330] Yin S. J. , Li Y. , Xu Y. J. , et al. Consumer Preference and Willingness to Pay for the Traceability Information Attribute of Infant Milk Formula: Evidence from a Choice Experiment in China [J] . *British Food Journal*, 2017, 119 (6): 1276 - 1288.

[331] Yin S. J. , Lv S. S. , Xu Y. Y. , et al. Consumer Preference for Infant Formula with Select Food Safety Information Attributes: Evidence from a Choice Experiment in China [J] . *Canadian Journal of Agricultural Economics*, 2018, 66 (4): 557 - 569.

[332] Yin S. J. , Wu L. H. , Du L. L. , et al. Consumers' Purchase Intention of Organic Food in China [J] . *Journal of the Science of Food and Agriculture*, 2010, 90 (8): 1361 - 1367.

[333] Yiridoe E. K. , Bonti-Ankomah S. , Martin R. C. Comparison of Consumer Perceptions and Preference toward Organic Versus Conventionally Produced Foods: A Review and Update of the Literature [J] . *Renewable Agriculture and Food Systems*, 2005, 20 (4): 193 - 205.

[334] Yu X. H. , Gao Z. F. , Zeng Y. C. Willingness to Pay for the "Green Food" in China [J] . *Food Policy*, 2014, 45 (45): 80 - 87.

[335] Zagata L. Consumers' Beliefs and Behavioural Intentions towards Organic Food [J] . Evidence from the Czech Republic. *Appetite*, 2012, 59 (1): 81 - 89.

[336] Zaichkowsky J. L. Measuring the Involvement Construct [J] . *Journal of Consumer Research*, 1985, 12 (3): 341 - 352.

[337] Zaichkowsky J. L. The Personal Involvement Inventory: Reduction, Revision, Andapplication to Advertising [J] . *Journal of Advertising*, 1994, 23 (4): 59 - 70.

[338] Zepeda L. , Li J. Characteristics of Organic Food Shoppers [J] . *Journal of Agricultural and Applied Economics*, 2007, 39 (1): 17 - 28.

[339] Zuzanna P. , Joris A. , Wim V. Subjective and Objective Knowledge as Determinants of Organic Vegetables Consumption [J] . *Food Quality and Preference*, 2010, 21 (6): 581 - 588.

[340] 包宗顺. 中国有机农业发展对农村劳动力利用和农户收入的影响 [J]. 中国农村经济, 2002 (7).

[341] 彼得·什托姆普卡. 信任：一种社会学理论 [M]. 北京：中华书局, 2005.

[342] 才源源，何佳讯. 高兴与平和：积极情绪对来源国效应影响的实证研

究［J］．营销科学学报，2012（8）．

［343］陈东，王良健．环境库兹涅茨曲线研究综述［J］．经济学动态，2005（3）：104－108.

［344］陈琳，欧阳志云，段晓男，等．中国野生动物资源保护的经济价值评估——以北京市消费者的支付意愿研究为例［J］．资源科学，2006（4）：131－137.

［345］陈雨生，乔娟．“三鹿”奶粉事件与认证食品支付意愿的实证研究［J］．消费经济，2009（6）：64－67.

［346］程兴火，周玲强．基于游客视角的生态旅游认证支付意愿实证分析［J］．旅游学刊，2006，21（5）：12－16.

［347］戴迎春，朱彬，应瑞瑶．消费者对食品安全的选择意愿——以南京市有机蔬菜消费行为为例［J］．南京农业大学学报（社会科学版），2006（1）：47－52.

［348］［美］德尔·I. 霍金斯，罗格·J. 贝斯特，肯尼斯·A. 科尼．消费者行为学［M］．北京：机械工业出版社，2002.

［349］丁长琴．中国有机农业发展保障体系研究［D］．中国科学技术大学博士学位论文，2012.

［350］杜相革，王慧敏．有机农业概论［M］．北京：中国农业大学出版社，2001.

［351］费威．不同食品安全监管主体的行为抵消效应研究［J］．软科学，2013，27（3）：44－49，64.

［352］樊根耀．第三方认证制度及其作用机制研究［J］．生产力研究，2007（2）：18－20.

［353］方敏．论绿色食品供应链的选择与优化［J］．中国农村经济，2003（4）：49－51，56.

［354］封锦芳，施致雄，吴永宁．北京市春季蔬菜硝酸盐含量测定及居民暴露量评估［J］．中国食品卫生杂志，2006，18（6）：514－517.

［355］公茂刚，王学真．发展中国家粮食安全状况分析［J］．中国农村经济，2009（6）：90－96.

［356］巩顺龙．基于结构方程模型的中国消费者食品安全信心研究［J］．消费经济，2012（2）：53－57.

［357］郭承龙，郭伟伟，郑丽丽．认证标识对电子商务信任的有效性探讨［J］．科技管理研究，2010，30（3）：100－103.

［358］韩丹，慕静，宋磊．生鲜农产品消费者网络购买意愿的影响因素研

究——基于 UTAUT 模型的实证分析［J］．东岳论丛，2018（4）：91－101.

［359］韩青．消费者对安全认证农产品自述偏好与现实选择的一致性及其影响因素——以生鲜认证猪肉为例［J］．中国农村观察，2011（4）．

［360］贺爱忠，李韬武，盖延涛．城市居民低碳利益关注和低碳责任意识对低碳消费的影响［J］．中国软科学，2011（8）：185－192.

［361］何坪华，凌远云，焦金芝．武汉市消费者对食品市场准入标识 QS 的认知及其影响因素的实证分析［J］．中国农村经济，2009（3）：57－66.

［362］侯博．可追溯食品消费偏好与公共政策研究［M］．北京：社会科学文献出版社，2018.

［363］胡卫中，耿照源．消费者支付意愿与猪肉品质差异化策略［J］．中国畜牧杂志，2010：（8）：31－33.

［364］黄季伸，徐家鹏．消费者对无公害蔬菜的认知和购买行为的实证分析［J］．农业技术经济，2007（6）：62－66.

［365］黄小平，刘叶云．绿色农产品市场中的“柠檬效应”及应对策略［J］．农业现代化研究，2006（6）：467－469.

［366］蒋术，张可，张利沙，等．我国有机农业发展现状、存在问题与对策［J］．安徽农业科学，2013，41（1）：5016－5017.

［367］金玉芳，董大海，刘瑞明．消费者品牌信任机制建立及影响因素的实证研究［J］．南开管理评论，2006，9（5）：28－35.

［368］靳明，赵昶．绿色农产品消费意愿和消费行为分析［J］．中国农村经济，2008（5）．

［369］靳明，郑少锋．中国绿色农产品市场中的博弈行为分析［J］．财贸经济，2006（6）：38－41.

［370］柯惠新，保罗·费悉诺．市场营销研究中的结合分析法［J］．数理统计与管理，1994（6）．

［371］科特勒．营销管理［M］．卢泰宏，高辉，译．北京：中国人民大学出版社，2009.

［382］柯文．食品安全是世界性难题［J］．求是，2013（11）：56－57.

［373］李功奎，应瑞瑶．柠檬市场与制度安排：一个关于农产品质量安全保障的分析框架［J］．农业技术经济，2004（3）：15－20.

［374］李凯，周洁红，陈潇．集体行动困境下的合作社农产品质量安全控制［J］．南京农业大学学报（社会科学版），2015（4）：70－77.

［375］李萌．中国粮食安全问题研究［D］．华中农业大学博士学位论文，2005.

[376] 李小勇，张少刚．多属性动态信任关系量化模型研究［J］．计算机应用，2008，28（4）：884－887.

[377] 李岳云，蒋乃华，郭忠兴．中国粮食波动论［M］．北京：中国农业出版社，2001.

[378] 林毅夫．制度、技术与中国农业发展［M］．上海：上海人民出版社，2005.

[379] 刘洪深，王宁，徐岚．产品评价的来源国分解效应：欠发达国家视角［J］．商业经济与管理，2012（4）：56－63.

[380] 刘军弟，王凯，韩纪琴．消费者对食品安全的支付意愿及其影响因素研究［J］．江海学刊，2009（3）：83－89.

[381] 刘玲玲．消费者对转基因食品的消费意愿及其影响因素分析［D］．华中农业大学博士学位论文，2011.

[382] 刘为军，潘家荣，丁文锋．关于食品安全认识、成因及对策问题的研究综述［J］．中国农村观察，2007（4）：67－74.

[383] 刘艳秋，周星．QS 认证与消费者食品安全信任关系的实证研究［J］．消费经济，2008（6）：76－80.

[384] 刘增金，乔娟．消费者对认证食品的认知水平及影响因素分析——基于大连市的实地调研［J］．消费经济，2011（4）：11－14.

[385] 刘宗德．基于微观主体行为的认证有效性研究［D］．华中农业大学博士学位论文，2007.

[386] 龙方．论新世纪中国粮食安全的战略目标［J］．求索，2007（10）：16－19.

[387] 卢菲菲，何坪华，闵锐．消费者对食品质量安全信任影响因素分析［J］．西北农林科技大学学报（社会科学版），2010，10（1）：72－77.

[388] 卢素兰，刘伟平．消费者绿色农产品自述偏好与实际选择偏差研究——基于情境变量调节效应的实证分析［J］．河南师范大学学报（哲学社会科学版），2017（6）：48－53.

[389] 罗孝玲，张好．中国粮食安全界定与评估新视角［J］．求索，2006（11）：12－14.

[390] 吕婧，吕巍．消费品行业消费者信任影响因素实证研究［J］．统计与决策，2012（2）：103－105.

[391] 马骥，秦富．消费者对安全农产品的认知能力及其影响因素——基于北京市城镇消费者有机农产品消费行为的实证分析［J］．中国农村经济，2009（5）．

［392］马兆红．从生产市场需求谈我国番茄品种的变化趋势［J］．中国蔬菜，2017（3）：1－5.

［393］迈克尔·R. 所罗门．消费者行为——购买、拥有与存在［M］．北京：经济科学出版社，2003.

［394］纳雷希·K. 马尔霍特拉．市场营销研究：应用导向［M］．涂平，等，译．北京：电子工业出版社，2002.

［395］南小可，罗伟其，姚国祥．基于多因素的信任计算模型研究［J］．计算机安全，2010（7）：1－4.

［396］尼克拉斯·卢曼．信任：一个社会复杂性的简化机制［M］．上海：上海世纪出版集团，2002.

［397］邱皓政，林碧方．结构方程模型的原理和应用［M］．北京：中国轻工业出版社，2009.

［398］全世文，曾寅初．食品安全：消费者的标识选择与自我保护行为［J］．中国人口·资源与环境，2014（4）：77－85.

［399］全世文，曾寅初，刘媛媛．消费者对国内外品牌奶制品的感知风险与风险态度——基于三聚氰胺事件后的消费者调查［J］．中国农村观察，2011（2）．

［400］任燕，安玉发．消费者食品安全信心及其影响因素研究［J］．消费经济，2009（2）：45－48.

［401］荣泰生．Amos 与研究方法［M］．重庆：重庆大学出版社，2009.

［402］Scoones S. 中国的有机农业——现状与挑战［EB/OL］．［2008－08－16］．http：//www. euchinawto. org.

［403］史豪慧．增进消费者购买意愿的生态农产品品牌传播模式研析［J］．商业经济研究，2015（36）：52－53.

［404］Solomon M. R. 消费者行为学［M］．北京：中国人民大学出版社，2009.

［405］孙曰瑶，刘建华．品牌经济学原理［M］．北京：经济科学出版社，2006.

［406］王常伟，顾海英．基于委托代理理论的食品安全激励机制分析［J］．软科学，2013，27（8）：65－68，74.

［407］王二朋，周应恒．城市消费者对认证蔬菜的信任及其影响因素分析［J］．农业技术经济，2011（10）：69－77.

［408］王锋，张小栓，穆维松，等．消费者对可追溯农产品的认知和支付意愿分析［J］．中国农村经济，2009（3）：68－74.

［409］王高，黄劲松，赵字君，等．应用联合分析和混合回归模型进行市场细分［J］．数理统计与管理，2007，26（6）：941－950.

［410］王华书．食品安全的经济分析与管理研究［D］．南京农业大学博士学位论文，2004.

［411］王一舟，王瑞梅，修文彦．消费者对蔬菜可追溯标签的认知及支付意愿研究——以北京市为例［J］．中国农业大学学报，2013（3）：215－222.

［412］王志刚，毛燕娜．城市消费者对 HACCP 认证的认知程度、接受程度、支付意愿及其影响因素分析——以北京市海淀区超市购物的消费者为研究对象［J］．中国农村观察，2006（5）.

［413］魏益民，欧阳韶辉，刘为军，等．食品安全管理与科技研究进展［J］．中国农业科技导报，2005，7（5）：55－58.

［414］温明振．有机农业发展研究［D］．天津大学博士学位论文，2006.

［415］吴昌华，张爱民，郑立平，等．我国有机农业发展问题探讨［J］．经济纵横，2009（11）：80－82.

［416］吴林海，卜凡，朱淀．消费者对含有不同质量安全信息可追溯猪肉的消费偏好分析［J］．中国农村经济，2010（10）.

［417］吴林海，徐立青．食品国际贸易［M］．北京：中国轻工业出版社，2009.

［418］吴林海，徐玲玲，王晓莉．影响消费者对可追溯食品额外价格支付意愿与支付水平的主要因素——基于 Logistic、Interval Censored 的回归分析［J］．中国农村经济，2010（4）：77－86.

［419］吴林海，钱和，等．中国食品安全发展报告（2012）［M］．北京：北京大学出版社，2012.

［420］吴志冲，季学明．经济全球化中的有机农业与经济发达地区农业生产方式的选择［J］．中国农村经济，2001（4）：33－36.

［421］希夫曼，卡纽克．消费者行为学［M］．江林，译．北京：中国人民大学出版社，2007.

［422］席运官，钦佩．有机农业生态工程［M］．北京：化学工业出版社，2005.

［423］谢玉梅，周方召．欧盟有机农业补贴政策分析［J］．财经论丛，2013（3）：26－31.

［424］徐栋，周惠明．美国和欧盟有机农业政策的比较研究及启示［J］．科技与经济，2013，26（3）：46－50.

［425］徐金海．农产品市场中的“柠檬问题”及其解决思路［J］．当代经

济研究，2002（8）：42－45.

［426］徐玲玲．食品可追溯体系中消费者行为研究［D］．江南大学博士学位论文，2010.

［427］薛薇．SPSS 统计分析方法与应用［M］．北京：电子工业出版社，2007.

［428］杨春，刘小芳．基于模糊偏序关系的消费者偏好测评［J］．价值工程，2006（5）：100－102.

［429］杨东宁，周长辉．企业自愿采用标准化环境管理体系的驱动力：理论框架及实证分析［J］．管理世界，2005（2）：85－95.

［430］杨树青．消费者行为学［M］．广州：中山大学出版社，2009.

［431］杨万江．安全农产品生产经济效益研究［D］．浙江大学博士学位论文，2006.

［432］杨伊侬．有机食品购买的主要影响因素分析——基于城市消费者的调查统计［J］．经济问题，2012（7）：66－69.

［433］尹世久．基于消费者行为视角的中国有机食品市场实证研究［D］．江南大学博士学位论文，2010.

［434］尹世久．信息不对称、认证有效性与消费者偏好：以有机食品为例［M］．北京：中国社会科学出版社，2013.

［435］尹世久，陈默，徐迎军．食品安全认证标识如何影响消费者偏好？以有机番茄为例［J］．华中农业大学学报（社会科学版），2015（2）：118－125.

［436］尹世久，高杨，吴林海．构建中国特色食品安全社会共治体系［M］．北京：人民出版社，2017.

［437］尹世久，李锐，吴林海，等．中国食品安全发展报告（2018）［M］．北京：北京大学出版社，2018.

［438］尹世久，王小楠，陈雨生．认证标识是否存在来源国效应？有机番茄的案例［J］．统计与信息论坛，2015（8）．

［439］尹世久，王小楠，吕珊珊．品牌、认证与消费者信任倾向：以有机牛奶为例［J］．华中农业大学学报（社会科学版），2017（4）：45－54.

［440］尹世久，徐迎军，陈默．消费者有机食品购买决策行为与影响因素研究［J］．中国人口·资源与环境，2013，23（7）：136－141.

［441］尹世久，徐迎军，陈雨生．食品质量信息标签如何影响消费者偏好：基于山东省 843 个样本的选择实验［J］．中国农村观察，2015（1）．

［442］尹世久，徐迎军，陈默．消费者对安全认证食品的信任评价及影响因素：基于有序 Logistic 模型的实证分析［J］．公共管理学报，2013（3）：110－

118.

［443］尹世久，徐迎军，徐玲玲，李清光．食品安全认证如何影响消费者偏好：基于山东省 821 个样本的选择实验［J］．中国农村经济，2015（11）．

［444］尹世久，吴林海．全球有机农业发展对生产者收入的影响研究［J］．南京农业大学学报（社会科学版），2008（3）：8－14.

［445］尹世久，吴林海，陈默．基于支付意愿的有机食品需求分析［J］．农业技术经济，2008（5）：81－88.

［446］尹世久，吴林海，王晓莉，等．中国食品安全发展报告（2016）［M］．北京：北京大学出版社，2016.

［447］袁胜军，符国群．中国消费者对同一品牌国产与进口产品认知差异的原因及分析［J］．软科学，2012，26（6）：70－77.

［448］曾寅初，夏薇，黄波．消费者对绿色食品的购买与认知水平及其影响因素——基于北京市消费者调查的分析［J］．消费经济，2007，23（1）：38－42.

［449］翟国梁，等．选择实验的理论和应用——以中国退耕还林为例［J］．北京大学学报（自然科学版），2007（2）：235－239.

［450］张辉，汪涛，刘洪深．服务产品也存在来源国效应吗？——服务来源国及其对消费者服务评价的影响研究［J］．财贸经济，2011（12）：127－133.

［451］张惠才．中国食品安全管理体系认证制度研究［D］．天津大学博士学位论文，2006.

［452］张金荣，刘岩，张文霞．公众对食品安全风险的感知与建构——基于三城市公众食品安全风险感知状况调查的分析［J］．吉林大学社会科学学报，2013（2）：40－49.

［453］张磊，王娜，赵爽．中小城市居民消费行为与鲜活农产品零售终端布局研究——以山东省烟台市蔬菜零售终端为例［J］．农业经济问题，2013，34（6）：74－81.

［454］张利国，徐翔．消费者对绿色食品的认知及购买行为分析——基于南京市消费者的调查［J］．现代经济探讨，2006（4）：50－54.

［455］张连刚．基于多群组结构方程模型视角的绿色购买行为影响因素分析［J］．中国农村经济，2010（2）．

［456］张维迎．博弈论与信息经济学［M］．上海：上海人民出版社，1996.

［457］张玉香．坚持质量兴农、绿色兴农、品牌强农，全面推进实施乡村振兴战略［EB/OL］．［2018－03－15］. http：//www.gov.cn/xinwen/2018－03/15/content_ 5274524.htm.

［458］张振等．基于异质性的消费者食品安全属性偏好行为研究［J］．农业技术经济，2013（5）：95－104.

［459］张中一，施正香，周清．农用化学品对生态环境和人类健康的影响及其对策［J］．中国农业大学学报，2003，8（2）：73－77，89.

［460］赵源，唐建生，李菲菲．食品安全危机中公众风险认知和信息需求调查分析［J］．现代财经，2012（6）：61－70.

［461］中国互联网信息中心（CNNIC）．第31次中国互联网络发展状况统计报告［EB/OL］．［2013－09－18］．http：//www. cnnic. net. cn/.

［462］周洁红．消费者对蔬菜安全的态度、认知和购买行为分析——基于浙江省城市和城镇消费者的调查统计［J］．中国农村经济，2004（11）：44－52.

［463］周洁红．生鲜蔬菜质量安全管理问题研究——以浙江省为例［M］．北京：中国农业出版社，2005.

［464］周洁红，钱峰燕，马成武．食品安全管理问题研究与进展［J］．农业经济问题，2004（4）：26－29.

［465］周应恒，霍丽，彭晓佳．食品安全：消费者态度、购买意愿及信息的影响——对南京超市消费者的调查分析［J］．中国农村经济，2004（11）：53－59，80.

［466］朱淀，蔡杰．实验拍卖理论在食品安全研究领域中的应用：一个文献综述［J］．江南大学学报（人文社会科学版），2012（1）：126－131.

［467］朱淀，蔡杰，王红纱．消费者食品安全信息需求与支付意愿研究——基于可追溯猪肉不同层次安全信息的BDM机制研究［J］．公共管理学报，2013（3）：129－136.

［468］朱俊峰，陈凝子，王文智．后“三鹿”时期河北省农村居民对质量认证乳品的消费意愿分析［J］．经济经纬，2011（1）：63－67.

［469］朱开明．市场营销消费者偏好的模糊评判分析［J］．西北工业大学学报（社会科学版），2002，22（4）：27－29，43.

［470］邹薇．高级微观经济学［M］．武汉：武汉大学出版社，2004.